湖北省自然科学基金计划项目（批准号：2021CFB153）资助

跨活断层
隧洞强震响应与错断破坏研究

周兴涛◎著

湖南大学出版社

·长沙·

内容简介

本书针对跨活断层的滇中引水工程香炉山隧洞所面临的近场强震和断层蠕滑剪切错断问题,主要介绍了跨断层隧洞场地地震动选取、岩石力学试验与岩石数值本构模型开发、跨活断层段围岩开挖稳定性分析、跨断层隧洞动力人工边界理论及其数值实施方法、跨活断层段隧洞抗震适应性、强震作用下隧洞围岩与衬砌接触面强震响应、强震作用下隧洞跨断层段围岩与衬砌损伤破坏、活断层错动下围岩与衬砌结构力学响应及抗错断结构设计。

本书可供从事隧洞(道)工程抗震研究、设计、测量、施工和管理的工程技术人员、教师和研究生参考。

图书在版编目(CIP)数据

跨活断层隧洞强震响应与错断破坏研究/周兴涛著. —长沙:湖南
大学出版社,2023.10
　ISBN 978 - 7 - 5667 - 3153 - 1

　Ⅰ.①跨… 　Ⅱ.①周… 　Ⅲ.①活动断层—过水隧洞—研究
Ⅳ.①TV672

中国国家版本馆 CIP 数据核字(2023)第 145598 号

跨活断层隧洞强震响应与错断破坏研究
KUA HUODUANCENG SUIDONG QIANGZHEN XIANGYING YU CUODUAN POHUAI YANJIU

著　　者:	周兴涛
责任编辑:	张建平　胡戈特
印　　装:	长沙创峰印务有限公司
开　　本:	787 mm × 1092 mm　1/16　印　张:20.5　字　　数:461 千字
版　　次:	2023 年 10 月第 1 版　印　次:2023 年 10 月第 1 次印刷
书　　号:	ISBN 978 - 7 - 5667 - 3153 - 1
定　　价:	78.00 元

出 版 人:	李文邦
出版发行:	湖南大学出版社
社　　址:	湖南·长沙·岳麓山　邮　编:410082
电　　话:	0731-88822559(营销部),88821315(编辑室),88821006(出版部)
传　　真:	0731-88822264(总编室)
网　　址:	http://press.hnu.edu.cn
电子邮箱:	814967503@qq.com

前　言

　　我国西部地区长距离引水隧洞（道）及长大交通隧道等重大地下建筑结构是加快西部改革开放、优化我国水资源空间分布及交通网络布局的重大需要，对西部地区经济社会发展具有重大而深远的战略意义。然而，西部地区地质条件复杂、构造活动活跃、断（裂）层破碎带密集，在这些长距离隧洞（道）选线建设中，不可避免地会面临隧洞（道）穿越断（裂）层破碎带的问题，如正规划建设的川藏铁路工程，其隧洞（道）总长达1 200 km，将穿越龙门山地震带、康定—甘孜地震带、藏中地震带及喜马拉雅地震带，沿线断（裂）层破碎带密集，强震频发、地震烈度强烈，隧洞（道）全寿命周期安全面临复杂地震地质环境的严峻挑战；又如在建的滇中引水工程，隧洞（道）总长达607.40 km，特别而言，工程的控制性节点——渠首建筑物"香炉山隧洞"，其全长达63.426 km，将穿越鲜水河—滇东地震带内的多条断（裂）层破碎带，其中龙蟠—乔后、丽江—剑川及鹤庆—洱源断层为全新世区域活动断层，表现为强烈的现今地震活动性，具有发生7级及以上地震的构造条件。因此，西部地区长隧洞（道）所处地震地质环境复杂，其全寿命周期安全面临强震灾害的严重威胁，加强跨断层长隧洞（道）抗震安全研究是国民经济和社会发展的迫切需求。

　　目前受选线限制，在大量长大隧洞（道）建设中，特别是在我国西南、西北、华北等高强震烈度地区的输水隧洞（道）建设中，不可避免地会面临输水隧洞（道）邻近或穿越活断层的问题，穿越活断层的隧洞（道）建设迄今仍然是世界性的理论与技术难题。隧洞（道）在穿越活断层时，将面临断层黏滑诱发的近场强震振动问题和断层蠕滑导致的剪切错断问题。历次大强震震害调查表明，强震作用下地下结构会产生严重破坏。相比于地面结构，隧洞（道）在强震条件下的动力响应与破坏机理有待进一步研究。开展活断层区隧洞（道）强震动力响应与破坏机制研究，可为长大隧洞（道）抗震安全提供理论与技术支持。活断层的蠕滑错动将对穿越活断层区的隧洞（道）产生直接剪切破坏，对活断层蠕滑错动条件下围岩-衬砌体系力学响应特征与抗错断衬砌结构形式进行研究，将有助于提升我国重大调水工程中长大深埋输水隧洞（道）设计理论水平。

　　本书以跨活断层的滇中引水工程香炉山隧洞为依托，围绕"强震作用下围岩与衬砌相互作用机制""跨活断层隧洞围岩-衬砌强震响应与破坏机理"及"活断层蠕滑错动下隧洞围岩-衬砌力学响应与抗错断衬砌结构设计"等三个关键科学问题展开研究。本书主要内容包括：跨断层隧洞（道）场地地震动的选取、室内岩石力学试验与岩石数值本构模型开发、跨活断层段围岩开挖稳定性分析、跨断层隧洞（道）动力人工边界理论及其数值实施方法、隧洞（道）跨活断层段抗震适应性研究、隧洞（道）围岩与衬砌接触面数值模拟方法、强震作用下围岩-衬砌接触面动力响应及影响因素、强震作用下隧洞跨活断层段围岩与衬砌损伤破坏机制、无支护条件下隧洞围岩错断响应特征有/无抗错断措施的衬砌结构错断响应与破坏机制、跨活断层隧洞（道）链式衬砌结构设计。本书具体研究内容如下：

（1）以工程香炉山隧洞所赋存的工程地质环境与强震构造背景研究。香炉山隧洞埋深长且围岩应力水平高，隧洞跨越龙蟠—乔后断层（F10）、丽江—剑川断层（F11）、鹤庆—洱源断层（F12）三条全新世活断层，该三条活断层表现为强烈的现今强震活动性，对整个隧洞安全性的影响最为突出，具有发生 7 级及以上强震的构造条件，香炉山隧洞抗震与抗错断问题突出。

（2）开展分析用场地地震动的选取研究，对实测地震动记录进行反应谱修正，使其尽量符合香炉山场地频谱特征；为研究香炉山隧洞工程区岩体的静动态力学特性，开展相应的室内岩石力学试验研究，主要试验包括岩石的天然密度和纵波波速测量、单轴抗压强度测试、三轴抗剪强度测试、岩石单轴循环加卸载力学特性；提出基于 C2 阶连续函数的岩石广义 Hoek-Brown 破坏准则屈服面与塑性势面棱角圆化方法，基于 ABAQUS 数值开发平台，采用 FORTRAN 语言编制岩石 Hoek-Brown 破坏准则理想弹塑性 UMAT 用户子程序，并通过数值算例验证所提方法的正确性。

（3）基于反演获得的三维地应力场与三维数值模型，开展香炉山隧洞过龙蟠—乔后（F10）断层的三条主断带的围岩稳定性分析，探讨开挖所引起的围岩与衬砌结构响应空间分布特征，通过研究不同荷载释放率条件下围岩响应与结构内力情况，确定90%荷载释放率作为建议支护时机。

（4）围绕跨断层隧洞（道）强震响应分析中的波动输入及人工边界问题，提出适用于平面波斜入射、柱面波入射、Rayleigh 面波入射的强震动输入公式，实现黏性边界、黏弹性边界、自由场边界的有限元数值模拟；针对无限元边界在模型侧边界处上行波扭曲的缺陷，提出一种基于自由场与无限元组合的动力边界模型；针对颗粒离散元中动力边界问题，提出黏性、黏弹性、自由场边界条件的设置方法；针对深埋隧洞，建立一种考虑地表反射效应的改进盒子模型。

（5）开展跨活断层段隧洞（道）抗震适应性研究。在无支护条件下，对隧洞过龙蟠—乔后（F10）断层的三条主断带部位进行了设计地震动水平的三维地震响应分析。通过不同地震输入条件下的对比，确定最不利输入地震动，进而开展设计地震动水平与校核地震动水平下隧洞衬砌结构的地震稳定性研究。

（6）研究 SV 波垂直入射条件下，隧洞围岩与衬砌接触面的法向接触压力、切向摩擦剪应力、切向相对滑移等指标的横向动力响应特征；分析平面 SV 波垂直入射条件下，摩擦系数对隧洞围岩与衬砌接触面的横向动力响应影响规律；探讨平面 SV 波垂直入射条件下，围岩等级对隧洞围岩与衬砌接触面的横向动力响应影响规律。

（7）采用混凝土塑性损伤模型模拟衬砌结构，使用 ABAQUS 大型有限元软件模拟隧洞开挖支护，探讨脉冲强震作用下跨断层隧洞纵向动力响应和衬砌损伤破坏机制。

（8）提出活断层错动条件下隧洞围岩-衬砌体系三维数值建模方法，剖析无支护条件下围岩受活断层无震蠕滑错动力学响应特征，探讨无抗错断措施的衬砌结构受活断层无震蠕滑错动内力及变形特征，分析衬砌节段变形缝宽度和衬砌节段长度对链式衬砌结构受活断层无震蠕滑错动力学响应的影响规律。基于数值模拟结果，提出过活断层带隧洞衬砌结构初步形式。

全书共 9 章：第 1 章为绪论；第 2 章为依托工程概况及关键工程问题；第 3 章为地震动选取、岩石力学试验及数值本构模型开发；第 4 章为隧洞跨活断层段开挖稳定性分析；第 5 章为动力人工边界理论及其数值实施方法；第 6 章为跨活动断层段隧洞抗震适应性研究；第 7 章为围岩与衬砌间接触面强震响应研究；第 8 章为强震作用下跨断层段围岩与衬砌损伤破坏分析；第 9 章为活断层错动下围岩-衬砌体系力学响应与抗错断衬砌结构设计。

本书的研究工作得益于著者 2015 年 9 月至 2018 年 6 月在中国科学院武汉岩土力学研究所攻读博士期间指导导师盛谦研究员的密切指导及此后的继续指导。自 2015 年以来，著者一直在中国科学院武汉岩土力学研究所盛谦研究员指导的"岩土工程抗震安全"学科方向组开展岩石地下工程地震响应与稳定性评价方面的研究工作。期间作为科研中坚力量，著者主要参与了国家 973 计划"强震区重大岩石地下工程地震灾变机理与抗震设计理论"第五课题（2015CB057905），国家自然科学基金面上项目（41672319）"跨断层隧洞错断破坏的力学机制与结构抗断性能研究"国家自然科学基金面上项目（51779253）"蠕滑—强震耦合条件下跨活断层输水隧洞的破坏机理与适应性措施研究"。作为研究骨干力量，著者深度参与了长江水利委员会长江勘测规划设计研究院科研攻关项目"滇中引水工程香炉山隧洞过活动断层结构适应性专题研究"的研究工作，期间积极深入工程一线，开展了香炉山隧洞钻孔岩芯取样、室内岩石力学试验、岩石数值本构模型开发、不同断层错断条件下隧洞结构破坏过程数值模拟、过活动断层段隧洞抗错断适应性工程措施研究等工作。

著者还远没有达到盛谦老师的高标准、严要求。著者在博士研究生学习阶段得到崔臻研究员、朱泽奇副研究员、冷先伦副研究员、付晓东研究员、马亚丽娜博士的指导与帮助，在此一并表示感谢。限于著者的研究水平和精力，对一些计算结果的深层次原因的剖析及潜在意义的挖掘还很不够，欢迎同行专家批评指正。

周兴涛

2023 年 3 月

目　　录

第1章　绪　论

1.1　研究背景、目的和意义

随着我国国民经济的快速发展，西部复杂强震地质环境下建设的岩石地下工程规模巨大，数量众多，呈现蓬勃发展的态势[1-2]。在交通工程领域，公路和铁路路网将向西部纵深拓展，呈现"标准高、线路长、规模大、隧道多"的鲜明特点，长度达数千米乃至数十千米的长大隧道因地势险要和部位关键，成为公路、铁路等生命线工程的主体结构与咽喉。以西藏墨脱嘎隆拉隧道为代表的高海拔、高强震烈度区特长隧道成为交通生命线和国防干线的控制性工程；未来5年，国家规划待建的铁路隧道500余座，其中特长隧道122座，50%以上在西部地区；正在修建的成兰铁路共建隧道33座（332 km），占线路总长度的72%，14座隧道长度大于10 km，2座隧道长度大于20 km，最长隧道为28 km。长大输水隧洞是调水工程的主体与控制性基础设施，规划中的南水北调西线一期工程总长260 km，穿越了因喜马拉雅山隆起形成的多个强烈地质构造活动区，隧洞总长达244 km，占全线总长的94%，最长隧洞为73 km；滇中引水工程输水总干线全长共841 km，隧洞88座，占全线总长的91%，长度一般为数千米至二十余千米，最长达60 km。长大隧洞作为交通、水利等重大工程的关键组成部分，在保障国家安全、促进社会经济发展方面作用巨大，是国家战略和生命线工程的重要基础设施。

我国西部地区地处青藏高原及其周边，地质构造复杂，地壳运动强烈，中国大陆80%的8级和7级以上强震都发生于由青藏高原隆起而形成的西部活断层临近区域。西部地区的长大隧洞工程多处于这些区域，接近或跨越强震活断层带，工程场址强震基本烈度多在Ⅶ度或Ⅷ度以上。成兰铁路跨越龙门山、岷江和西秦岭三个地质断层带，南水北调西线一期工程穿越因喜马拉雅山隆起形成的多个强烈地质构造活动区，滇中引水工程与鲜水河—滇东强震带内的16条活断层相交。西部地区长大隧洞工程地貌地质条件之复杂，强震活动之强烈，为世界所罕见，其全寿命周期安全面临强震灾害的严重威胁。

活断层（活动断层）是指目前正在活动的断层或是近期曾有过活动而且不久的将来可

能会重新活动的断层[3]。为了更客观地研究现代强震的危险性，在活断层的研究中，人们往往更为关注晚第四纪（12万年）断层，尤其是全新世（1.2万年）断层的活动情况[4]。活断层对隧洞衬砌结构的影响主要表现为两方面：一是当活断层因黏滑运动触发7级左右强震时，断层沿线地层位错导致的隧洞抗剪断问题及震中区隧洞衬砌遭受高强震烈度的振动破坏问题；二是全新世活断层蠕滑产生的累积位移对隧洞结构的错断破坏作用。以上两种活断层对隧洞的影响方式可归纳为抗震及抗断问题，解决此类问题迫切需要对活断层区隧洞强震响应特征、动力灾变机制、错断破坏机理、抗震设防技术及抗错断工程措施进行深入研究。

滇中引水工程香炉山隧洞直接跨越三条全新世区域活动大断层：龙蟠—乔后断层（F10）、丽江—剑川断层（F11）及鹤庆—洱源断层（F12）。相关研究表明这三条活断层具有较强的强震活动性和黏滑蠕变性，工程场址强震基本烈度为Ⅶ～Ⅷ度，三条活断层100年位移设防水平向量值为1.50～2.20 m，垂直向量值为0.26～0.34 m，面临着严重的强震震害及错断威胁。

因此，本书以滇中引水工程香炉山隧洞为依托工程，以隧洞震害调查与经验认识为基础，采用工程地质调查、文献调研、室内试验、理论分析、数值模拟等研究手段，围绕"强震作用下围岩-衬砌相互作用机制""跨断层隧洞围岩-衬砌体系强震响应特征与破坏机理"及"活断层错动作用下围岩-衬砌体系力学响应特征与抗错断衬砌结构形式"三个关键科学问题展开研究，相关研究成果为活断层区隧洞结构安全提供理论与技术支持，在推动岩石强震动力学和地下工程学科发展方面发挥积极作用。

1.2　国内外研究现状

西部地区长大隧洞作为国家战略和生命线工程的重要基础设施，面临复杂强震地质环境，其强震安全问题突出，强震作用下的长大隧洞强震动力响应与围岩-衬砌体系强震灾变机制是亟待突破的理论与技术难题。长大隧洞为铁路线路、高速公路、长距离输水工程的关键性工程，为国民经济的生命线，其强震安全性研究极其重要。长大隧洞主要有山岭隧道、引水隧洞、跨海沉管隧道等类型。长大隧洞深埋于山体内，一般认为可以抵抗强震的破坏。但是历次大强震调查表明大强震发生后，众多的地下工程遭受震害，导致地下工程结构开裂、坍塌。国内外相关学者在地下工程强震灾变模式、灾变诱发因素、震害机制、风险评估、抗震设防等方面进行了大量研究工作。

作为我国新近规划的重大深埋长大隧洞工程的典型代表，滇中引水工程香炉山隧洞位于青藏强震区的鲜水河—滇东强震带内，跨越金沙江与澜沧江分水岭，地质条件复杂，沿线发育多条大断（裂）层，其中龙蟠—乔后断层（F10）、丽江—剑川断层（F11）及鹤庆

—洱源断层（F12）为全新世区域活断层，100 年位移设防水平向量值为 1.50 ~ 2.20 m，垂直向量值为 0.26 ~ 0.34 m，面临着严重的错断威胁。

因此，根据本书的研究内容，下面将从地下工程强震灾变模式及诱发因素、地下洞室强震响应分析方法、跨断层隧洞错断机理及抗错断工程措施三个方面分述国内外研究现状。

1.2.1 地下工程强震灾变模式及诱发因素研究现状

历史震害研究表明，穿越断层破碎带隧洞（道）在近场强震作用下震害严重，衬砌结构抗减震设计问题尤为突出，其震害类型主要有衬砌开裂、错台，混凝土剥落，二衬垮塌，隧道垮塌等。目前研究采用现场调查、理论分析、数值模拟、模型试验等手段对隧洞（道）震害诱发机理开展了大量卓有成效的研究工作，并取得了丰硕的成果，相关研究结论可总结为：由于断层破碎带主要由断层角砾岩、断层泥及碎裂岩等软弱破碎岩土体构成，力学性质差，破碎带位置围岩与破碎带两侧围岩力学特性差异明显，岩体应力在跨越断层上、下盘时呈不连续、非线性分布的特征，对地震动存在明显放大效应，导致破碎带与两侧围岩在强震激励过程中产生相对地震反应，诱发破碎带与两侧围岩产生位错，该位错将导致衬砌结构承受剪力，从而导致衬砌结构产生损伤，同时地震惯性力激发的围岩震动与该位错产生耦合效应，进一步加剧隧洞（道）损伤，最终诱导了具有高度复杂性的围岩与衬砌破坏。

地下工程强震动力灾变模式研究的核心任务就是对地下工程震害类型进行分类，全面科学的震害分类是进行灾变机制深入研究的前提，只有对地下工程震害类型进行系统的分类，才能探究出诱发震害的关键因素。目前，地下工程强震灾变模式研究主要集中于山岭隧道震害方面。

C. H. Dowding 与 A. Rozen[5]研究了美国和日本共 71 座受强震影响的山岭隧道，建立了数据库，将隧道震损诱因划分为洞口段斜坡失稳诱发的破坏，围岩工程地质条件差诱发的破坏，浅埋段由于非对称受载引起的破坏。将破损模式划分为仰拱上隆、拱顶衬砌混凝土剥落、边墙和洞门开裂，研究了隧道震损与地强震动峰值加速度的关系，认为大多数破坏发生于强震动峰值加速度超过 0.5g 的情况。

S. Sharma 与 W. R. Judd[6]对世界范围内的 85 次强震影响的 192 座隧道震损情况进行研究，将影响隧道强震性能的因素概括为：隧道埋深、围岩类型、强震动峰值加速度、震级、震中距、衬砌支护类型等。研究认为，当埋深浅时，隧道强震易损性增加；震级、地面峰值加速度、震中距对隧道的强震稳定性产生影响明显；当隧道建造于完整性岩体内时，震损程度减少。

T. Asakura 与 Y. Sato[7]研究了 1995 年日本阪神强震后的 100 座山岭隧道，发现 24 座在强震中损伤，其中 12 座严重受损，破坏类型为衬砌纵向、横向、环向开裂（与强震波传播方向和隧道轴线的夹角有关），边墙剪切和受压破坏，仰拱上隆、洞门边墙开裂及塌陷，破损严重位置位于断层破碎带段。

W. L. Wang 等[8]根据隧道衬砌上裂缝分布特征对中国台湾集集强震诱发的 57 座山岭隧道破坏类型及影响因素进行了系统研究。指出隧道破坏程度与隧道所处的工程地质条件、衬砌本身内在因素、震中距及离断层破碎带的距离、离地面或坡面的距离等因素有关（见图 1.1），常见的破坏类型有衬砌开裂、衬砌剥落、衬砌错位、地下水侵入、钢筋屈曲、未衬砌段块体塌落、斜坡失稳导致洞口段塌陷、底板开裂，将强震力作用下隧道破坏模式概括为：活断层剪断型、边坡破坏诱发洞室塌陷型、纵向开裂型（包括拱顶单裂缝式，对称裂缝式和非对称裂缝式）、横向开裂型、单一斜裂型、交叉裂缝型、底板开裂型、边墙挤压变形型、局部开口处开裂型（见图 1.2）。

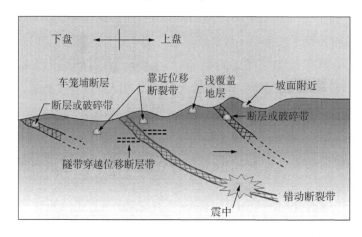

图 1.1　中国台湾集集强震中隧道与活断层位置关系[8]

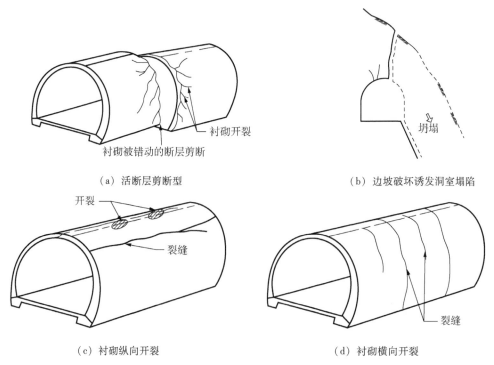

（a）活断层剪断型　　　　　　　　　　　　　（b）边坡破坏诱发洞室塌陷

（c）衬砌纵向开裂　　　　　　　　　　　　　（d）衬砌横向开裂

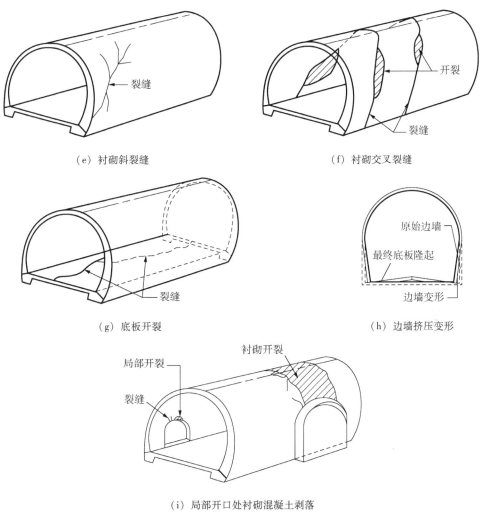

（e）衬砌斜裂缝　　　　　　　　　　（f）衬砌交叉裂缝

（g）底板开裂　　　　　　　　　　　（h）边墙挤压变形

（i）局部开口处衬砌混凝土剥落

图 1.2　中国台湾集集强震中山岭隧道强震破坏类型[8]

Z. Z. Wang 与 B. Gao[9]对汶川强震灾区大量隧道震损情况进行调查，得出山岭隧道强震破坏主要集中于洞口处和与断层相交处，洞口处大量的滑坡和岩崩导致隧洞洞口段破损严重；与断层相交的洞身处，由于断层位错，导致隧道破裂。衬砌纵向裂缝常常位于拱顶或拱肩，隧道底板纵向开裂延伸很长距离；隧道区域衬砌剥落广泛分布，与强震高频振动有关。

Z. Chen 等[10]收集了全球 10 次强震的 81 座震损隧道，将隧道强震破坏划分为六种类型：衬砌开裂、衬砌剪坏、边坡破坏诱发的隧道坍塌、洞门开裂、漏水、边墙和仰拱挤压变形。将山岭隧道强震破坏的影响因素概括为：强震参数、隧道衬砌结构自身条件、岩体条件。强震参数包括震级、震源深度、震中距；隧道衬砌结构自身条件包括隧道埋深、衬砌特性、施工方法、受载形式、隧道结构的突变截面。衬砌剪切破坏主要发生在断层破碎带处，衬砌内在因素包括衬砌材料、衬砌刚度、衬砌初始缺陷。

Y. Shen 等[11]对汶川强震区 52 座山岭隧道的震损情况进行了详细调查，发现其中 42

座受损，20 座需要修复，认为隧道洞门破坏是由强震惯性力和次生地质灾害引起；深埋段衬砌破坏是由于围岩工程地质条件差，强震力作用下围岩破坏给衬砌产生过大剪切力；底板上隆是由于中心排水沟与其他结构的刚度差异导致剪力过大。

N. Roy 与 R. Sarkar[12] 对日本主要强震、中国台湾集集强震、中国汶川强震诱发的主要山岭隧道破坏研究相关文献进行了统计，对各次强震诱发的主要破坏隧道情况进行介绍，对衬砌开裂、洞口段开裂、洞口处滑坡诱发隧道破坏、底板上隆、边墙大变形、衬砌剪切破坏、衬砌混凝土剥落进行分析，将衬砌开裂划分为纵向、水平向及斜向开裂、环向开裂、仰拱开裂；衬砌剪切破坏是由于跨（近）断层区衬砌受到断层位错所施加的剪切力所致。影响山岭隧道强震破坏的主要因素有：强震参数、隧道埋深、断层位置、地质条件。强震参数包括震级、震中距、震源深度。震级越高、震中距越短、震源越浅，则强震破坏性越大，近次强震灾害调查表明导致隧道震损的震级一般大于 6 级，震中距一般小于 70 km；隧道埋深小于 50 m，更易被强震破坏；山岭隧道强震破坏主要集中于风化破碎地层及软硬岩交界区域。对五种破坏类型提出了可能的破坏机制。

X. Zhang 等[13] 对 2016 年日本熊本强震灾区的俵山隧道震害类型进行了调查，将衬砌强震破坏划分成五种类型：衬砌开裂、衬砌混凝土剥落与塌陷、衬砌施工接头破坏、衬砌底板损坏、衬砌漏水。将衬砌开裂进一步划分为环向裂缝、纵向裂缝、横向裂缝与斜裂缝，其中衬砌环向裂缝是主要破坏形式。

H. Yu 等[14] 收集了汶川强震灾区 55 座山岭隧道的震害资料，将山岭隧道震损划分为六种类型：开裂（cracking）、剥落（spalling）、剪损（shear failure）、错位（dislocation）、底板上隆（pavement uplift）、坍塌（collapse），指出开裂是最常见类型，剥落、错位、底板上隆其次，剪损和坍塌最少。剪损破坏发生于软硬地层交界处，坍塌主要发生于隧道跨断层处，开裂划分为洞门开裂、衬砌开裂、底板开裂，洞门开裂由岩土体松散和坡面次生灾害效应导致。根据应力条件，衬砌开裂划分为拉裂、压裂、剪裂；根据裂缝方向，衬砌开裂又可分为横向开裂、纵向开裂、斜向开裂。拱顶、拱肩和边墙上的动拉应力和动剪应力是衬砌开裂的主要原因，混凝土剥落由最大压应力和弯矩效应导致，衬砌背后存在空洞、软弱地层或较大塑性区时，衬砌易发生剥落破坏；衬砌剪切破坏常发生于不同地层交界处，强震时不同地层对强震波的剪切位移响应有差别，导致衬砌剪切破坏；隧道纵向错位与强震波传播到隧道各质点的时差效应和强震动的非一致效应有关，隧道纵向接头最易产生错位；坍塌可分为衬砌坍塌和衬砌及衬后岩体共同坍塌，由断层破碎带和断层的强震位错导致。H. Yu 等[14] 详细研究了震中距、强震烈度、隧道埋深、工程地质条件与隧道震损等级之间的关系，提出了强震参数和震损模型之间的定量关系，将山岭隧道震害划分为 5 个等级：未破坏（Ⅰ级）、轻微破坏（Ⅱ级）、中等破坏（Ⅲ级）、严重破坏（Ⅳ级）、极端破坏（Ⅴ级）。研究建立了各等级划分标准，概括了山岭隧道强震破坏的基本信息参数：隧道长度、震中距、强震烈度、隧道类型、不利地质条件、跨断层数量、施工运营情况；概括了破坏类型：洞门开裂、衬砌开裂、底板开裂、混凝土剥落、剪切破坏、错位、底板上浮、衬砌坍塌、衬砌及围岩坍塌。研究将山岭隧道强震动力响应及破坏的影响因素划分为三类：第一类为强震参数（包括震中距和强震烈度），第二类为隧道埋深，第三类为地质条件。震中距越小、强震烈度越大，隧道震损等级越高；隧道埋深越浅，受地面强震波反射和衍射的影响程度越大，隧道震损等级越高；不利地质条件包括软弱地层、强风化地层、土岩交界面、断层破碎带、活断层等。IX烈度、25 km和50 km震中距、40 m埋深为分界参数。

李天斌[15]对汶川大强震造成位于震中附近的都江堰—汶川公路多座隧道破坏进行了调查，将强震区山岭隧道变形破坏基本类型概括为洞口边坡崩塌与滑塌、洞门裂损、衬砌及围岩坍塌、衬砌开裂及错位、底板开裂及隆起、初期支护变形及开裂等。分析其影响因素，认为发震断层的次级断层、基覆界面、洞口不稳定斜坡、高地应力环境下的软弱围岩对隧道强烈震害具有控制作用，其中特别指出发震断层的次级断层、基覆界面、高地应力环境下的软弱围岩对强烈震害的控制作用。

高波等[16]在对都汶公路高速路段18座隧道进行震害调查的基础上，系统描述了隧道的各种震害形式（见图1.3、图1.4、图1.5、图1.6），分析了震害产生的原因，并对隧道震后修复原则提出了相应的建议。认为强震引起隧道破坏的外因除了强震动以外，还有坡面失稳和断层错动引起的灾害。

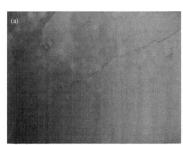

图1.3　汶川强震中龙溪隧道纵向裂缝分布[16]

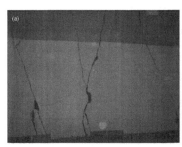

图1.4　汶川强震中龙冬子隧道横向裂缝分布[16]

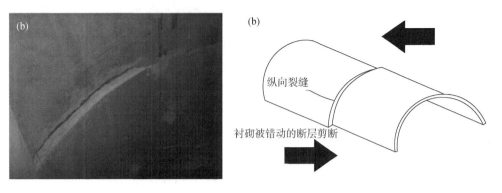

图 1.5　汶川强震中断层位错导致衬砌剪断[16]

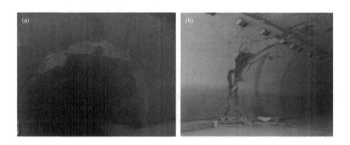

图 1.6　汶川强震中衬砌混凝土剥落[16]

　　陈正勋等[17]以 1999 年中国台湾集集强震造成完工通车仅一年的三义一号铁路隧道损害为例，应用隧道受震数值分析成果及相关研究，探讨隧道受震损害的原因。研究成果显示，受震损害区段皆落于埋深接近 0.25 倍岩体波长的范围内，即隧道埋深与岩体特性的组合强化震波受地表自由面反射与隧道散射的效应，导致衬砌受震引起应力大幅增加而造成破坏。而衬砌损害可归纳为四种类型：纵向裂缝、环向裂缝或环向施工缝错动、环状剥落以及斜向裂缝与剥落。研究人员分析隧道施工地质记录及震后检测结果显示，衬砌纵向裂缝主要受地盘深处上传的垂直方向 S 波 45° 入射导致衬砌轴力与弯矩受震增加的影响。环向裂缝或环向施工缝错动则受到水平方向 P 波造成的张力破坏以及勒夫波造成衬砌应力增加的影响。环状剥落系隧道承受较显著的水平方向应力下，S 波 45° 入射对衬砌应力增量以及避车洞开口结构配置产生影响。而斜向裂缝则系 S 波通过软硬地盘互层的应变差异以及隧道衬砌结构刚度特性所致。

　　崔光耀等[18]通过统计分析汶川强震公路隧道普通段震害调查资料，对隧道普通段进行了震害分析。研究发现：隧道普通段主要震害类型为衬砌开裂、垮塌、错台、混凝土剥落及掉块，其中衬砌开裂是最主要的震害类型。隧道普通段震害主要发生在软岩均一段、软硬围岩交接段软岩部分以及围岩缺陷段。围岩软硬交接普通段隧道震害机制为震害主要发生在软硬围岩交接段软岩部分，震害的主要影响因素为强制位移，强震惯性力次之。围岩缺陷普通段隧道震害机制为震害主要由强震惯性力造成，强制位移影响很小。

　　崔光耀等[19]基于汶川强震公路隧道震害资料，通过数据统计分析得出造成断层破碎带段隧道结构震害的原因主要有：断层错动、围岩条件软弱及断层破碎带宽度；断层破碎带段隧道结构震害特征为：错动断层隧道出现了二衬垮塌、隧道垮塌等严重震害类型；未错动断层隧道未出现二衬垮塌、隧道垮塌等严重震害类型。

崔光耀等[20]结合汶川强震灾区公路隧道洞口段震害情况进行了震害机理研究，得出结论：洞门、边仰坡及明洞震害主要是强震惯性力作用造成的；软岩隧道洞口段衬砌震害主要是强震惯性力和强制位移造成的。

崔光耀等[21]结合汶川强震震区大量公路隧道震害资料，对各强震烈度区公路隧道震害特征进行了研究。研究表明：6度区隧道均未破坏；7度区出现落石灾害，砸坏洞门、边仰坡结构；8~11度区硬岩隧道洞身衬砌基本无震害，8度区软岩隧道洞身衬砌出现轻微开裂、渗水；9度区软岩隧道洞身衬砌开裂严重，出现网状开裂、大面积渗水，出现混凝土剥落、掉块以及二次衬砌垮塌等，洞口边仰坡出现滑塌、崩塌，堵塞洞门；10度区软岩隧道洞身二次衬砌垮塌增多；11度区软岩隧道洞身出现围岩垮塌。

王道远等[22]依托汶川强震公路隧道普通段震害调查资料，对强震作用下隧道施工塌方段震害特征、震害机理及处治技术进行研究，分析汶川强震区公路隧道施工塌方段震害特征，发现软弱围岩施工塌方段均出现了二衬垮塌震害，严重段甚至出现衬砌整体垮塌震害，认为强震区隧道施工塌方段强震惯性力影响明显，强制位移影响较小。

综上所述，目前对于山岭隧道震害模式基本上可以划分为：衬砌开裂、衬砌混凝土剥落、底板及仰拱上隆开裂、隧道洞口段破坏、衬砌剪损、接头错位这几种。隧道震害的诱发因素可以概括为：强震动参数、衬砌结构自身条件、围岩工程地质条件三大类。其中，强震动参数包括：震级、震中距、震源深度、峰值加速度、持时、频谱、强震波传播方向与隧道轴向的几何关系；衬砌结构自身条件包括：埋深、衬砌刚度、衬砌材料、衬砌背后空洞、施工方法、结构形式，承载形式；围岩工程地质条件包括：围岩级别、软硬岩交界面、断层破碎带、地应力场等。目前，山岭隧道震害模式与震害诱发因素之间的定量关系研究极其缺乏，仍停留在简单的现象描述层次，这仍有待于学者进一步深入研究，需要突破震害经验现象认识的局限。

强震区跨断层长隧洞全寿命服役期抗减震措施设计理论与技术，是岩石地下工程地震响应机制与灾变机理研究面向工程的出口。针对强震激励条件下穿越断层破碎带隧洞（道）所受到的剪切错动与地震震动的综合作用，国内外学者从提高隧洞（道）结构本身的抗震能力与降低结构的地震反应两个角度，主要提出了洞周围岩加固、增大衬砌厚度、扩挖横断面、设置环向减震层、设置纵向减震缝与柔性接头等多种抗减震措施，并通过数值仿真、振动台模型试验及理论分析等方法，量化分析了各类设防措施的抗减震效果，系统探讨了其作用机理，并对相关设计参数进行了优化研究。

1.2.2　地下洞室强震响应分析方法研究现状

目前地下结构强震响应分析方法可以概括为如下三类：模型试验法、数值分析法、基于弹性动力学的解析法。模型试验是认识地下结构震害机理的重要手段。模型试验不仅可以揭示人们现场不易看到的地下结构破坏形态，还可为数值模拟方法及其可靠性提供验证，模型试验的主要方式为振动台试验。数值分析法是研究山岭隧道强震震害机理的有效手段，在剖析岩体-隧洞变形与破坏过程分析中可以考虑更多影响因素，数值分析法可划分为动力时程分析法与拟静力分析法两大类。基于弹性动力学的解析法是以强震波的波场分析为目的，将地下洞室看作半无限空间中的孔洞，由弹性动力学理论求解出围岩-衬砌体系的应力场和位移场。该解析法不仅可为工程问题提供定量的认识，还是检验数值方法精度的重要手段，对科学研究和实际工程仍然具有重要的指导意义。

1.2.2.1 模型试验法研究现状

在对地下洞室进行强震响应模型试验方面，国内外相关学者进行了大量的研究工作，取得了丰硕的研究成果。H. Xu 等[23]对汶川强震区黄槽坪隧道进行了不同振动强度和强震波入射方向的振动台模型试验，研究发现：第一，隧道衬砌之间的轴向弹性接头可以有效降低衬砌动应变和沿纵向传播的强震波能量；第二，锚杆可以明显减少衬砌受到的动围岩压力和动应变。陶连金等[24]针对山岭隧道洞身段开展振动台模型试验研究，试验以 V 级围岩为研究对象，分析不同埋深下山岭隧道结构的强震动力响应特征。何川等[25]对穿越断层破碎带隧道震害机理进行振动台试验研究，得出穿越断层破碎带隧道在强震中易于产生破坏，断层带隧道错动破坏主要由断层带隧道围岩与较好段围岩位移不同步性而造成的位移差值引起。王道远等[26]为探讨高烈度区软硬岩交界段隧道震害机制和减震缝减震技术，依托某隧道工程开展大型三方向、六自由度强震振动模型试验，通过对试验数据的分析，研究了硬岩、软岩、软硬岩交界不同地质条件下，不设置减震缝、仅二衬设置减震缝、初支与二衬交错设置减震缝等五种工况隧道衬砌结构所受地层惯性力、位移差、主拉应力、内力和安全系数。王峥峥等[27]通过跨断层隧道振动台模型试验研究，分析了跨断层隧道的动力反应规律，了解了跨断层隧道衬砌开裂过程及破坏形态，探讨了跨断层隧道设置减震层的减震效果。申玉生等[28]采用大型振动台对强震区山岭隧道结构进行了模型试验研究，分析了隧道洞口段和洞身段结构及模型土的破坏形态。孙铁成等[29]为了解隧道衬砌在强震过程中的动态响应以及减震层在强震过程中对隧道及围岩边坡安全性能的影响，针对双洞隧道洞口段进行了室内抗减震模型试验研究。申玉生等[30]以雅泸高速公路高烈度强震区某山岭隧道为背景，对山岭隧道结构强震动力响应进行了大型振动台模型试验研究。李林等[31]对浅埋偏压洞口段隧道强震响应进行振动台模型试验研究，得出加速度随着高程的增加有明显的放大效应，偏压隧道地表临空坡面导致放大效应明显增加。耿萍等[32]以某高强震烈度区穿越断层破碎带的铁路隧道工程为依托，开展设置减震层的振动台物理模型试验，得出设置减震层可以有效降低强震荷载作用下衬砌的内力峰值。方林等[33]以西藏某复杂隧道工程为背景，开展了穿越断层隧道振动台模型试验研究，得出结论：穿越断层隧道和均质围岩隧道强震动力响应规律有相似之处，随着强震波的向上传播，岩土体强震响应增大；断层处衬砌破坏严重；断层对强震波在岩土体内的传播有一定影响。李育枢等[34]对黄草坪 2 号隧道洞口段减震措施进行了大型振动台模型试验研究，得出设置横向减震层和系统锚杆加固围岩均能有效减少衬砌的动土压力和加速度反应。

虽然目前针对山岭隧道各种工况下进行了振动台试验，但是相关结论却不太统一，其主要原因在于振动台试验模型箱的边界处理和试验方法的不统一，需要建立统一的试验方法及指导规范。

1.2.2.2 数值分析法之动力时程分析法研究现状

地下工程强震响应的动力时程分析方法主要为以有限元、有限差分为代表的连续介质分析方法和以离散元、不连续变形分析方法为代表的不连续介质分析方法。长大隧洞强震动力时程分析由四大部分组成：动力人工边界问题、衬砌与围岩相互作用问题、岩体动力本构问题、计算效率问题。其中，动力人工边界问题为动力计算模型提供正确合理的动力人工边界，防止散射波返回模型内部，保证计算结果的有效性；衬砌与围岩相互作用问题提供了刻画衬砌与围岩相互作用的接触力学模型；岩体动力本构问题是准确模拟岩石隧洞强震动力响应的核心，建立能正确反映强震荷载作用下岩体动力特性的本构模型是目前的难点之一。长大隧洞强震动力时程分析需要消耗巨大的运算时间，对计算机的计算性能要求很高，当涉及复杂的接触问题及弹塑性本构问题时，计算模型的非线性极其强烈，隐式算法根本无法运行，显式算法也需要进行并行处理。大自由度、强非线性的三维动力时程分析是目前地下工程强震动力时程分析的大趋势。目前，有关长大隧洞真三维、强非线性的动力响应分析研究还是很薄弱，其中一个很重要的原因就是计算能力不足，高性能计算是岩土动力分析的迫切需求。因此，根据本书的研究内容，下面将从三维模型计算、动力人工边界等两个方面进行论述。

在三维模型计算方面，采用的分析软件主要以 LS—DYNA、ABAQUS、MIDAS/GTS 等大型商业有限元软件为主，输入波形以实测强震记录为主，考虑了岩土材料和接触的非线性，但较少涉及跨断层隧道（洞）在脉冲强震作用下的损伤过程模拟。J. H. Ding 等[35]采用 LS—DYNA 970 MPP，在上海超算中心采用 Dawning 4000A 超级计算机，建立上海某条长大盾构输水隧洞三维有限元显式动力分析模型，考虑材料和接触非线性，进行了强震动力响应分析，研究了隧道接头、材料非线性、衬砌与土接触非线性对隧道强震动力响应的影响。H. Yu 等[36]在上海超算中心，使用 LS—DYNA 的自定义模块，基于提出的多尺度强震动力时程显示有限元方法，建立了上海某条长大盾构输水隧洞三维有限元模型，考虑材料和接触非线性，进行了强震动力响应分析。D. Wu 等[37]用 ABAQUS 建立了龙溪隧道洞口段三维有限元模型，为解决长大隧洞动力计算计算机内存高消耗的困难，采用子模型技术，首先计算出含粗网格的完整模型波场分布，然后通过节点插值法提取出精细网格区域边界的波场位移分布，通过动力边界条件设置来输入精细网格波动，研究了洞口段钢筋混凝土二次衬砌在沿隧道轴向传播的 Rayleigh 波作用下的渐进损伤开裂过程，解释了龙溪隧道洞口段在汶川强震力作用下的环向开裂现象。H. Yu 等[38]针对汶川强震区受损较严重的龙溪隧道，采用 ABAQUS 建立了真三维有限元模型，采用远置边界条件法，在模型基底输入卧龙台三向强震时程记录，研究了衬砌在不同强震输入组合条件下的衬砌弹塑性动力响应。C. H. Chen[39]采用动力有限元研究了隧道埋深对衬砌内力的影响，得出结论：强震波诱发的衬砌动应力与隧道埋深和入射波的波长有很大相关性，当埋深等于1/4入射波长时，衬砌动应力放大效应最显著。赵宝友等[40]以某水电站为工程背景，建立该水电站地下厂房大型岩体洞室群有限元—无限元耦合动力计算模型，进行不同强震动输入方向下的大型岩体洞室群强震反应研究。孙文等[41]为了解强震对深埋公路隧道的影响，以有限元软件MIDAS/GTS对武罐高速公路小石村隧道深埋段进行了单向、双向强震动作用和自重作用下的数值分析。蒋树屏等[42]通过有限元方法计算了八种不同埋置深度条件下的山岭隧道强震响应。Z. Chen等[43]采用ABAQUS建立汶川强震区烧火坪隧道三维有限元数值计算模型，进行非线性强震动力响应分析，研究山岭隧道混凝土衬砌强震损伤指标与强震动参数的相关性。于媛媛[44]对衬砌背后空洞对衬砌安全性的影响进行了数值模拟研究，认为衬砌的拱顶背后存在空洞对其抗震性的影响非常大。

数值计算是研究岩土体强震动力响应规律及灾变机制的有效方法，计算工作的关键之一就是设置合理人工边界条件。人工边界是对无限介质进行有限化处理时，在介质中人为引入的虚拟边界。人工边界条件就是该边界上结点所需满足的人为边界条件，用于模拟切除的无限域影响。人工边界条件理论上应当实现对原介质应力应变场的精确模拟，保证波在人工边界处的传播特性与原介质一致，使外行散射波通过人工边界时无反射效应，发生完全透射或被人工边界完全吸收[45]。吸收外行散射波的人工边界常称为辐射边界、安静边界、透射边界、吸收边界等。吸收边界可以分为全局边界和局部边界。全局人工边界保证穿出整个人工边界的外行波满足无限域内的所有场方程和物理边界条件，可以采用边界元法[46-48]、薄层法[49-50]及波函数展开法[51-52]等建立。局部人工边界用于保证射向外凸人工边界任一点的外行波从该点穿出，仅模拟外行波穿过人工边界向无穷远传播的性质，并不严格满足所有的物理方程和辐射条件[53]。人工边界条件的早期思想是远置人工边界方法，即将人工边界设置的离结构足够远，在要求的计算时间内不受到人工边界反射波的影响。Z. Alterman等[54]运用远置人工边界法，对单层覆盖弹性半空间爆炸内源产生的近场波动进行了数值模拟。远置人工边界法往往要求边界设置非常远，在一般情况下无疑将使问题的自由度数目呈几何级数增长，求解计算量是计算机所无法承受的，因此需要采用局部人工边界。局部人工边界包括Clayton-Engquist边界[55]、BGT边界[56]、多次透射边界[45]、黏性边界[57]，黏弹性边界[58-62]，基于黏性边界（或黏弹性边界）和自由场的自由场边界[63-64]，等。人工边界条件对无限域模拟的准确与否将直接影响近场波动数值模拟的精度，因此人工边界条件的研究具有重要意义。

1.2.2.3　数值分析法之拟静力分析法研究现状

拟静力分析法是一种比较适合于工程应用的分析方法，其中基于地面结构推覆法发展来的横截面推移法（cross-section racking deformation method）具有良好应用前景，便于地下结构抗震设计，现对横截面推移法进行论述。

横截面推移法是一种拟静力分析法，该法假定惯性力对地下结构的作用可以忽略不计，适合于山岭隧道抗震分析[65]。但是，对于埋深很浅的隧道，需要采用动力时程分析法，因为此时惯性效应无法忽略。由于地下结构受到周围围岩约束作用，惯性力对地下结构的强震响应影响很小，围岩的强震变形对地下结构的强震响应影响很大，地下结构抗震设计关键在于正确计算周围地层自由场变形[66]。横截面推移法最先由美国旧金山交通运输局于20世纪50年代提出，该法假定地下结构的变形与周围围岩的变形一样，直接将地层自由场剪切变形施加在地下结构上[67]（见图1.7）。该法忽略了衬砌与地层之间的相互作用，使得衬砌结构变形会被高估或者低估。为了克服横截面推移法无法考虑围岩与衬砌之间相互作用的缺陷，修正的横截面推移法（the modified cross-section racking deformation method）被提出[68-69]。修正的横截面推移法将地层强震剪切位移施加在计算模型的地层边界上，而不是直接施加在地下结构上（见图1.8）。修正的横截面推移法可以更好考虑围岩与衬砌之间的相互作用，比横截面推移法更合理，可以考虑围岩与衬砌的材料非线性。J. N. Wang等[70]基于FLAC2D，采用修正的横截面推移法研究圆形衬砌的椭圆形强震变形。T. Nishioka与S. Unjoh[71]研究了修正的横截面推移法中剪切强震应变从模型边界到地下结构之间的传递特征。L. M. Gil等[72]通过在计算模型边界上施加水平和垂直剪切变形来模拟P波与S波耦合对地下结构的作用。J. H. Hwang与C. C. Lu[73]采用修正的横截面推移法来计算中国台湾老三铁路隧道在集集强震中变形。C. C. Lu与J. H. Hwang[74]采用修正的横截面推移法研究中国台湾新三铁路隧道在集集强震中破坏机制。S. K. Kontoe等[75]采用修正的横截面推移法研究土耳其博卢隧道在1999年迪兹杰强震作用下的响应。C. C. Lu等[66]研究了衬砌材料非线性、围岩的本构类型、模型边界问题、剪切应变施加方式及施加速率、围岩与衬砌之间的接触效应对修正的横截面推移法计算结果的影响。C. C. Lu等[65]采用修正的横截面推移法对中国台湾新三铁路隧道在集集强震中二衬砌开裂严重问题进行了探讨，得出二次衬砌背后填充不密实及二次衬砌未配筋是破坏的原因。N. A. Do等[76]采用修正的横截面推移法研究了分段式衬砌接头刚度对衬砌强震内力的影响。H. Sedarat等[77]采用修正的横截面推移法研究了围岩与衬砌界面接触对衬砌内力响应的影响。

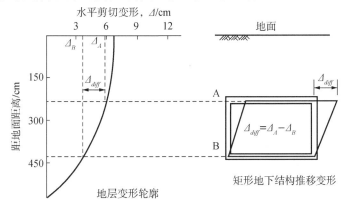

图1.7 矩形地下结构抗震分析横截面推移法[67]

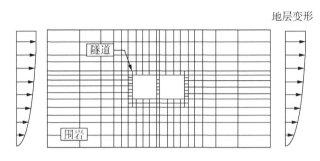

图 1.8　修正的横截面推移法[68-69]

综上所述，修正的横截面推移法可以克服动力时程法耗时的缺陷，便于工程实际应用，但是该法是一种拟静力分析法，其与动力时程法的误差到底有多大，一直没有给出定量评价。

1.2.2.4　数值分析法之围岩与衬砌接触面模拟法研究现状

隧洞（道）不像地面结构，地面结构除了基础外，其余部分不受约束，而隧洞（道）是全部或部分处于周围围岩介质的约束下，由围岩与衬砌构成一个系统。研究围岩和衬砌之间的相互作用是从本质上解决隧洞（道）在强震作用下受力特性这一问题的关键之一，而围岩与衬砌的相互作用是通过两者的接触界面来体现的，接触面的力学特性和变形分布规律是接触研究的基本问题。围岩与衬砌界面接触问题模拟方法主要有接触面单元法（刚度法）和接触力学分析法（约束法）。接触面单元法是通过在围岩与衬砌接触面上设置接触面单元，其关键是接触面单元的选取及其本构关系的选用，通过接触单元的特殊本构关系来模拟接触面的力学行为；接触力学分析法是将力学特性不同的介质材料当成不同的物体，将其间的相互作用处理为不同物体间的相互作用问题，通过接触物体几何关系的描述来判别物体的接触关系，在衬砌与围岩的接触点上建立接触对，依据力学平衡条件和几何约束条件建立接触约束方程，采用 Lagrange 乘子法、罚函数法、线性补偿法等接触算法来求解接触约束方程，接触力学分析方法在处理位移不连续现象时优越性很大。本小节主要从接触力学法和接触单元法两个角度对围岩与衬砌间相互作用机制研究现状进行论述。

在接触力学模拟法方面，相关学者进行了大量研究工作，取得了丰硕成果。接触力学法的主要研究在于接触约束方程的数值求解方法上。接触力学法将接触问题看作带约束的泛函数极值问题，主要有 Lagrange 乘子法、罚方法、以及修正的 Lagrange 乘子法。Lagrange乘子法是用来求解带约束的函数或泛函极值问题的方法，其思想是通过引入Lagrange乘子将约束极值问题转化为无约束的极值问题[78-80]。罚方法最早是由 R. Courant、K. Freedrichs 和 J. Levy 引入的[81]，其目的和 Lagrange 乘子法一样，是求解带约束泛函极值问题，通过罚因子来进行求解。在求解接触问题的 Lagrange 乘子法中接触条件是被精确满足的，这也是其优于罚函数法的地方；而在罚方法中，只有当罚因子趋向于无穷大时，接触条件才能得到精确满足，而实际计算时，罚因子只能取有限值，导致罚方法中接触条件只能近似得到满足，但是罚方法可以克服 Lagrange 乘子法中出现零对角线子矩阵的缺点。为了克服这两种方法的不足，保留其优点，一些学者提出了修正的 Lagrange 乘子法[82-84]。周墨臻[85]等针对罚因子可能引起矩阵病态的缺陷，采用局部坐标系下的相对位移作为与接触相关的广义自由度，大幅提高了罚因子的取值上限，无需使用专门的矩阵预处理即可用于求解大规模接触问题。目前，大型商业有限元软件 ABAQUS、ANSYS 等已经包含了这三种接触数值算法，为接触问题的模拟提供了有效手段。庄海洋等[86-87]基于 ABAQUS 中主从接触对算法，研究了土与地下结构接触面的动力分离与滑移效应，以及动力接触效应对地铁车站结构的动力反应影响规律。罗磊[88]基于 ABAQUS 中的主从接触对算法，考虑弹性土体与弹性结构接触、弹塑性土体与弹性结构接触、弹塑性土体与弹塑性结构接触三种工况，分别计算接触面为绑定、接触面摩擦系数为 0.2 和 0.4 时的结构强震反应，同时考虑结构—土体的相对模量对接触特性的影响。

接触单元模拟法主要包括两个方面：第一，接触单元的类型；第二，接触单元应力与位移之间的本构关系。在接触单元类型方面，R. E. Goodman 等[89]于 1968 年提出了无厚度的 Goodman 节理单元，该单元由共线的四个结点组成，节理面两侧的相邻两个结点几何位置完全重合，通过单元插值理论可以构建单元形函数矩阵，不考虑法向与切向之间的耦合效应，单元法向应力与法向位移之间通过法向刚度来建立关系，单元切向应力与切向位移之间通过切向刚度来建立联系，法向刚度与切向刚度都为常量，从而使得单元应力与结点相对位移之间为线性关系。由于 Goodman 节理单元无厚度，为了防止节理面两侧结点的过大嵌入，节理法向刚度通常选取很大，不具有物理意义，计算误差较大。R. A. Day 等[90]对无厚度界面单元的数值刚度矩阵病态问题和高应力梯度问题进行了详细分析，并指出了原因。为了克服 Goodman 零厚度节理单元的固有缺陷，C. S. Desai[91]于 1984 年提出了薄层单元来模拟岩石节理及混凝土与岩石接触面。Desai 薄层单元属于有厚度的接触单元，其单元刚度矩阵的建立与普通实体单元一样，但是法向与切向本构矩阵不一样，以考虑接触面的各向异性。薄层接触单元适合模拟有充填的节理，其关键在于单元厚度的选取。K. G. Sharma 等[92]对 Desai 薄层单元的优势和局限性进行了探讨，并进行了非线性有限元编程，指出当薄层单元厚度等于零时，其与无厚度 Goodman 单元是一样。王满生等[93]在现有的 Goodman 单元的基础上加上阻尼成分，解决了 Goodman 单元只能考虑桩土之间力的传递，而不能考虑桩土动力相互作用中部分能量的耗散问题。苗雨等[94]通过有限元软件 ABAQUS 用户自定义单元 UEL 程序编写改进了 Desai 薄层接触单元，在 Desai 薄层接触单元中加入 Rayleigh 阻尼项以模拟强震作用时桩-土强非线性接触行为能量耗散过程。

在接触单元应力与位移之间的本构关系方面，目前研究有非常丰富的成果，尤其是在岩体结构面接触本构关系上。岩体结构面是抗滑稳定问题的主要研究对象，大部分工程中的岩体稳定问题，主要受岩体结构面的控制，研究岩体结构面在复杂加卸载条件下的本构关系，具有极其重要的工程意义。节理的法向刚度 k_n 和剪切刚度 k_s 是描述岩体中结构面变形的两个基本力学参数。法向刚度 k_n 需要通过节理法向应力与法向位移之间的斜率来定义，一般条件下 k_n 是非线性的，目前存在多种节理法向变形本构方程。Goodman 认为节理法向应力与法向闭合变形满足双曲线状态方程[95]。S. C. Bandis 等[96]仿照描述土和岩石在三轴压缩下的应力—应变抛物线方程，提出了描述节理法向变形的抛物线本构方程。B. Malama 等[97]提出了指数形式的法向本构关系。节理剪切刚度 k_s 可通过室内和现场剪切试验确定。基于节理剪切试验测试结果，N. Barton 等[98]于 1973 年提出了一个非线性节理抗剪强度准则，随后 N. Barton 与 S. C. Bandis 等[99-100]对该准则进行了改进，提出了著名的 Barton - Bandis 节理本构模型。以上模型只适用于单调加载条件下节理法向变形的描述（Barton - Bandis 节理本构模型除外），多位学者[101-102]进行了节理循环加载条件下的试验，并提出了相应的描述节理循环应力路径下的变形本构方程。

1.2.2.5 基于弹性动力学的解析法研究现状

基于弹性动力学的解析法是以强震波的波场分析为目的，将地下洞室看作半无限空间中的孔洞，由弹性动力学理论求解出围岩-衬砌体系的应力场和位移场。解析法不仅可对工程问题提供定量的认识，还是检验数值方法精度的重要手段，对科学研究和实际工程仍然具有重要的指导意义。V. W. Lee 等[103]以贝塞尔柱函数为基函数，采用波函数展开法对半无限空间中圆形隧洞 SH 波入射下横向弹性响应进行理论求解。V. W. Lee 等[104]采用大圆弧来对半无限空间水平地表进行逼近，采用傅里叶贝塞尔函数系对波动方程和边界条件进行展开，研究了 SV 波入射下半无限空间中圆形洞室横向弹性响应。J. Liang 等[105]采用间接边界积分方程法求解了多孔弹性半空间 SV 波激励下圆形洞室的弹性响应。H. Alielahi 等[106]采用边界元法研究了半无限弹性空间中圆形洞室在垂直入射 SH 波和 P 波作用下的弹性响应，探讨了洞室对地面强震响应的影响。H. Alielahi 等[107]采用时域直接边界元法对峡谷地形条件下入射 SV 波和 P 波圆形洞室横向弹性响应。Q. Liu 等[108]采用波函数展开法和加权残余法的组合形式求解半无限弹性空间入射 SH 波作用下圆形洞室弹性响应。梁建文等[109]利用波函数展开法，给出了地下圆形衬砌隧道对入射平面 P 波和 SV 波散射问题的一个级数解答，为进一步定量研究隧道对入射平面 P 波和 SV 波的放大作用以及入射波长、入射角度、隧道直径和衬砌刚度等参数对隧道沿线强震动的影响奠定了理论基础。梁建文等[110]利用波函数展开法，给出了半空间中圆形衬砌洞室引起的 Rayleigh 波散射问题的一个级数解，并通过对求解技术的改进获得了高频解答。纪晓东和梁建文[111]为了研究地下圆形衬砌洞室在入射平面 SV 波和 Rayleigh 波作用下的动应力集中问题，利用波函数展开法，求解出三维条件下的级数解。纪晓东和郭伟[112]针对地下圆形衬砌洞室对入射平面 SH 波的散射问题，采用波函数展开法，研究了不同频率入射波作用下圆形衬砌洞室散射的三维级数解。刘中宪等[113]采用一种高精度的间接边界积分方程法，对弹性半空间中衬砌隧道对入射 Rayleigh 的二维散射问题进行求解分析。梁建文等[114]利用间接边界元法，求解了弹性层状半空间中无限长洞室对斜入射平面 SH 波的三维散射问题。梁建文等[115]给出层状饱和半空间中无限长洞室群对斜入射 P1 波的三维散射问题的一个间接边界元方法，通过与文献的比较验证方法的计算精度。梁建文等[116]采用波函数展开法给出了半空间中柱面 SH 波在圆形衬砌洞室周围散射的解析解，并对解答的精度进行了分析。通过数值算例分析了入射频率、波源与洞室的距离、洞室埋深、衬砌刚度等对洞室衬砌动应力集中因子的影响。侯森等[117]基于弹性波动理论，将山岭隧道洞口段简化为单面边坡模型，考虑波在洞口边坡的反射效应，推导垂直入射 SH 波作用下隧道轴线上的位移场分布。高波等[118]采用波函数展开法，给出了平面 SV 波入射下地下半空间弹性介质中圆形双洞复合式衬砌洞室动应力集中系数解析解，建立了小净距隧道减震层力学模型，并深入研究了低频 SV 波入射下洞室间距和减震层对衬砌动应力集中的影响。王帅帅等[119]依托某强震区小净距盾构隧道工程，基于傅里叶贝塞尔级数展开法，给出了平面 P 波垂直入射下地下半空间弹性介质中圆形双洞复合式衬砌洞室动应力解析解，深入研究了洞室间距、隧道全环注浆加固参数对衬砌动应力集中的影响。

1.2.3　跨断层隧洞错断机理及抗错断工程措施研究现状

近些年来，国内外相关学者围绕跨断层隧洞（道）抗错断问题，开展了大量的研究工作，积累了一定的科研成果。目前主要开展了如下四个方面的相关研究：活断层的运动学模型及动力学模型、活断层对隧道围岩衬砌结构体系的强震错断机制、活断层对隧道围岩衬砌结构体系的黏滑蠕变错断机制、隧洞的抗错断设计方法和工程措施。采用的研究手段主要有：理论分析、数值计算、模型试验和工程类比。

1.2.3.1　活断层的动力学模型研究现状

活断层的运动主要有三种方式：强震错动、无震滑动（断层蠕变）和介于上述两种速率的断层滑动。在活断层运动学模型方面，目前主要采用位错理论进行相关研究。V. Volterra 等[120]于 1907 年提出了晶体位错理论。J. A. Steketee[121-122]将晶体位错理论引入地球物理学，提出了弹性位错理论，首次用位错面作为断层的数学模型，奠定了研究三维断层模型的数学基础。L. Mansinha[123]进一步完善了 Steketee 的工作。N. A. Haskell[124]在各向异性的不均匀介质中论证了体力和位错在辐射强震波方面的等效性，并在各向同性介质中详细讨论了这种等效性。在 J. A. Steketee[121-122]和 L. Mansinha[123]卓有成效的工作基础上，许多学者做了大量推广和应用工作，使弹性静位错理论成为反演强震机制和研究活断层运动产生的静态场的有力工具。为了研究强震活断层产生的强震波的辐射特性，一些学者先后研究了弹性动位错理论，其中比较重要的有 Haskell 模型[124]和 Brune 模型[125]。M. Rosenman[126]首先讨论了黏弹性板空间直立走滑断层和倾斜断层作用产生的准静态位移、应变、倾斜和应力变化特征。赵国光和黄佩玉[127]采用广义 Kelvin 体作为介质的流变学模型，导出黏弹性半空间中任意倾角断层错动产生的准静态位移场和应力场的解析表达式，并反演了唐山大强震前后有关断层蠕变的参数。在活断层的动力学模型方面，采用断层力学的研究方法，在给定外力作用的条件下，把断层运动模拟为二维或三维裂纹的发育与扩展过程。R. Burridge 等[128]发表了直接把断层动力学和强震断层联系起来的首篇文章。

为了研究不同性质的断层运动，人们根据不同的假设，提出了各种各样的裂纹模型，比较经典的有 Starr 模型[129]和 Knopoff 模型[130]。总之，如何应用现有的活断层位错模型和断层力学模型进行隧洞的抗错断机制研究是一个崭新的课题和研究方向，具有重要意义。

1.2.3.2　活断层对隧道围岩衬砌结构体系的断错机制研究现状

在针对断层错动引起的岩体-隧洞变形破坏过程分析方法中，由于实际观测资料的缺乏，研究过程中多采用试验模拟与数值分析方法开展研究。P. B. Burridge 等[131]通过模型试验对土体—隧道相互作用的定量评价以及由于断层引起的隧道破坏长度进行研究。冯启民等[132]进行跨断层埋地管道抗震试验研究，得出管道与断层土体之间相对变形量的最大值出现在断层面附近。S. Jeon 等[133]通过模型试验和数值模拟等方式，研究断层与隧道的相对位置对衬砌内力、变形和稳定性的影响，但没有考虑隧道跨断层时，断层错动对隧道的作用。李杰[134]通过大量震害调查发现对埋地管道影响最大的是断层引起的地表破裂。I. Anastasopoulos 等[135]通过室内试验模型和数值模拟等方式，仅仅研究了正断层错动下公路隧道的受力变形和破坏形式。S. Kontoe 等[136]采用平面应变有限单元法研究了土耳其博卢高速公路双线隧道在迪兹杰强震作用下的破坏机制，发现断层破碎带区域隧道衬砌破坏严重。熊炜等[137]根据渭河盆地正断层的结构特征及活动形式，采用有限元方法模拟正断层环境下公路山岭隧道衬砌的受力变形，针对断层错动量、断层倾角、隧道埋深以及隧道与断层的交角 4 个主要因素分别进行组合计算，并由此归纳出衬砌的破坏模式。张志超等[138-139]针对跨断层地下管线进行振动台模型试验研究，试验中将钢管埋设在一个盛装砂土、可以模拟走滑断层错动作用的模型箱中，研究地下管线在承受断层错动时应变的分布规律和管周动土压力变化规律，并考察地下管线与断层的夹角以及管内水体的影响。刘学增等[140]结合大量强震断层的案例，针对逆断层倾角为 75°、60°、45°三种工况，通过模型试验研究不同倾角逆断层黏滑错动下隧道应变分布规律和整个破坏过程。刘学增等[141]针对穿越 60°倾角活动正断层情况，对柔性连接隧道在正断层黏滑错动作用下的受力、变形特征进行模型试验研究。李立民[142]从断层活动性、岩石强度、岩体完整程度、结构面状态、地下水、主要结构面产状、物性参数等方面分析研究了秦岭输水隧洞主要断层带对隧洞工程的影响。邵润萌[143]则分别考虑了断层错动方式、断层倾角、错动距离、洞径大小等各种影响因素来研究了断层错动对于穿越其中隧道的影响机理，认为不同错动方式作用，隧道不同部位的响应是不一样的。林克昌等[144]研究了断层宽度对跨断层岩体隧道错动反应特性的影响，认为断层错动对衬砌的影响范围随断层宽度的不同而有所不同。

通过文献综述可以认为，前人已经针对衬砌结构在错动条件下的破坏机制开展了较多的研究，现有的数值、试验等研究手段也较为成熟，可以满足研究深度要求。但相对于衬砌结构，隧洞围岩在错断条件下的损伤机制研究相对不够，对围岩与衬砌结构在错断错动下力学性能的劣化过程研究较少。

1.2.3.3　隧洞的抗错断设计方法和工程措施研究现状

根据活断层对隧洞的影响分为无震蠕滑与发震黏滑两种形式，隧洞在过活断层时针对性的适应性结构措施设计也分为针对抗错动与抗震两类。针对活断层错动引起的隧洞工程抗错断问题的研究，国内外还不多见，相应的抗断设计实例也相对较少。主要的设计思路分为两类：调整隧洞结构本身性能和采取抗错断措施[145]。其中调整隧洞结构本身主要为加强隧洞衬砌结构的延性，而抗错断措施包括：超挖设计、铰接设计、隔离耗能设计。超挖设计即根据活动断层可能的错动量，扩大隧道断面尺寸。在断层错动时，扩大的隧道断面尺寸可以保证隧道断面的净空面积；尽可能减小错动导致的隧道结构破坏。超挖量主要依据活动断层的错动方式及错动量确定。铰接设计即尽量减小隧洞节段长度，使断层带及其两侧一定范围内的节段保持相对独立，各刚性隧洞节段间采用刚度相对较小的柔性连接。在断层错动时，破坏集中在连接部位或结构的局部，而不会导致结构整体性破坏。隔离耗能设计即采用钢筋混凝土复合衬砌，由初期支护、二次衬砌和中间回填柔性材料组成；其设计思路是外柔内刚，尽可能将地层蠕变和地震引起突变的位移吸收消化在初期支护和中间的缓冲层上，从而不影响二次衬砌正常的使用功能。一般而言，超挖设计无疑是最有效的抗断防护对策，但如果隧洞通过断层带的区间较长，则扩大横断面开挖面积会使得工程成本增加很多。因此，超挖设计适用于断层带宽度较小的情况。铰接设计适合于断层带区间较长或隧洞具有很大的断面面积的情况。但在以往的隧洞抗断设计中，往往依据工程经验，计算方法尚不成熟，尤其是铰接设计中隧洞节段长度、节段间连接处抗剪刚度的确定方法有待于更深入的研究。

根据已有的工程建设经验，在美国克莱尔蒙特输水压力隧道建设中，采用了"超挖"的抗错断设计，穿过了海沃德活断层[146]。我国乌鞘岭隧道遇到穿越活断层蠕滑错动问题时也采取了相同的设计方法[147]。伊朗 Koohrang-Ⅲ隧道在穿过扎拉布活断层[148]、土耳其博卢公路隧道穿越 Zekidag 和 Bakacak 活断层[149]、希腊的里翁-安特里翁隧道穿越 Psathopyrgos 活断层时，均采用了减小衬砌节段的长度、在节段间设置刚度相对较小的铰接抗错断设计，试图将错断引起的破坏限制在较小范围的衬砌结构内。M. Kiani 等[150]采用数值与模型试验相结合的方式，论证了隧道衬砌变形缝在错断中作用。M. L. Lin 等[151]采用缩尺模型试验，验证了在逆冲断层错动条件下抗断缝作用。刘学增等[152]以棋盘石工程为依托，采用模型试验研究了逆断层铰接式隧道衬砌的抗错断效果。

1.3　本书主要内容

本书受湖北省自然科学基金计划项目（批准号：2021CFB153）《主余震序列作用下跨断层隧洞动力反应特性与损伤破坏机制研究》资助，以滇中引水工程香炉山隧洞为依托工程，对活断层区隧洞围岩-衬砌体系在强震荷载和断层蠕滑作用下的力学响应特征及破坏机理进行深入探讨，主要研究内容可概括为如下八个方面：

（1）香炉山隧洞工程地质环境与强震构造背景

香炉山隧洞埋深长且围岩应力水平高，隧洞跨越龙蟠—乔后断层（F10）、丽江—剑川断层（F11）、鹤庆—洱源断层（F12）三条全新世活断层，该三条活断层表现为强烈的现今强震活动性，对整个隧洞安全性的影响最为突出，具有发生 7 级及以上强震的构造条件，隧洞抗震与抗错断问题突出。

（2）场地地震动选取、岩石力学试验与岩石数值本构模型开发

开展分析用地震动的选取研究，对实测地震动记录进行反应谱修正，使其尽量符合香炉山场地频谱特征；为研究香炉山隧洞工程区岩体的静动态力学特性，开展相应室内岩石力学试验研究；提出基于 C2 阶连续函数的岩石广义 Hoek-Brown 强度准则屈服面与塑性势面棱角圆化方法，基于 ABAQUS 数值开发平台，采用 FORTRAN 语言编制岩石 Hoek-Brown 准则理想弹塑性 UMAT 用户子程序。

（3）深埋高地应力跨断层隧洞开挖模拟分析

基于反演获得的三维地应力场与三维数值模型，开展香炉山隧洞过龙蟠—乔后断层（F10）的三条主断带的围岩开挖稳定性分析，探讨开挖所引起的围岩与衬砌结构响应空间分布特征，通过研究不同荷载释放率条件下围岩响应与结构内力情况，确定 90% 荷载释放率作为建议支护时机。

（4）动力人工边界理论及其数值实施方法

围绕跨断层隧洞强震响应分析中的波动输入及人工边界问题，提出适用于平面波斜入射、柱面波入射、Rayleigh 面波入射的强震动输入公式，实现黏性边界、黏弹性边界、自由场边界的有限元数值模拟；针对无限元边界在模型侧边界处上行波扭曲的缺陷，提出一种基于自由场与无限元组合的动力边界模型；针对颗粒离散元中动力边界问题，提出黏性、黏弹性、自由场边界条件的设置方法；针对深埋隧洞，建立一种考虑地表反射效应的改进盒子模型。

（5）跨活动断层段隧洞抗震适应性研究

在围岩开挖稳定性基础上，在无支护条件下，对隧洞过龙蟠—乔后断层（F10）的三条主断带部位进行了设计地震动水平的三维地震响应分析，探讨了设计地震动作用下围岩与衬砌的动力响应分布特征。通过不同地震输入条件下的对比，确定最不利输入地震动，进而开展设计地震动水平与校核地震动水平下隧洞衬砌结构的地震稳定性研究。

（6）强震荷载作用下围岩-衬砌相互作用机制

首先探讨围岩-衬砌接触面的模拟方法，然后进行强震荷载作用下浅埋隧洞与深埋隧洞围岩-衬砌界面的力学响应特征研究，最后对影响围岩-衬砌接触面动力响应的影响因素进行探讨。

（7）跨断层隧洞围岩-衬砌体系强震动力损伤与破坏机理

以滇中引水工程香炉山隧洞 F10-1 断层为模拟对象，建立有限元数值分析模型，在模型底部输入人工合成速度大脉冲，采用混凝土塑性损伤本构模型，探讨跨断层隧洞在速度脉冲

强震作用下的动力响应特征，分析围岩与衬砌结构强震损伤破坏机制。

（8）活断层错动下隧洞围岩—衬砌体系力学响应特征与抗错断衬砌结设计

以滇中引水工程香炉山隧洞 F10-1 和 F10-3 断层为模拟对象，建立有限差分数值分析模型，对无支护条件下围岩错断力学响应特征、普通衬砌支护下衬砌错断力学响应特征及链式衬砌支护下衬砌力学响应特征进行研究；建立基于弹性地基梁理论的隧洞穿越活断层计算二维数值模型，开展对隧洞因断层错动产生的力学响应规律的研究；重点探讨链式衬砌节段长度和节段变形缝宽度对错动条件下衬砌内力的影响规律，在此基础上提出过活断层段隧洞衬砌结构形式。

第2章 依托工程概况及关键工程问题

2.1 依托工程概况

滇中引水工程是云南省委省政府的重大决策部署，是云南省可持续发展的战略性基础工程，可从根本上解决滇中区水资源短缺问题。滇中引水工程是从金沙江上游石鼓河段取水，以解决滇中区水资源短缺问题的特大型跨流域引（调）水工程。工程多年平均引水量34.03亿 m³，渠首流量135 m³/s，末端流量20 m³/s。受水区包括丽江、大理、楚雄、昆明、玉溪、红河六个州（市）的35个县（市、区），受水国土面积3.69万 km²。

滇中引水工程大理I段线路从石鼓冲江河向南，经香炉山、松桂镇、西邑至长育村，全长115.61 km，渠首建筑物（冲江河至松桂镇段）以隧洞形式穿越金沙江与澜沧江的分水岭——云岭山脉，称为香炉山隧洞，隧洞全长62.596 km。

经过可研阶段初期对香炉山隧洞穿越区东、中、西共12条线路进行的比选，推荐对地下水环境影响相对较小的中5-2线方案。中5-2线路总长63.426 km。进口与石鼓泵站相接，沿途经玉龙县白汉场、汝寒坪、中螳螂、汝南河、红麦、鹤庆县沙子坪、安乐坝、石灰窑、下马厂、松桂大沟，在鹤庆县松桂镇与衍庆村渡槽相接。隧洞埋深汝南河槽谷以北一般600~1 000 m，最大埋深约1 138 m，槽谷以南埋深一般900~1 200 m，最大埋深约1 412 m。隧洞起点设计水位2 035 m，隧洞综合纵坡1/1 814。隧洞断面为圆形，设计直径8.40 m，设计水深6.38 m，具有深埋、高地应力典型特征。由于隧洞线路长、埋深大，经施工布置、工期影响、经济分析及环境影响等综合比较，对活动断层、软岩等不良地质段采用钻爆法施工，地质条件较好的玄武岩、灰岩、基性岩脉段采用TBM施工，布置11条施工支洞（6条施工斜井、2条施工平洞、1条施工竖井、1条旁通洞、1条通风竖井），施工工期为96个月。

香炉山隧洞段跨越金沙江与澜沧江分水岭，其工程地质环境极其复杂，沿线发育多条大断（裂）层，其中龙蟠—乔后断层（F10）、丽江—剑川断层（F11）及鹤庆—洱源断层（F12）为全新世区域活断层，表现为强烈的现今强震活动性，具有发生 7 级及以上强震的构造条件。活动断层对隧洞的影响主要表现为两方面：一是当活动断层因黏滑运动引发 7 级左右强震时，断层沿线产生位错进而带来的隧洞抗剪断问题及震中区隧洞衬砌遭受高地震烈度的破坏问题；二是全新世活动断层蠕滑产生的累积位移对隧洞结构的破坏作用。以上两种活动断层对隧洞的影响方式可归纳为抗震及抗断问题。

活动断层带的黏滑和蠕滑运动，对隧洞将造成围岩及隧洞结构的振动和变形，可能导致围岩剪切破坏、二次衬砌的错动开裂、掉块、整体垮塌等破坏。众多工程实践表明，活动断层区域隧洞发生的破坏非常严重，不仅难以修复，甚至可能造成工程彻底毁坏。既有规范和已建工程常通过地质选线、选址来回避断层带。但是，滇中引水工程的线路长，穿越众多大规模断层带，导致工程无法避开工程活动断层，加之工程位于高地震烈度区，工程场区地震动峰值加速度为 $0.20g \sim 0.30g$，地震烈度 Ⅷ 度，使引水工程在活动断层的运动（突发性黏滑和持续性蠕滑）影响下，可能引发振动破坏和错动破坏。因此，针对活动断层带及周边影响区域，应综合采用理论分析、静动力数值仿真和工程类比等多种手段，研究活动断层在地震动作用下的振动特征和在区域构造运动作用下的错动特征，并评价在活动断层振动作用下的结构动力稳定性和蠕变作用下的结构抗错断性能，进而总结结构的地震灾变和蠕变破坏模式，优化比选结构抗震和抗错断措施，并提出不同破坏模式的处置措施。这些工作对保障活动断层区域引水工程的工程安全具有重要意义。本章对隧洞围岩赋存的工程地质条件、研究区地应力场、研究区强震活动性及关键工程问题进行分析，为后续研究打下基础。

2.1.1　研究区工程地质条件

2.1.1.1　地质构造

工程区地处滇藏"歹"字型构造体系与三江南北向构造体系复合部位；现代块体运动属青藏断块东南部的"川滇棱形地块"西南边界一带，是我国南北构造带主体部位。工程区在长期的地质历史发展过程中，经多期构造运动，地壳改造强烈，逐渐形成极为复杂的构造系统。近场区内构造体系基本以 NNW ~ NW 向构造带与 NNW ~ NW 向构造带为基本骨架，在香炉山隧洞穿越区还出现了与近东西向构造体系的复合。工程区域新构造运动尤以滇西北青藏高原部分最为突出，其强度自滇西北向滇东南呈逐渐减弱的趋势；研究区新构造运动总体以活断层围限的"川滇菱形块体"为格架，块体边界表现为强烈的垂直差异运动和断块的侧向滑移，及以近南北向断层左旋位移和北西向右旋位移为代表的断层活动。根据地形地貌特征、新构造运动活动方式及活动强度的差异，线路区可划分出三个一级新构造区和若干个次级新构造区。香炉山隧洞跨中甸—玉龙雪山强烈隆起区与程海—大理差异隆起区的两个二级新构造区，鹤庆—剑川差异凹陷区、永胜—宾川差异凸起区。区内与隧洞相交的深大活断层带发育，主要以北北西向和北北东向构造为格架，它们对区域构造稳定、岩相变化以及地貌等都具有一定的控制作用。其中，龙蟠—乔后断层（F10，见图2.1）、丽江—剑川断层（F11，见图2.2）、鹤庆—洱源断层（F12，见图2.3）为三条重点关注的全新世活断层，表现为强烈的现今强震活动性，发生多次6.0级以上强震，这三条活断层对整个隧洞安全性的影响最为突出，为后续章节计算分析的重点区域，其100年位移设防参数建议值见表2.1 其特征见表2.2。

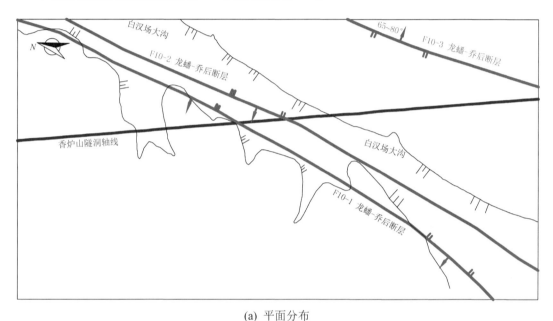

(a) 平面分布

(b)沿隧洞纵剖面

图2.1　龙蟠—乔后断层（F10）展布及引水线路

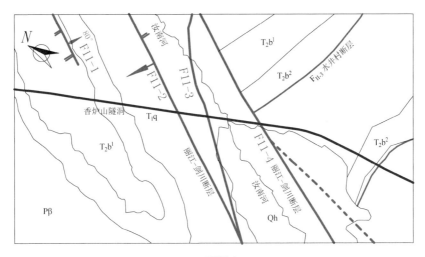

(a) 平面分布

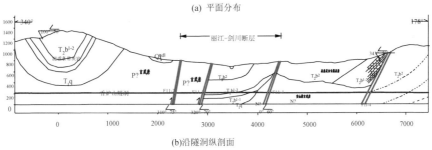

(b)沿隧洞纵剖面

图2.2　丽江—剑川断层（F11）展布及引水线路

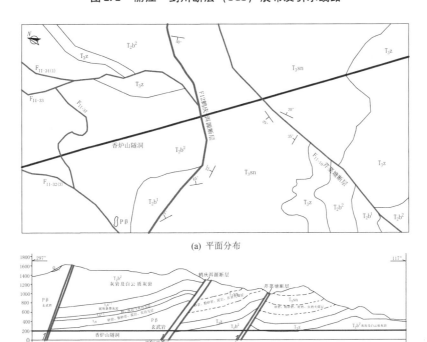

(a) 平面分布

(b)沿隧洞纵剖面

图2.3　鹤庆—洱源断层（F12）展布及引水线路

表 2.1　香炉山隧洞跨活动断层 100 年位移设防参数数值建议表（阶段成果）

线路段	断层编号（甲方）名称	断层长度/km 总长	断层长度/km 过水段	产状（下降盘）	活动性质	活动时代	断层位错速率/(mm/a) 水平	断层位错速率/(mm/a) 垂直	与线路相交部位桩号及建筑物名称	与线路交角	100年位移量计算/m 方法	水平	垂直	历史最大地震 区域段	历史最大地震 过水段*4	潜源最大地震震级或断层震级上限 潜源震级	过水段断裂震级上限	未来百年最大地表位错量范围（位错范围）/m 水平	垂直	最大次发地震地表变形带宽度/m
大理Ⅰ段	龙蟠—乔后断层（F10）	240	56	10°/NW ∠80°（NW 盘）	正左旋走滑	Q4	1.0~3.3（2.2）	0.31	DLⅠ12+068~15+310（香炉山隧洞）	32°~65°	速率法	0.33	0.06	6¾	1925（6）	7.5	6.9 6.8*1 7.0*2	1.9（1.0~1.9）	0.33	300~500
											L-D法	2.5	0.04							
											M-D法	1.7	0.36							
											加权计算*3	2.0	0.35							
	丽江—剑川断层（F11）	240	48	40°/SE ∠60~80°（SE 盘）	左旋走滑	Q4	2.0~5.0（3.5）	0.85	DLⅠ24+340~26+240（香炉山隧洞）	54°	速率法	0.42	0.07	7.0	1951（6¼）	7.5	7.0 6.6*1 7.0*2	1.9（1.2~2.2）	0.34	300~500
											L-D法	1.9	0.33							
											M-D法	1.19	0.21							
											加权计算*3	1.6	0.23							
	鹤庆—洱源断层（F12）	108	37	40°/NW ∠50~75°（NW 盘）	逆左旋走滑	Q4	2.5~3.0（2.8）	0.7~0.8（0.75）	DLⅠ54+768~54+888（香炉山隧洞）	72°	速率法	0.62	0.11	6¼	1839（6¾）	7.5	6.7 6.3*1 >6.5*2	1.5（0.9~1.5）	0.26	300~500
											L-D法	1.3	0.23							
											M-D法	0.9	0.17							
											加权计算*3	1.1	0.19							

（注：根据中国地震局地质研究所阶段研究成果）

表 2.2 香炉山隧洞区活断层特征

序号	编号	断层名称	断层产状			区内断层长度/km	与线路夹角	最新活动时代成年龄/ka	断（裂）层带特征及其活动性评价	分布桩号与穿越宽度（或与线路关系）
			走向	倾向	倾角					
1	F10-1	龙蟠—乔后断层	NNE	NW	50°~82°	>200	34°		断层南起乔后北岩峰场，沿黑潓江而上，经沙溪坝、剑川坝西侧，至龙蟠。该断层至少自早古生代即开始活动，表现了它长期以来多期活动的复合性质。断层形成宽100~2 000余米不等的断层破碎带，断面为一向西陡倾的逆冲断层，雄古采石场附近断层错断晚更新世堆积层；是滇西北地区重要孕震构造之一，近代地震沿断层带频繁发生，晚更新世晚期至全新世仍有活动	DL I 12+068~12+200，宽132 m
2	F10-2	龙蟠—乔后断层	NNE	NW	65°	>20	32°	全新世	断层北起雄古，向南南西延伸至白汉场水库后，延入白汉场—剑川盆地内，断层为扬子地台牛街复式向斜与白汉场构造混杂岩（原称石鼓构造混杂带）的分区断层，断层东侧主要分布上三叠统中窝组（T_3z）、北衙组（T_2b）以及早二叠世峨眉山组（Pe）和古生代浅海沉积。西侧主要为二叠—三叠纪砂板岩和玄武岩沉积。该断层控制了两侧的沉积作用、岩浆活动及变质作用，断层具有较新活动的特点，线性影像较清晰	DL I 12+850~13+000，宽150 m
3	F10-3	龙蟠—乔后断层	NE	E	65°~80°	>45	32°~65°		断层北端与龙蟠—乔后断层西支斜交，向南经石拉石罗水库、吾竹北西、汝大美沟展布，在北高宗寨一带延入剑川盆地，断层呈20°~30°方向波状延伸。断层东侧主要分布上三叠统中窝组（T_3z）、北衙组（T_2b）以及早二叠世峨眉山组（Pe）和古生代浅海沉积。西侧主要为二叠—三叠纪砂板岩和玄武沉积。该断层控制了两侧的沉积作用、岩浆活动及变质作用，断层具有较新活动的特点	DL I 15+250~15+310，宽60 m

序号	编号	断层名称	断层产状			区内断层长度/km	与线路夹角	最新活动时代成年年龄/ka	断（裂）层带特征及其活动性评价	分布桩号与穿越宽度（或与线路关系）
			走向	倾向	倾角					
4	F11-2	丽江—剑川断层	NE35	NW	80	>32	54°		断层北起吉子水库，向南西延伸至剑川盆地，为吉子盆地、中村盆地西边界断层，断层错断新近系地层，地貌线性影像清晰，晚更新世以来具有一定活动性	DLⅠ24+340~24+400，宽60 m
5	F11-3	丽江—剑川断层	NE	NW	>70	170	67°	全新世	丽江—剑川断层亦为一规模较大之西倾左旋断层性质，截断了近东西向逆断层，南西延入剑川盆地，并于清水江一带有喜山期基性岩喷溢。在南溪盆地但读村级剑川北化龙采石专场断层破碎带极为明显，形成宽达百余米角砾岩带，带内角砾岩胶结一般。断层沿线错断最新地层为晚更新世粉质黏土层，断层晚更新世以来活动过，为全新世活动断层	DLⅠ24+900~25+150，宽250 m
6	F11-4	丽江—剑川断层	NE	NW	>70	170	65°			DLⅠ26+040~26+240，宽200 m
7	F12-2	鹤庆—洱源断层	NE45	NW	60	约30	72°	全新世	断层北自鹤庆南蝙蝠洞一带，向南西经军营、东坡延入洱源盆地；断层延伸规模较大，地貌影像清晰，沿断层有断层陡崖、断层陡坎发育，崩塌、滑坡等不良地质现象亦较发育	DLⅠ54+768~54+888，宽120 m

2.1.1.2 地层岩性

香炉山隧洞地处横断山北部高山峡谷区与滇中高原盆地山原区交接部位，区内地貌受构造控制，山脉及主要水系走向呈近南北向，高山、深谷、盆地相间排列。隧洞斜穿鹤庆、丽江、拉什海、九河、剑川、洱源等盆地所夹持的南北向分水岭——云岭山脉，云岭山山岭浑厚，东西宽18~25 km，南北长约90 km，地势陡峻，地形较连续，总体呈南高北低，山顶高程一般在2 760~3 500 m，最高为北衙西侧的马鞍山，高程3 958.4 m。线路区还分布两个大的断层槽谷：白汉场—九河槽谷（高程2 280~2 400 m）和汝南河槽谷（高程2 480~2 540 m），呈NNE~NE向展布。山岭东侧为鹤庆盆地，南侧为洱源盆地，西侧为剑川—九河盆地，三座盆地高程分别为2 200 m、2 052~2 104 m、2 190~2 320 m；北侧及北东侧为拉什海和丽江盆地，前者地面高程2 437~2 500 m，后者高程2 400 m左右，上述盆地周缘多有岩溶泉出露。

线路区地层自前古生界前寒武系（$A_n \in$）至新生界第四系均有出露，主要分布前寒武系（$A_n \in$）、泥盆系（D）、石炭系（C）、二叠系（P）、三叠系（T）、下第三系（E）、上第三系（N）等地层，其间零星分布有不同时期的侵入体及岩脉。第四系覆盖层多分布于白汉场槽谷、剑川盆地、拉什盆地、鹤庆盆地、洱源盆地及各冲沟谷坡部位，湖盆部位以冲湖积黏性土为主，厚数百米，冲沟部位多为洪坡积碎石土，厚数米至数十米。据统计，隧洞穿越变质岩、岩浆岩、沉积岩长度分别为 12.200 km、25.254 km、25.972 km，占线路比例分别为 19.2%、39.8%、41.0%。沿线变质岩主要分布于白汉场槽谷（龙蟠—乔后断层）以西，地层为泥盆系下统冉家湾组（D_1r）、中统穷错组（D_2q）、苍纳组（D_2c）及三叠系中统（T_2^a、T_2^b），岩性多为片岩、板岩及浅变质的灰岩、砂岩等。沿线岩浆岩为二叠系玄武岩（$P\beta$）、第三系玄武岩（$N\beta$）及少量燕山期不连续分布的侵入岩，主要分布于汝寒坪、汝南河及黑泥哨至长木箐北山一带。沿线沉积岩为二叠系黑泥哨组（P_2h）、三叠系下统青天堡组（T_1q）、中统北衙组（T_2b）、上统中窝组（T_3z）、松桂组（T_3sn）及少量第三系（E+N）地层。岩性主要为砂岩、泥岩、页岩及灰岩，其中鹤庆西山沙子坪至大马厂、长木箐一带灰岩集中分布。

2.1.1.3　洞室围岩分类

根据《水利水电工程地质勘察规范》（GB50487—2008），围岩初步分类以岩石强度、岩体完整程度、岩体结构类型为基本依据，以岩层走向与洞轴线的关系、水文地质条件为辅助依据。可研阶段综合考虑了香炉山隧洞高地应力与硬质岩爆、软岩大变形、高外水压力与断层带的涌水突泥问题等地质环境条件，围岩初步分类统计汇总结果为：Ⅲ类围岩累计洞段长 19.134 km，占隧洞总长的 30.17%，Ⅳ类围岩累计洞段长 35.808 km，占隧洞总长的 56.46%，Ⅴ类围岩累计洞段长 8.485 km，占隧洞总长的 13.38%。总体Ⅳ、Ⅴ类围岩合计约占隧洞总长的 69.83%，围岩稳定问题突出，其围岩初步分类结果见表 2.3。

表 2.3　香炉山隧洞主要地层围岩初步分类表

地层名称	代号	岩性	风化状态	岩质类型	岩体结构类型	岩体完整性	主要围岩类型
松桂组	T_3sn	泥岩、页岩、夹长石石英砂岩及煤线	强	软岩	散体	破碎	Ⅴ
			弱	较软岩~软岩	薄~极薄层状	较破碎~破碎	Ⅳ、Ⅴ
			微	较软岩~软岩	薄~极薄层状	较破碎~较完整	Ⅳ、Ⅴ
中窝组	T_3z	泥质灰岩、灰岩、鲕状灰岩夹少量页岩、粉砂岩	微	较硬岩	中厚状	较完整~较破碎	Ⅲ、Ⅳ
三叠系中统	T_2^a	板岩、片岩夹少量灰岩	微	较软岩~较硬岩	薄层	较破碎~较完整	Ⅲ、Ⅳ
	T_2b	白云岩、白云质灰岩及灰岩	微	较硬岩	中厚~厚层状	较完整~破碎	Ⅲ、Ⅳ、Ⅴ

地层		岩性	风化状态	岩质类型	岩体结构类型	岩体完整性	主要围岩类型
名称	代号						
北衙组第二段	T_2b^2	浅灰色中厚~厚层状灰岩、白云质灰岩及白云岩等	强	软岩	散体	破碎、极破碎	V
			弱	较硬岩~较软岩	中厚~厚层状	较破碎、较完整	III、IV
			微	坚硬~较硬岩	中厚~厚层状	较完整	III、IV
北衙组第一段	T_2b^1	条带状灰岩、生物屑灰岩，角砾状灰岩，下部灰岩类与砂泥岩互层	强	较岩	散体	较破碎、破碎	V
			弱	较硬岩~较软岩	中厚~厚层状	较完整	III、IV
			微	较硬岩	中厚~厚层状	较完整	III
青天堡组	T_1q	泥岩、泥质粉砂岩、砂岩	强	极软岩	散体	散体	V
			弱	软岩	薄层	破碎	V
			微	软岩	薄层	较破碎~较完整	IV、V
玄武岩组	$P\beta$、$N\beta$	玄武岩	全、强	较软岩	散体	破碎	V
			弱	较硬岩	块状	较完整	III、IV
			微	坚硬	块状	较完整、完整	III、IV
断层带		主断带	微	极软岩	碎裂~散体	破碎~极破碎	V
		影响带	微	较软岩~极软岩	块裂~散体	较破碎~极破碎	IV、V

2.1.2　研究区地应力场

中国大陆现今水平最大主应力轴（压）走向总体上以青藏高原为中心呈辐射状分布，由西向东，从近 NS 向逐步顺时针旋转至 NNE、NE、NEE 和 SE 向；构造应力场以水平作用力为主，最大和最小主应力轴是近水平的，且最大主应力方向明显存在区域性。大致可分为西部、华北—东北、华南和川滇区。其中青藏高原及西部构造主压应力方向总体为 NNE~NE 向，华北—东北地区主压应力方向总体为 NEE 向，而华南地区为 NWW 向；水平最大主应力和最小主应力强度均表现为西强东弱的基本特征，反映了印度洋板块与亚欧板块的强烈碰撞是中国大陆构造应力场强度的主要来源。川滇地区构造应力场较为复杂。主压应力方向变化很大，由北至南主压应力方向有顺时针转动的特征。龙门山断层带和鲜水河断层带及其以北地区，构造应力场主压应力方向为近 WE 向；川滇菱形块体内部，主压应力方向基本呈 NNW 向；川滇菱形块体以东，主压应力以 NW 向为主；而川滇菱形块体以西，主压应力方向则为 NNE 向。

香炉山隧洞所在的大理 I 段研究区位于青藏高原新构造区，根据地形地貌特征、新构造运动活动方式及活动强度的差异，线路区可划分出三个一级新构造区和若干个次级新构造区。香炉山隧洞跨中甸—玉龙雪山强烈隆起区（Ⅳ）与程海—大理差异隆起区（Ⅴ）的两个二级新构造区鹤庆—剑川差异凹陷区（Ⅴ2）、永胜—宾川差异凸起区（Ⅴ1）。工程区域位于印度洋板块与亚欧板块碰撞带东部，新构造运动十分剧烈。云南地区主要受到来自三个方面力的作用：一是印度洋板块与亚欧板块碰撞，使西藏地块东移，受阻于四川地块和华南地块，从而向西南作用，使川滇菱形块体向 SSE 方向楔入，终止于红河断层南部。此外，受阻于四川地块和华南地块的作用力，还沿四川的鲜水河、安宁河断层，则木河断层向南传递到云南的小江断层带（川滇菱形块体的东边界）；二是印度洋板块向东经缅甸对云南地区的侧向挤压力，这一挤压力直接作用于云南西部地区，尤其是澜沧江断层以西地区，澜沧江在小湾附近的弧形展布正是这一作用力的结果；三是受到来自华南地块的 NW、NNW 向应力的作用。受三方面的作用力共同作用，研究区区域主压应力轴方位以 NW ~ NNW 向为主；香炉山隧洞线路研究区全新世活动的深大断层发育，走向多为 NE ~ NNE 向，受其影响，主压应力方向有所偏转，实测最大水平主压应力方向以 NE 向为主。

研究区内地形地质条件复杂，构造活动强烈，发育多条区域性大断层，并分布有三条全新世活断层，地应力场极其复杂。区内地貌受断层控制，山脉及主要水系走向呈近 NS 向、NNE 向或 NW 向，与区域构造线近乎于平行，隧洞穿越马耳山脉，主要为高、中山地貌，隧洞埋深大，一般埋深 500 ~ 900 m，最大埋深达 1 412 m。综合分析地应力测试结果，以埋深 400 m 为分割点，以完整测段水平主应力均值为拟合系数，得围岩水平主应力量值拟合式（2 - 1），垂直应力为自重应力。统计与数值计算研究区最大水平主应力方向测试结果分布频度如图 2.4、图 2.5 所示，显示测区最大水平主应力方向分布较为集中，主要分布区间为 NNE ~ NE 向，反映与测区主要断层走向较为一致。因此，取集中区间中位值 35° 为测区最大水平主应力方向建议方向。根据隧洞围岩应力评估结果和隧洞围岩地质条件，计算得香炉山隧洞最大埋深处（1 412 m）围岩应力 $\sigma_H = 44.9$ MPa，$\sigma_h = 27.7$ MPa，$\sigma_z = 37.4$ Mpa，埋深 600 m 处的围岩应力 $\sigma_H = 19.10$ MPa，$\sigma_h = 11.77$ MPa，$\sigma_z = 15.90$ Mpa，埋深 1 000 m 处的围岩应力 $\sigma_H = 31.80$ MPa，$\sigma_h = 19.60$ MPa，$\sigma_z = 26.50$ Mpa，深埋段岩体应力量级为高 ~ 极高应力水平。

$$\begin{cases} \sigma_H = 1.40\ \gamma H & H < 400\ \text{m} \\ \sigma_H = 1.02\ \gamma H & H < 400\ \text{m} \\ \sigma_H = 1.20\ \gamma H & H > 400\ \text{m} \\ \sigma_H = 0.74\ \gamma H & H > 400\ \text{m} \end{cases} \qquad (2-1)$$

F10 上盘岩体
F10 下盘岩体
断层破碎 带

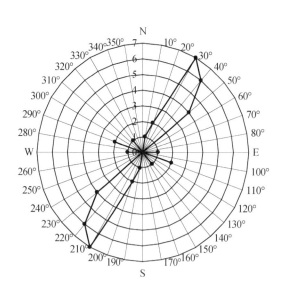

图 2.4　最大水平主应力方向分布频度图

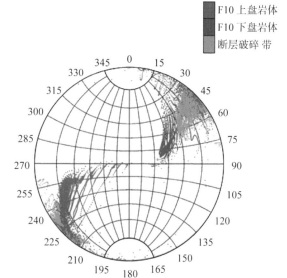

图 2.5　数值反演获得的地应力最大主应力方位角

前述研究中已经明确了 F10 断层区域属于丽江地区复合断层的影响范围内，受区域构造的影响，F10 的断层活动属于具有一定正断分量的左旋剪切错动。根据已有研究成果，将定性的认为这一区域内的应力分布应该受走滑断层控制。此处将采用数值模拟方法，建立丽江地区的复合构造模型，模拟构造应力作用，分析 F10 地区的地应力场方向，以期明确 F10 断层对工程区域地应力场的影响，从而确定后续分析中采用的地应力方向。

确定合理的计算范围是保证计算精度的一个重要方面。本章确定计算范围的基本原则是尽可能保证构造格架的完整性，而模型中所包括的地质构造的确定则主要考虑了对于说明问题的重要性和模拟计算的方便性。根据上述原则，确定的计算模型是包括玉龙雪山东麓断层、中甸—永胜断层和丽江—小金河断层在内的一个正方形区域，结合该地区有关断层的新活动性的研究成果，确定边界最大主应力为 20 MPa，最小主应力为 2 MPa，均为压应力。由于震源机制解资料能客观地反映地壳应力场的基本特征，依据对丽江地区震源机制解资料的研究成果，确定边界最大主应力方向近似为 NS 向。

数值反演获得的工程区域最大主应力量值云图如图 2.6 所示，最小主应力量值云图如图 2.7 所示，通过比较工程区域的整体应力云图，表明地形地貌、沟谷及长大断层均对工程区域地应力场分布影响显著。峰部部位应力量值相对较小，谷部部位应力量值相对较大。F10 断层成为地应力场的控制性边界，其间应力量值明显小于上下两盘岩体。同时，由于 F10-1、F10-2 向 NWW 向陡倾发育，在 F10-1 上盘深部形成应力集中区域，在 F10-2 下盘深部形成应力松弛区域。

图 2.8 给出了隧洞纵轴线剖面最大主应力量值云图，图 2.9 给出了隧洞纵轴线剖面最小主应力量值云图。可见反演获得的香炉山隧洞趋近 F10-1、F10-2 段最大主应力量值范围在 13~19 MPa，中间主应力 11~16 MPa，最小主应力量值在 9~13 MPa，应力量值较高。F10

断层 F10-1、F10-2 主断层带成为地应力场的控制性边界，其间应力量值明显小于上下两盘岩体。F10-1、F10-2 主断层带间岩体最大主应力量值范围在 9~10 MPa，最小主应力量值范围在7~10 MPa。远离 F10-1、F10-2 的 F10-3 部位由于埋深较大，因此应力量值相对较大，最大主应力量值范围在 20~24 MPa，最小主应力量值范围在12~16 MPa。

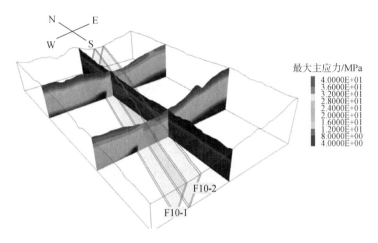

图 2.6 数值反演获得的工程区域最大主应力云图

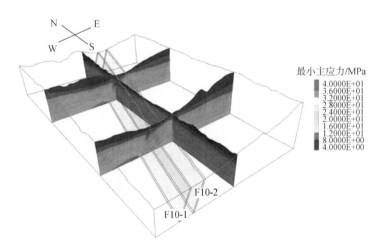

图 2.7 数值反演获得的工程区域最小主应力云图

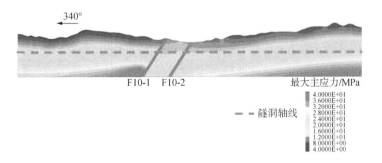

图 2.8 数值反演获得的隧洞纵轴线最大主应力云图

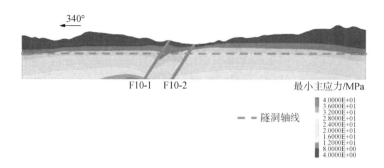

图 2.9 数值反演获得的隧洞纵轴线最小主应力云图

2.1.3 研究区强震活动性、基本烈度及强震动基本参数

滇中引水工程位于鲜水河—滇东强震带内，带内强震活动与新构造运动关系十分密切。新构造运动强烈的地区，强震活动强度和频次也高，反之亦然。从历史强震活动的实际情况看，与强烈的差异运动密切相关，强烈强震主要发生在活动块体的边界。香炉山隧洞主要位于中甸—丽江—大理强震活动带上，见图 2.10。中甸—丽江—大理强震活动带北西自德钦、中甸，往南经丽江、鹤庆、剑川、洱源、大理至弥渡以南，南北长约 400 km，东西宽 60~80 km。带内活断层发育、强震构造复杂、地壳比较破碎、强震频度较高，距香炉山隧洞不远的中甸、剑川、丽江均有多次历史强震发生。自公元 886 年带内有破坏性强震记载以来，至 2012 年 12 月底，共记有里氏震级 MS ≥4.7 级强震 73 次，其中 6.0~6.9 级 16 次，7.0 级 3 次。从 1965~1997 年观测到的 964 次 $M \geq 2.0$ 级仪测强震的分布来看，香炉山隧洞研究区内仪测强震主要沿龙蟠—乔后断层、丽江—剑川断层、丽江—大具断层及红河断层带四条断层展布，该区地壳稳定性较差，1996 年春节丽江发生的 7.0 级强震即位于玉龙雪山东支断层带上，1925 年 3 月 17 日大理洱海南东 7.0 级强震位于红河断层北段东支断层带上。2000 年以后，研究区外围发生多次强震，如 2000 年 1 月 15 日姚安发生 6.5 级强震，2001 年 10 月 27 日在永胜县涛源、期纳一带发生了 6.0 级强震，2003 年大姚的 7.21 强震与 10.16 强震分别达到 6.2、6.1 级，2009 年姚安 7.9 强震也达 6.0 级，2009 年 11.2 宾川强震震级达 5.0 级，2012 年 6 月 24 日四川盐源与云南宁蒗交界处强震震级达 5.7 级，2013 年 3 月 3 日洱源炼铁 5.5 级强震等，种种迹象均表明该区域近期强震活动较强。1996 年春节丽江 7.0 级强震震中距线路最近约 32 km，线路区强震烈度为Ⅵ~Ⅷ度；1925 年大理 7.0 级强震震中距线路最近约 46 km，线路沿线强震烈度为Ⅵ~Ⅷ度；1751 年 5 月 25 日剑川 6.75 级强震震中距线路最近约 16 km，线路沿线强震烈度为Ⅵ~Ⅷ度；1839 年洱源 2 次 6.25 级强震、1901 年洱源与邓川间发生 6.5 级强震，香炉山隧洞线路所遭受的强震烈度均未超过Ⅷ度。

根据云南省地震工程勘察院《滇中引水工程总干渠线路强震动参数区划报告》（中国地震局批复文件：中震安评〔2013〕98 号），香炉山隧洞区 50 年超越概率 10% 水平向强震动峰值加速度值为 0.20g~0.30g，强震动反应谱特征周期为 0.40~0.45 s，相应强震基本烈度为Ⅷ度。根据《滇中引水工程水源及总干渠线路重点工程场地地震安全性评价报告》（最新强震危险性分析成果：香炉山隧洞不同部位场地50年超越概率10%水平向强震动峰值加速度值为246g～315g，50年超越概率5%、100年超越概率2%水平向强震动峰值加速度值见表2.4）。根据云南省地震工程勘察院《滇中引水工程总干渠线路强震动参数区划报告》（中国地震局批复文件：中震安评〔2013〕98号），香炉山隧洞区50年超越概率10%水平向强震动峰值加速度值为0.20g～0.30g，相应的强震基本烈度为Ⅷ度。设计烈度按基本烈度采用。

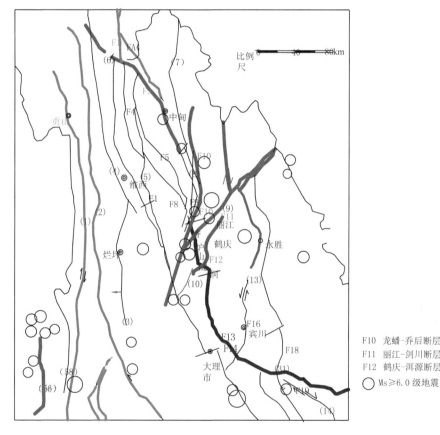

图2.10 香炉山隧洞研究区区域地震构造纲要

表2.4 香炉山隧洞不同超越概率水平向强震动峰值加速度统计表

隧洞计算点位置 \ 超越概率	50年超越概率峰值加速度			100年超越概率峰值加速度
	63%	10%	5%	2%
香炉山隧洞 DLⅠ00＋000	91g	246g	319g	523 g
香炉山隧洞 DLⅠ01＋400	93g	252g	326g	532g

续表

超越概率 隧洞计算点位置	50 年超越概率峰值加速度			100 年超越概率 峰值加速度
	63%	10%	5%	2%
香炉山隧洞 DLⅠ12＋000	105g	289g	372g	595g
香炉山隧洞 DLⅠ15＋420	110g	301g	386g	611g
香炉山隧洞 DLⅠ24＋200	115g	312g	398g	624g
香炉山隧洞 DLⅠ28＋548	117g	315g	401g	626g
香炉山隧洞 DLⅠ54＋646	115g	312g	397g	622g
香炉山隧洞 DLⅠ57＋000	114g	309g	394g	618g
香炉山隧洞 DLⅠ60＋605	112g	304g	387g	609g
香炉山隧洞 DLⅠ63＋426	110g	299g	382g	602g

2.2 工程抗震与抗剪断问题

香炉山隧洞沿线依次穿过龙蟠—乔后断层（F10）、丽江—剑川断层（F11）、鹤庆—洱源断层（F12）等3条全新世活断层，其中丽江—剑川断层表现为强烈的现今强震活动性，龙蟠—乔后断层与鹤庆—洱源断层表现为较强的现今强震活动性。它们活动时代新、规模大、活动（较）强烈，历史上曾发生过大震和强震，具有发生7.0级及以上强震的构造条件。活断层对隧洞的影响主要表现为两方面：一是当活断层因黏滑运动引发7.0级左右强震时，断层沿线产生位错而带来的隧洞抗剪断问题及震中区隧洞衬砌遭受高强震烈度的振动破坏问题；二是全新世活断层蠕滑产生的累积位移对隧洞结构的破坏作用。

2.2.1 抗震问题

依据工程香炉山隧洞近场强震动频谱特征、区域及近场区域强震活动性、区域及近场区域强震构造背景，划分各强震带潜在震源区，确定强震带及潜在震源区强震活动参数，并利用所确定的适合本区的强震动衰减关系，以强震危险性的概率分析方法，进行工程场地的强震危险性分析计算。对工程场地起主要作用的潜在震源区是丽江（1156）、维西（1141）、拉达（1164）号源，香炉山隧洞位于丽江7.5级潜在震源区，种种迹象均表明该区域近期强震活动较强。由 2.1.1 小节可知，该区域围岩类别主要为 IV、V 类，岩体软弱，隧洞跨越多条断层，由汶川强震山岭隧道震害经验，可推测强震下香炉山隧洞将产生严重震害，其抗震问题极其突出

2.2.2 抗剪断问题

香炉山隧洞横跨松潘—甘孜褶皱系（Ⅲ）与扬子准地台（Ⅰ）两个一级构造单元，涉及的二级构造单元依次为中甸褶皱带（Ⅲ1）、丽江台缘褶皱带（Ⅰ1）。区域性断层主要有 9 条：金沙江断层带（F1）、拖顶—开文断层（F5）、大栗树断层（F9）、龙蟠—乔后断层（F10）、丽江—剑川断层（F11）、鹤庆—洱源断层（F12）、红河断层北段东支（F15）、苍山山前断层（FⅡ-22）、维西—乔后—巍山断层（4）。其中，龙蟠—乔后断层、丽江—剑川断层、鹤庆—洱源断层等 3 条断层为全新世活动断层。上述全新世活动断层 100 年位移设防水平向量值最大可达 2.50 m，垂直向量值最大可达 0.36 m。如表 2.5 和表 2.6 所示，香炉山隧洞面临着严重的错断威胁。

表 2.5　隧洞与相交活动断层性状、相交部位桩号建筑物统计

断层编号	断层长度/km		活动性质	活动时代	断层位错速率/（mm/a）		与线路相交部位桩号及建筑物名称	与线路交角	100 年位移量计算/m		
	总长	过水段			水平	垂直				水平	垂直
龙蟠—乔后断层（F10）	240	56	正左旋走滑	Q4	1.0~3.3（2.2）	0.31	DLⅠ 12+068~15+310	40°	速率法	0.33	0.06
									D-L 法	2.5	0.04
									D-M 法	1.7	0.36
									加权计算×3	2.0	0.35
丽江—剑川断层（F11）	240	48	逆左旋走滑	Q4	2.0~5.0（3.5）	0.85	DLⅠ2 4+340~26+240	57°	速率法	0.42	0.07
									D-L 法	1.9	0.33
									D-M 法	1.19	0.21
									加权计算×3	1.6	0.23
鹤庆—洱源断层（F12）	108	37	左旋走滑	Q4	2.5~3.0（2.8）	0.7~0.8（0.75）	DLⅠ 54+768~54+888	39°	速率法	0.62	0.11
									D-L 法	1.3	0.23
									D-M 法	0.9	0.17
									加权计算×3	1.1	0.19

表 2.6　100 年位移设防参数建议值表

断层编号	历史最大地震/级		潜源最大地震震级或断层震级上限/级		未来 100 年最大突发地震地表位移量设防参数/m		最大突发地震地表变形带宽度/m
	区域段	过水段×4	潜源震级	过水段断层震级	水平	垂直	
龙蟠—乔后断层（F10）	$6\frac{1}{4}$	1925（6）	7.5	6.9 6.8×1 7.0×2	1.9	0.33	300~500
F11 丽江—剑川断层（F11）	7.0	1951（$6\frac{1}{4}$）	7.5	7.0 6.6×1 7.0×2	2.2	0.34	300~500
F12 鹤庆—洱源断层（F12）	$6\frac{1}{4}$	1839（$6\frac{1}{4}$）	7.5	6.7 6.3×1 >6.5×2	1.5	0.26	300~500

　　活断层对生命线工程的安全威胁主要来自三个方面：第一，活断层黏滑错动诱发强震，强震对活断层区生命线工程产生振动破坏效应，属于常规工程抗震问题；第二，活断层黏滑错动，导致断层上下盘地层产生突发错动破裂，地层错动破裂将直接剪断跨越其上的线性工程，该类破坏具有突发性，且危害大，属于非常规威胁，相关工程设计经验较缺乏；第三，活断层蠕滑错动对跨却其上的线性工程产生错断破坏，属于非常规威胁，相关工程设计经验较缺乏。香炉山隧洞跨越龙蟠—乔后断层、丽江—剑川断层、鹤庆—洱源断层三条活断层，直接面临活断层黏滑错动诱发断层上下盘地层错动导致的剪断威胁和活断层蠕滑错动导致的剪断威胁。为了保证工程在服役期内的正常运行，必须进行抗剪断工程措施研究。

2.3　本章小结

　　本章主要对香炉山隧洞的工程地质条件与强震构造背景、强震活动性、强震基本烈度及强震动参数、关键工程问题进行了论述，得出的主要结论为：

　　（1）香炉山隧洞跨越龙蟠—乔后断层（F10）、丽江—剑川断层（F11）、鹤庆—洱源断层（F12）三条全新世活断层，该三条活断层表现为强烈的现今强震活动性，发生多次 6.0 级以上强震，这三条活断层对整个隧洞安全性的影响最为突出，具有发生 7.0 级及以上强震的构造条件。

（2）香炉山隧洞区岩性成分复杂，总体上Ⅳ、Ⅴ类围岩合计约占隧洞总长的69.83%，围岩稳定问题突出。

（3）香炉山隧洞区最大水平主应力方向分布较为集中，主要分布区间为 NNE ~ NE 向，与测区主要断层走向较为一致。反演获得的香炉山隧洞趋近 F10-1、F10-2 段最大主应力量值范围在 13 ~ 19 MPa，中间主应力 11 ~ 16 MPa，最小主应力量值在 9 ~ 13 MPa。F10 断层 F10-1、F10-2 主断带成为地应力场的控制性边界，其间应力量值明显小于上下两盘岩体。F10-1、F10-2 主断带间岩体最大主应力量值范围在 9 ~ 10 MPa，最小主应力量值范围在 7 ~ 10 MPa。远离 F10-1、F10-2 的 F10-3 由于埋深较大，因此应力量值相对较大，最大主应力量值范围在 20 ~ 24 MPa，最小主应力量值范围在 12 ~ 16 MPa。

（4）香炉山隧洞位于丽江 7.5 级潜在震源区，种种迹象均表明该区域近期强震活动较强。由于该区域围岩软弱，隧洞跨越多条断层，由汶川强震山岭隧道震害经验，可推测强震下香炉山隧洞震害将较严重，其抗震问题极其突出。

（5）香炉山隧洞跨越龙蟠—乔后断层、丽江—剑川断层、鹤庆—洱源断层三条活断层，直接面临活断层黏滑错动诱发断层上下盘地层错动导致的剪断威胁和活断层蠕滑错动导致的剪断威胁。

第3章 地震动选取、岩石力学试验及数值本构模型开发

3.1 分析用地震动选取

3.1.1 地震动参数

香炉山隧洞穿越龙蟠—乔后断层区域，F10-1、F10-2 部位桩号约为 DLⅠ2＋000，F10-3 部位桩号约为 DLⅠ5＋200。考虑暂无 DLⅠ5＋200 部位危险性分析成果，故在本问分析中，将 F10-1、F10-2、F10-3 部位的地震动参数合并讨论，仅单独考虑 F10-3 部位的水平向地震动峰值。

针对龙蟠—乔后断层区域的概率性地震危险性分析结果表明，对工程场地起主要作用的潜在震源区是丽江（1156）、维西（1141）、拉达（1164）号源，有关结果列于表 3.1；工程场地的 T 年内基岩地震动加速度峰值的超越概率列于表 3.2。工程场地的 50 年超越概率 63%、10%、5% 和 100 年超越概率 2% 水平下的基岩地震动反应谱值列于表 3.3。

表 3.1 主要潜在震源区对 DL12＋000 场地地震危险性概率贡献

基岩峰值加速度（A_{max}）/g 潜在震源（N）	5.	10.	50.	100.	200.	300.	400.	500.	600.
丽江（1156）	1.18E－01	7.48E－02	1.10E－02	3.67E－03	9.86E－04	3.90E－04	1.79E－04	8.84E－05	4.62E－05
维西（1141）	9.57E－02	6.10E－02	8.98E－03	3.04E－03	8.01E－04	3.28E－04			
拉达（1164）	7.32E－02	4.87E－02	7.49E－03	2.56E－03	7.41E－04	3.12E－04			

表 3.2 DL12 +000 场地 T 年内基岩地震动峰加速度值的超越概率

基岩峰值加速度 (A_max)/g / T/年	5.	10.	50.	100.	200.	300.	400.	500.	600.
1	5.63E-01	3.48E-01	4.99E-02	1.60E-02	4.12E-03	1.56E-03	6.88E-04	3.33E-04	1.71E-04
50	1	1	9.23E-01	5.54E-01	1.87E-01	7.51E-02	3.38E-02	1.65E-02	8.51E-03
100	1	1	9.94E-01	8.01E-01	3.38E-01	1.45E-01	6.65E-02	3.28E-02	1.70E-02

表 3.3 香炉山隧洞 DL12 +000 场地基岩地震动反应谱值

谱值/g / 周期/s	50 年超越概率			100 年超越概率
	63%	10%	5%	2%
0.000	88.781	266.165	349.974	573.003
0.040	105.798	289.286	372.319	594.583
0.050	113.215	306.936	394.481	628.029
0.070	128.761	342.598	439.622	700.157
0.100	185.366	489.170	628.008	1005.436
0.120	228.060	624.521	812.930	1340.001
0.140	233.631	638.451	831.595	1360.001
0.160	261.617	733.313	959.082	1580.000
0.180	253.200	736.165	970.607	1620.000
0.200	262.237	765.390	1020.000	1700.000
0.240	240.303	694.041	913.804	1520.000
0.260	251.158	739.194	978.583	1660.000
0.300	250.515	751.176	1020.000	1720.000
0.340	238.988	723.371	968.726	1680.000
0.360	235.409	733.736	990.269	1740.000
0.400	213.481	664.001	896.159	1580.000
0.440	197.156	626.710	850.351	1520.000
0.500	173.551	572.369	783.010	1420.000
0.600	145.511	481.459	657.655	1180.001
0.700	115.333	402.141	554.266	1020.000
0.800	102.699	361.687	501.258	935.291

续表

周期/s \ 谱值/g	50 年超越概率			100 年超越概率
	63%	10%	5%	2%
1.000	78.578	288.561	403.503	761.055
1.200	62.410	231.122	322.876	607.503
1.500	45.616	172.934	242.488	459.182
1.700	37.856	141.480	198.051	373.330
2.000	30.368	114.021	159.503	301.429
2.400	19.021	72.603	102.281	194.764
3.000	12.816	49.562	69.428	131.233
4.000	9.379	36.952	52.243	99.729
5.000	6.727	27.257	38.754	74.725
6.000	5.095	20.988	29.750	57.311

工程场地设计地震动根据地震危险性概率分析得到的基岩反应谱标定得到。工程场地设计地震动峰值加速度及反应谱参数值分别示于表 3.4 及图 3.2（图中粗线）。

表 3.4　DL12+000 场地基岩水平向地震动参数值（5% 阻尼比）

超越概率值	T_1/s	T_g/s	动力放大系数最大值（β_{max}）	衰减指数（γ）	$A_{max}/$（m/s^2）
50 年 63%	0.10	0.40	2.5	0.9	1.05
50 年 10%	0.10	0.45	2.5	0.9	2.89
50 年 5%	0.10	0.50	2.5	0.9	3.72
100 年 2%	0.10	0.55	2.5	0.9	5.95

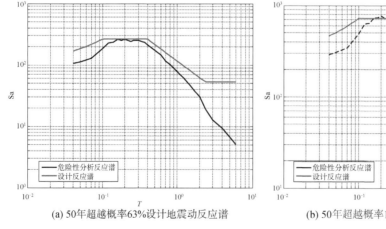

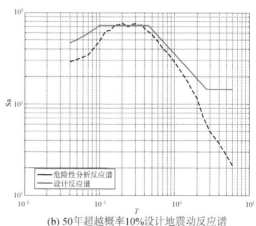

(a) 50年超越概率63%设计地震动反应谱　　　　(b) 50年超越概率10%设计地震动反应谱

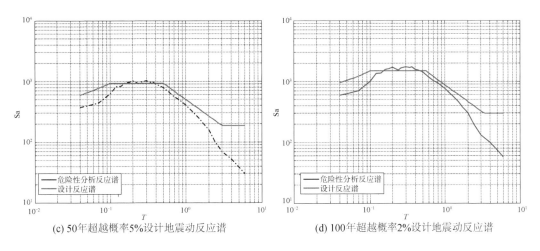

(c) 50年超越概率5%设计地震动反应谱　　(d) 100年超越概率2%设计地震动反应谱

图 3.2 香炉山隧洞 DL12+000 场地各超越概率下的设计反应谱

3.1.2 分析用地震动

按《水工建筑物抗震设计规范》SL203—1997 要求，采用时程分析法计算地震作用效应时，应至少选择类似场地地震地质条件的两条实测加速度记录和一条以设计反应谱为目标谱的人工合成模拟地震加速度时程。

按照上节分析成果，设计地震水平（$P_{50}=10\%$）下，按规范性质表达的设计反应谱如图 3.3 所示。其中，水平向加速度峰值为 $289g$，竖向设计地震加速度值按水工建筑物抗震设计规范规定取水平向设计地震加速度代表值的 2/3，即 $193g$。

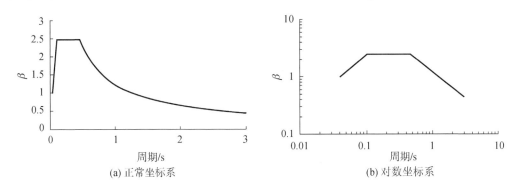

(a) 正常坐标系　　　　　　　　　　　　(b) 对数坐标系

图 3.3 按谱形式表达的规范设计反应谱形式

（1）实测地震波

对于实测地震波，分别选取了水工抗震常用的印度科伊纳地震动记录和对我国水利水电工程曾产生过较大影响的汶川大地震绵竹清平台站处的实测记录。为了保证实测地震动记录的频谱特性与香炉山场地特征保持一致，研究对实测地震动记录进行了反应谱修正，使其尽量符合香炉山场地频谱特征，结果见图 3.4～图 3.11。

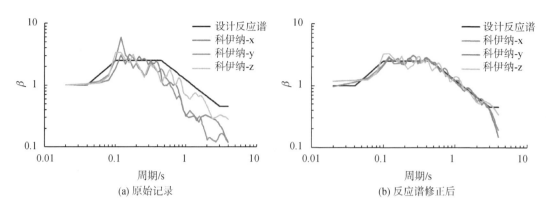

图 3.4　反应谱修正前后科伊纳地震波反应谱设计反应谱对比

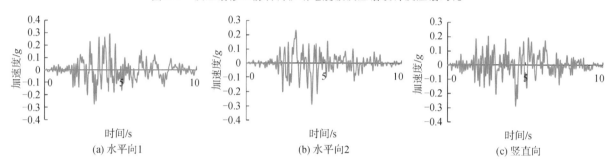

图 3.5　按 DL12 + 000 场地反应谱修正的科伊纳地震加速度时程曲线（PGA = 289g）

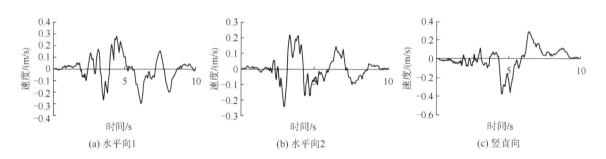

图 3.6　按 DL12 + 000 场地反应谱修正的科伊纳地震速度时程曲线

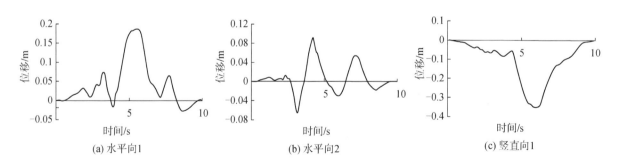

图 3.7　按 DL12 + 000 场地反应谱修正的科伊纳地震位移时程曲线

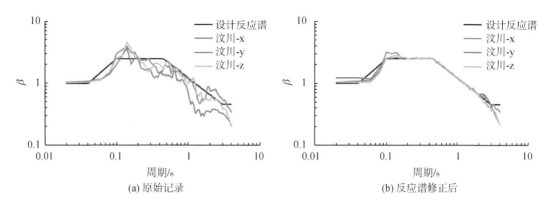

(a) 原始记录　　　　　　　　　　　(b) 反应谱修正后

图 3.8　反应谱修正前后汶川地震波反应谱设计反应谱对比

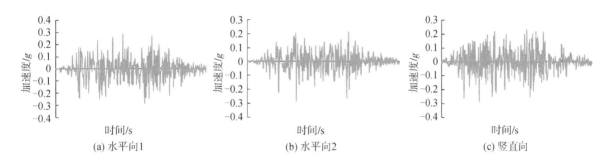

(a) 水平向1　　　　　　　　(b) 水平向2　　　　　　　(c) 竖直向

图 3.9　按 DL12 + 000 场地反应谱修正的汶川地震加速度时程曲线 （PGA = 289g）

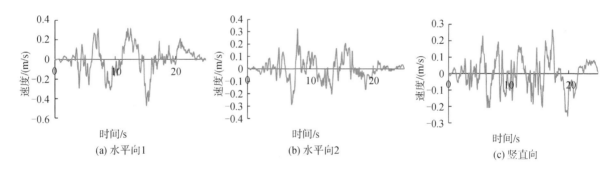

(a) 水平向1　　　　　　　　(b) 水平向2　　　　　　　(c) 竖直向

图 3.10　按 DL12 + 000 场地反应谱修正的汶川地震速度时程曲线

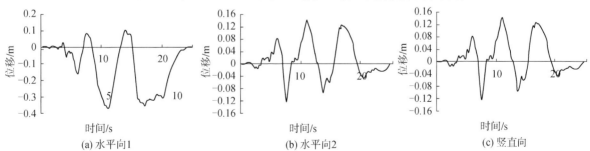

(a) 水平向1　　　　　　　　(b) 水平向2　　　　　　　(c) 竖直向

图 3.11　按 DL12 + 000 场地反应谱修正的汶川地震位移时程曲线

（2）人工合成地震动

以香炉山场地设计反应谱位目标谱，基于三角函数法，生成了三向人工地震动，结果见图 3.12 ～图 3.15，作为人工合成地震动用于后续分析工作。

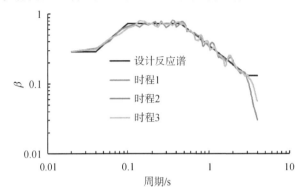

图 3.12   设计反应谱与人工合成记录的反应谱对比

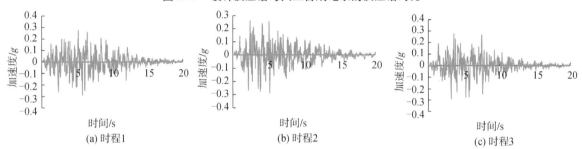

(a) 时程1 （ b) 时程2 （ c) 时程3

图 3.13   按 DL12 + 000 场地反应谱合成的人工波加速度时程曲线（ PGA = 289g ）

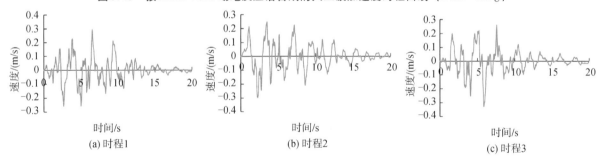

(a) 时程1 （ b) 时程2 （ c) 时程3

图 3.14   按 DL12 + 000 场地反应谱合成的人工波速度时程曲线

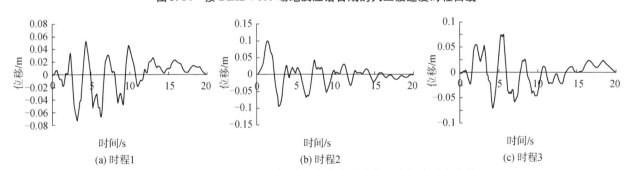

(a) 时程1 （ b) 时程2 （ c) 时程3

图 3.15   按 DL12 + 000 场地反应谱合成的人工波位移时程曲线

3.2 岩石力学试验

3.2.1 试验方法

为研究香炉山隧洞工程区域岩体的静动态力学特性，研究开展了相应的室内试验研究，结果见图3.17、图3.18。主要试验内容包括：岩石的天然密度和纵波波速测量、单轴抗压强度测试、三轴抗剪强度测试、岩石单轴循环加卸载力学特性。主要涉及的试验包括：岩石密度和纵波波速测量、单轴压缩试验、三轴压缩试验、单轴循环加卸载试验。密度和波速测量：首先，对所有试样的尺寸、质量进行测量，并求得试样的密度；然后，对试样的纵波波速进行测量，测量面为圆柱形试样的上下两个端面，测量方向为圆柱试样的纵向。单轴压缩试验：位移控制式加载，加载速率 0.001mm/s；加载过程中同时监测轴向应力、轴向应变、侧向应变；并同时进行声发射监测；对所有试验后的试样进行拍照，照片中尽量体现试件编号；根据单轴压缩试验确定各组岩块的单轴抗压强度。三轴压缩试验：开展 10 MPa、20 MPa、30 MPa 围岩下的常规三轴试验，加载速率小于 1 MPa/s，宜为 0.5 MPa/s；加载过程中同时监测轴向应力、轴向应变、侧向应变；对所有试验后的试样进行拍照，照片中尽量体现试件编号；根据三轴压缩试验确定各组岩块的强度值（HB 准则和 MC 准则）。

为了研究地震动力对岩石单轴抗压强度的弱化效应，需要进行单轴循环加卸载试验，试验步骤如下：首先，由前面的纵波波速测试和常规单轴抗压强度测试确定各组岩石的单轴抗压强度与波速的关系，建立经验公式；第二，选定试样，由该试样的纵波波速根据经验公式求出该样的单轴抗压强度；第三，进行循环加卸载试验，循环方式为正选波，频率为 1 Hz，循环次数为 300 次，循环下限取为常规单轴抗压强度的 30%（或 35%），循环上限取为常规单轴抗压强度的 85%（或 80%），加载方式采用力控制，加载速率为 0.1 kN/s；第四，先进行斜坡加载，加载到循环下限后进行循环加卸载，循环 300 次后若岩样仍然没有破坏，采用斜坡加载，一直加载到岩样破坏，测得单轴抗压强度；最后，试验过程中一直进行声发射试验，以观察循环加载与斜坡加载方式下岩石的损伤破坏规律。在 MTS815.04 岩石三轴试验系统进行了循环加卸载试验。试验所采用的波形为正弦波，频率为 1 Hz，循环次数为 500 次。考虑到待试验的岩样单轴抗压强度离散性很大，难于估计，因此采用逐级加载方式，即逐渐提高正弦波的峰值，在每一级下分别进行 500 次循环，直到试样破坏为止。

图 3.16 为逐级加载方式示意图，首先由应变控制或者应力控制，按斜坡缓慢加载到第一级的中心荷载，然后改成正弦加载方式，进行循环试验，正弦谷值取为正弦峰值的 0.35 倍。由于采用分级加载方式，因此可以分别取 10 MPa、20 MPa、40 MPa、60 MPa、

80 MPa、100 MPa、……，以 20 MPa 的增量递增，直到岩样破坏为止。当从当次级加载到下一级时，可以采用两种加载方式：①将当次级的荷载完全卸载到 0（或者很小的值），然后按斜坡方式逐渐加载到下一级，进行循环试验；②当次级循环试验做完后，不卸载，直接按斜坡缓慢加载到下次级，进行循环试验。本试验中采用两种方式。

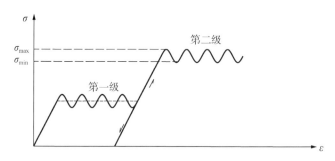

图 3.16　MTS 中逐级加载示意图

3.2.2　试验结论

岩样由香炉山隧洞岩芯仓库直接获取，初始岩芯为圆柱状，直径有 60 mm、75 mm、90 mm、110 mm 等。由于试验标准样尺寸为 50 mm×100 mm，标准样制取困难，故最终所得试验尺寸有两种：①50 mm×100 mm 的标准样；②30 mm×60 mm 的小样。小样无法进行三轴压缩试验，但可以进行单轴压缩试验和单轴循环加卸载试验。

香炉山隧道室内岩石力学试验过程见图 3.17，试验数据曲线见图 3.18。

（a）纵波波速试验

（a）单轴抗压强度试验

（c）三轴压缩试验

（d）试验前样品

图 3.17　香炉山隧道室内岩石力学试验过程

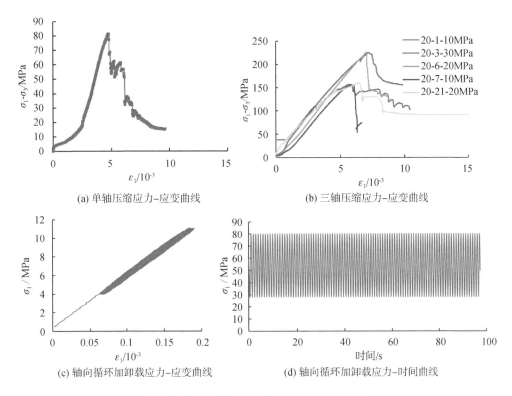

(a) 单轴压缩应力–应变曲线　　　　　(b) 三轴压缩应力–应变曲线

(c) 轴向循环加卸载应力–应变曲线　　　　(d) 轴向循环加卸载应力–时间曲线

图 3.18　香炉山隧道室内岩石力学试验数据

各组样岩性较差，岩样内部微裂隙发育，各向异性强烈，给单轴循环加卸载试验增加了困难。主要的岩石力学试验结论如下。

（1）T_2b_2 青灰色灰岩的平均密度为 2 744 kg/m³，平均纵波波速为 5 152 m/s；T_3Z 青灰色灰岩的平均密度为 2 619 kg/m³，平均纵波波速为 5 446 m/s；P_β 青灰色玄武岩的平均密度为 2 998 kg/m³，平均纵波波速为 6 205 m/s；T_2b_2 深灰色灰岩的平均密度为 2 781 kg/m³，平均纵波波速为 5 526 m/s；T_2a 灰黑色绢云母板岩—片岩的平均密度为 2 848 kg/m³，平均纵波波速为 5 370 m/s。

（2）单轴压缩试验结果表明：T_2b_2 组青灰色灰岩单轴抗压强度平均值为 86.6 MPa；弹性模量平均值为 14.1 GPa，变形模量平均值为 14.1 GPa；T_2a 组灰绿色绢云母板岩—片岩单轴抗压平均值为 137.8 MPa，弹性模量平均值 54.9 GPa，变形模量平均值 27 GPa；T_2b_2 组深灰色灰岩单轴抗压强度平均值 97.4 MPa，弹性模量平均值 44.2 GPa，变形模量最大值平均值 23.4 GPa；P_β 青灰色玄武岩单轴抗压强度最大值为 153.8 MPa，最小值为 104.3 MPa，平均值为 129.1 MPa；弹性模量最大值 76.4 GPa，最小值 64.6 GPa，平均值 70.5 GPa；变形模量最大值 35.8 GPa，最小值 28.9 GPa，平均值 32.4 GPa；试验中各组岩样硬脆性较为明显。同时由于岩石内部方解石经脉发育，试验中发现力学形式各向异性明显。

（3）三轴压缩试验结果表明：T_3Z 青灰色灰岩在 10 MPa 围压下硬脆性明显，随着围压提高，岩石塑性增强，残余强度提高。本组试样的强度值为内摩擦角 38.9°，黏聚力为

34.9 MPa，

（4）单轴循环加卸载试验表明：T_3Z 青灰色灰岩的单轴循环加卸载应力—应变曲线滞回圈随着正弦应力水平的提高而不断右移，滞回圈呈扁长的条带状，随着循环次数的增加，滞回曲线前后重叠，说明 T_3Z 青灰色灰岩硬脆性明显；该岩样在单轴循环加卸载条件下的疲劳破坏与普通单轴试验的破坏形态一样，开裂面垂直，为劈裂破坏。

（5）岩石动力试验结果表明所取岩样表现出较好的力学性质，初步分析结果表明动态力学特性与静态力学特性相比差异并不明显，循环加卸载过程中应力—应变曲线斜率基本不变，滞回圈面积亦较小，因此在地震响应分析中采用静态岩体力学参数是合理且偏安全的。

3.3　岩石广义 Hoek-Brown 破坏准则修正

3.3.1　广义 Hoek-Brown 破坏准则

自从 Hoek-Brown 准则于 1980 年产生后，其被广泛应用于各类岩体工程，且不断得到修正与发展，最新版本为 2002 年的广义 Hoek-Brown 破坏准则。该准则能得到广泛应用的主要原因在于其相关参数能通过现场工程地质描述与室内完整岩块的单轴抗压强度试验得到确定。Hoek-Brown 破坏准则可以反映岩石和岩体固有的非线性破坏特点，以及结构面、应力状态对强度的影响，能够解释低应力区、拉应力区和最小主应力对强度的影响，并可适用于各向异性岩体的描述等。Hoek-Brown 破坏准则目前已广泛应用于各种岩石边坡工程、岩体隧洞工程及岩体地基工程的岩体稳定性评价。虽然 Hoek-Brown 准则最初是一种破坏准则，但采用其进行数值计算时，一般都当作屈服准则进行处理，以便采用经典的弹塑性有限元理论进行计算编程。

广义 Hoek-Brown 破坏准则属于非线性强度准则，其在主应力空间中，屈服面是一个由 6 个曲面组成的锥形面，在 6 个曲面相交的棱边曲线上具有奇异性，使得有限元数值迭代不收敛。为了避免奇异性，目前主要采用如下几种方法：

①采用其他光滑连续曲面来近似原曲面，使得屈服面导数处处连续，塑性流动方向唯一。

②棱角处的导数采用通过该点的 Drucker-Prager 准则屈服面的导数。

③与 Mohr-Coulomb 准则类似，在棱角附近区域用光滑曲面进行物理上的光滑过渡，在该区域外采用原来的曲面。

④将原屈服面看作是由独立的多个正则屈服平面组成，棱线处的塑性应变增量按照 Koiter 法则确定。

方法①由于对整个广义 Hoek-Brown 破坏准则屈服面进行光滑近似，使得计算结果与理论值差距较大；方法②与方法④类似，虽然塑性流动方向唯一，但是一阶导数与二阶导数在角点处仍然不连续，具有跳跃性，且是数学上的处理；方法③可以使得屈服面导数处处连续且唯一，在棱角附近一很小过渡区域内采用光滑曲面进行过渡，可以通过改变过渡角的大小来调节过渡区范围，数值迭代具有唯一的收敛值，且为直观的物理近似，更为合理。方法③中当采用圆弧面作为过渡曲面时，在切线处过渡曲面与原曲面具有相同的斜率，屈服面及塑性势面一阶导数连续，但是两者二阶导数在切线上仍然不连续，屈服函数及塑性势函数关于应力张量的二阶导数不存在，棱边上一致切线模量矩阵无法正确计算，使得 Newton-Raphson 迭代二阶收敛性丧失，收敛速率慢，甚至不收敛。基于以上分析，本节提出基于 C2 阶连续函数的广义 Hoek-Brown 破坏准则屈服面与塑性势面棱角圆化方法，使得棱角处函数曲面二阶连续可导，棱边上一致切线模量矩阵可精确计算。基于 ABAQUS 数值开发平台，采用 FORTRAN 语言编制 Hoek-Brown 准则理想弹塑性 UMAT 用户子程序，通过数值算例验证所提方法的正确性，为后续跨断层隧洞的开挖模拟、强震响应分析及抗错断数值研究提供基本的岩石本构模型。

Hoek-Brown 准则的最初表达式为

$$\sigma_1 = \sigma_3 + \sigma_{ci} \left(m_i \frac{\sigma_3}{\sigma_{ci}} + 1 \right)^{0.5} \tag{3-1}$$

式中，以压应力为正，σ_1、σ_3 为最大、最小主应力；σ_{ci} 为岩石单轴抗压强度；m_i 为无量纲的岩性常数，反映该种岩石的坚硬程度。

式（3-1）适用于完整岩石和质量较好的岩体的强度估计，Hoek 指出 σ_{ci} 与 m_i 应该通过对大量三轴试验结果数据进行统计得出，但目前已经提供了各类岩体的相关建议值。Hoek 与 Brown 于 1997 年对式（3-1）进行了修正，提出广义 Hoek-Brown 破坏准则，其为

$$\sigma_1 = \sigma_3 + \sigma_{ci} \left(m_b \frac{\sigma_3}{\sigma_{ci}} + s \right)^a \tag{3-2}$$

式中，以压应力为正，σ_1、σ_3 为最大、最小主应力；σ_{ci} 为岩石单轴抗压强度；m_b 为岩体的 Hoek-Brown 常数；s、a 为与岩体工程地质特性相关的常数。m_b、s、a 与地质强度指标 GSI、岩性常数 m_i 的关系如下。

对于 GSI > 25 的岩体，

$$m_b = m_i \exp \left(\frac{GSI - 100}{28} \right) \tag{3-3}$$

$$s = \exp \left(\frac{GSI - 100}{9} \right) \tag{3-4}$$

$$a = 0.5 \tag{3-5}$$

对于 GSI < 25 的岩体，

$$m_b = m_i \exp \left(\frac{GSI - 100}{28} \right) \tag{3-6}$$

$$s = 0 \tag{3-7}$$

$$a = 0.65 - \frac{\text{GSI}}{200} \tag{3-8}$$

广义 Hoek-Brown 破坏准则在原准则的基础上引入参数 s、a，以适用于质量较差的岩体，特别是在低应力条件下。1997 年提出的广义 Hoek-Brown 破坏准则使得该准则的研究对象从岩石转向具有实际意义的工程岩体，地质强度指标 GSI 为该准则中的关键参数之一，它使得实际岩体的强度可以通过对岩块的强度进行折减而得到，处于不同工程地质条件下的岩体具有不同的 GSI，从而具有不同的强度。对于 GSI > 25 的岩体，GSI 值与 1989 年版本的 Bieniawski RMR 岩体分类系统的 RMR_{89} 值之间关系为

$$\text{GSI} = \text{RMR}_{89} - 5 \tag{3-9}$$

式中，计算 RMR_{89} 时，地下水评分值设置为 15，节理方向修正值为 0。

Hoek 等于 2002 年对式（3-2）进行了修正，提出了广义 Hoek-Brown 破坏准则 2002 版本，其为

$$\sigma_1 = \sigma_3 + \sigma_{ci} \left(m_b \frac{\sigma_3}{\sigma_{ci}} + s \right)^a \tag{3-10}$$

式中，m_b、s、a 的计算式为

$$m_b = m_i \exp \left(\frac{\text{GSI} - 100}{28 - 14D} \right) \tag{3-11}$$

$$s = \exp \left(\frac{\text{GSI} - 100}{9 - 3D} \right) \tag{3-12}$$

$$a = \frac{1}{2} + \frac{1}{6} \left(e^{-\text{GSI}/15} - e^{-20/3} \right) \tag{3-13}$$

式中，以压应力为正，D 为岩体扰动系数，其取决于岩体受爆破和应力释放的扰动程度，对于完全未扰动岩体，其值为 1，对于完全扰动岩体，其值为 0。

由式（3-10）可以计算出岩体单轴抗压强度为

$$\sigma_c = \sigma_{ci} s^a \tag{3-14}$$

岩体双轴抗拉强度为

$$\sigma_t = -\frac{s\sigma_{ci}}{m_b} \tag{3-15}$$

Hoek 指出对于脆性岩体材料，其单轴抗拉强度与双轴抗拉强度相等。

对于岩体变形模量，Hoek 等建议岩体变形模量采用下式进行计算：

$$E_m = \begin{cases} \left(1 - \dfrac{D}{2}\right) \sqrt{\dfrac{\sigma_{ci}}{100}} 10^{\left(\frac{\text{GSI}-10}{40}\right)} & \sigma_{ci} \leqslant 100 \text{ MPa} \\ \left(1 - \dfrac{D}{2}\right) 10^{\left(\frac{\text{GSI}-10}{40}\right)} & \sigma_{ci} > 100 \text{ MPa} \end{cases} \tag{3-16}$$

Hoek-Brown 破坏准则假定岩体可以等效为各向同性、均质岩体，要求岩体内部具有足够数量的结构面，且不存在优势结构面，岩体宏观上可以视为各向同性、均质岩体。当洞

室尺寸或边坡尺寸远远大于岩块和结构面的尺寸时，岩体可以视为 Hoek-Brown 弹脆塑性介质，见图 3.19。

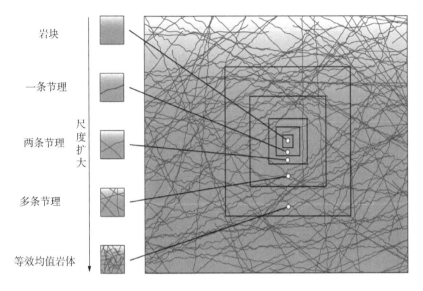

岩块

一条节理

两条节理

尺度扩大

多条节理

等效均值岩体

图 3.19 不同尺度下的岩体刻画

由式（3－10）～式（3－13）可知，广义 Hoek-Brown 破坏准则的基本输入参数包括岩石单轴抗压强度 σ_{ci}、岩性常数 m_i、地质强度指标 GSI、岩体扰动系数 D。Hoek-Brown 破坏准则的关键环节为通过 GSI 值将岩块的室内 σ_{ci}、m_i 测试值进行折减，得到原位值。岩体的强度取决于构成岩体的结构体和结构面的性质，结构面的性质包括结构面的粗糙度、充填物质、间距、运动自由度等，无充填、粗糙结构面与多棱角状岩块构成的岩体的强度明显比有充填、光滑结构面与圆角状岩块构成的岩体的强度要高。GSI 指标通过对构成岩体岩块的岩性、结构面的充填状态与连续性、粗糙度等参数进行评估获得，一般在岩体露头上进行，受评估者的经验影响。

大多数有限元软件采用线性 Mohr-Coulomb 准则（简称 MC 准则）进行岩体弹塑性数值计算。由于 Hoek-Brown 强度准则（简称 HB 准则）的非线性，实际应用中 HB 准则经常被线性化，以获得等效内摩擦角 φ、等效黏聚力 c，采用等效线性 MC 准则进行计算分析，尤其是采用极限平衡法进行边坡稳定性分析。将 HB 准则进行等效线性化时一般采用两种方法：一种采用割线法，即在一定应力范围内将等效 MC 强度包络线与 HB 强度包络线相割，使得相关面积相均衡；另外一种采用切线法，即在 HB 强度包络线上的每一点求取曲线在该点的切线，该切线为等效的 MC 包络线。

3.3.2 广义 Hoek-Brown 破坏准则屈服面棱角圆化

以下分析中以拉应力为正，压应力为负。由 3.4.1 节分析可知，广义 Hoek-Brown 破坏准则属于非线性强度准则，其在主应力空间中屈服面见图 3.20，在 π 平面上的截迹曲线见图 3.21。由图 3.20 可看出在主应力空间中，屈服面为一个由 6 个曲面组成的锥形面，在 6 个曲面相交的棱边曲线上具有奇异性，当 $a = 0.5$ 时，每一个曲面都为抛物面。由图 3.21 可知，π平面上 Hoek-Brown 准则屈服曲线为具有微小曲率的曲线，并不是直线，随着平均应力 p（负值）的不断减小，屈服面在π平面上的投影逐渐接近正六边形，在三轴受压（Lode 角为 30°）及三轴受拉（Lode 角为 –30°）应力点曲面导数不存在，具有奇异性，使得有限元数值计算不收敛。为了避免奇异性，目前主要采用如下几种方法：①采用其他光滑连续曲面来近似原曲面，使得屈服面导数处处连续，塑性流动方向唯一；②角点处的导数采用通过该点的 Drucker–Prager 准则屈服面的导数，见图 3.22；③与 Mohr-Coulomb 准则类似，在棱角附近区域用光滑曲线进行物理上的光滑过渡，在该区域外采用原来的曲面。④将原屈服面看作是由独立的多个正则屈服平面组成，棱线处的塑性应变增量按照 Koiter 法则确定。方法①由于对整个广义 Hoek-Brown 准则屈服面进行光滑近似，使得计算结果与理论值差距较大；方法②与方法④类似，虽然塑性流动方向唯一，但是一阶导数与二阶导数在角点处仍然不连续，具有跳跃性；方法③可以使得屈服面导数处处连续且唯一，在棱角点附近一很小过渡区域内采用光滑曲面进行过渡，可以通过改变过渡角的大小来调节过渡区范围，数值迭代具有唯一的收敛值，更为合理。

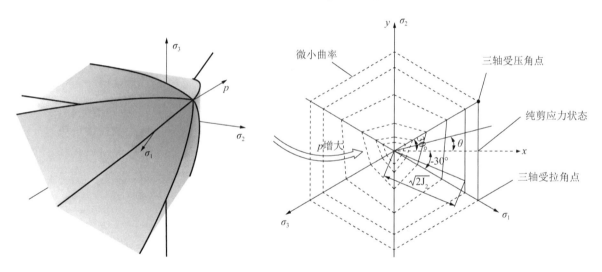

图 3.20　主应力空间中广义
Hoek-Brown 准则屈服面

图 3.21　π平面上广义 Hoek-Brown 准则屈服曲线

广义 Hoek-Brown 破坏准则用主应力可表示为（拉为正，压为负）

$$f = \sigma_1 - \sigma_3 - \sigma_{ci}\ (s - m_b \frac{\sigma_1}{\sigma_{ci}})^a = 0 \qquad (3-17)$$

式（3-17）用应力不变量可表示为

$$f = (2\sqrt{J_2}\cos\theta)^{1/a} - s\sigma_{ci}^{1/a} + m_b\sigma_{ci}^{1/a-1}\sqrt{J_2}\ (\cos\theta - \frac{\sin\theta}{\sqrt{3}}) + m_b\sigma_{ci}^{1/a-1}\sigma_m = 0 \quad (3-18)$$

式中，

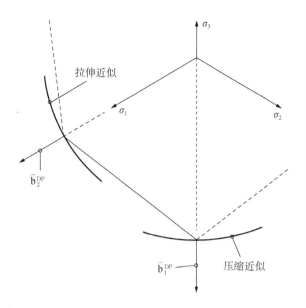

图 3.22　奇异点处采用 Drucker-Prager 准则曲面近似

$$\sigma_m = \frac{\mathrm{tr}\sigma}{3} = \frac{\sigma_{ii}}{3}$$

$$J_2 = \frac{1}{2}S, \quad S = \frac{1}{2}s_{ij}s_{ij}$$

$$s_{ij} = \frac{1}{2}\left(\sigma_{ij} - \delta_{ij}\sigma_m\right) \tag{3-19}$$

$$\sin\left(3\theta\right) = -\frac{3\sqrt{3}}{2}\frac{J_3}{\left(\sqrt{J_2}\right)^3}, \qquad -30° \leqslant \theta \leqslant 30°$$

$$J_3 = \frac{1}{3}s_{ij}s_{jk}s_{ki}$$

在 π 平面上 σ_m 为常量，式（3-18）中 f 为（$\sqrt{J_2}$，θ）的函数，将式（3-18）改写成极坐标的形式：

$$f = \left(\sqrt{2}\rho\cos\theta\right)^{1/a} + \sqrt{\frac{2}{3}}m_b\sigma_{ci}^{1/a-1}\rho\sin\left(\theta + \frac{2}{3}\pi\right) + m_b\sigma_m\sigma_{ci}^{1/a-1} - s\sigma_{ci}^{1/a} = 0 \tag{3-20}$$

式中，

$$\rho = \rho\left(\theta\right) = \sqrt{2J_2}, \quad -30° \leqslant \theta \leqslant 30°$$

当 $\theta = 30°$ 时，$\sigma_1 = \sigma_2 > \sigma_3$，处于三轴受压应力状态，$\rho_c = \rho\left(30°\right) = \sqrt{\frac{2}{3}}\left(\sigma_1 - \sigma_3\right)$；

当 $\theta = -30°$ 时，$\sigma_1 > \sigma_2 = \sigma_3$，处于三轴受拉应力状态，$\rho_c = \rho\left(-30°\right) = \sqrt{\frac{2}{3}}\left(\sigma_1 - \sigma_3\right)$。

岩土中塑性势函数与屈服函数形式通常相似，因此可将广义 Hoek-Brown 强度准则的塑性势函数取为

$$g = \sigma_1 - \sigma_3 - \sigma_{ci} \left(s_g - m_g \frac{\sigma_1}{\sigma_{ci}} \right)^{a_g} \tag{3-21}$$

式中，s_g、m_g、a_g 为塑性势函数控制参数。

当采用相关联流动法则时，$s_g = s$、$m_g = m_b$、$a_g = a$，此时塑性势函数与屈服函数完全一样。

当采用非相关联流动法则时，塑性势函数与屈服函数不完全一样，但是形式相似，s_g、m_g、a_g 分别与 s、m_b、a 不一定相等。

在常剪胀速率非相关联（塑性势函数关于应力张量的导数为常量）条件下，要求塑性势函数为主应力的线性函数，则 $a_g = 1$，式（3-21）可以写为

$$g = (1 + m_g) \sigma_1 - \sigma_3 - \sigma_{ci} s_g \tag{3-22}$$

将式（3-22）写成应力主不变量的形式：

$$g = \sigma_m m_g - \sigma_{ci} s_g + \frac{2}{\sqrt{3}} \sqrt{J_2} \left[(1 + m_g) \sin\left(\theta + \frac{2\pi}{3}\right) - \sin\left(\theta - \frac{2\pi}{3}\right) \right] \tag{3-23}$$

Mohr-Coulomb 准则的塑性势函数为

$$g_{mc} = \frac{1 + \sin\psi}{1 - \sin\psi} (\sigma_1 - \sigma_3) \tag{3-24}$$

式中 ψ 为剪胀角。

由式（3-22）与式（3-24）对比可得剪胀角 ψ 与 m_g 之间的关系为

$$m_g = \frac{2\sin\psi}{1 - \sin\psi} \tag{3-25}$$

对 Mohr-Coulomb 强度准则，用应力不变量可表示为

$$f_{mc} = \sigma_m \sin\varphi + \sqrt{J_2} K(\theta) - c\cos\varphi = 0 \tag{3-26}$$

$$K(\theta) = \cos\theta - \frac{1}{\sqrt{3}} \sin\varphi \sin\theta \tag{3-27}$$

式中 φ 为内摩擦角，c 为黏聚力，$K(\theta)$ 表示屈服曲线随着 Lode 角 θ 的变化规律。

采用隐式算法进行有限元总体平衡方程求解时，由于连续弹塑性切向模量会引起伪加载和卸载，需要使用本构关系的一致性切线模量（一致性切向刚度矩阵），同时也使得整体有限元计算具有二阶收敛性。有限应力增量与有限应变增量之间关系为

$$\mathrm{d}\Delta\sigma = \boldsymbol{D}^{epc} \mathrm{d}\Delta\varepsilon \tag{3-28}$$

$$\boldsymbol{D}^{epc} = \boldsymbol{D}^c - \frac{\boldsymbol{D}^c \dfrac{\partial g}{\partial \sigma} \left(\dfrac{\partial f}{\partial \sigma}\right)^{\mathrm{T}} \boldsymbol{D}^c}{\left(\dfrac{\partial f}{\partial \sigma}\right)^{\mathrm{T}} \boldsymbol{D}^c \dfrac{\partial g}{\partial \sigma}} \tag{3-29}$$

$$\boldsymbol{D}^c = T\boldsymbol{D} = \left(\boldsymbol{I} + \Delta\lambda \boldsymbol{D} \frac{\partial^2 g}{\partial \sigma^2}\right)^{-1} \boldsymbol{D} \tag{3-30}$$

式中 $\Delta\sigma$ 为有限应力增量、$\Delta\varepsilon$ 为有限应变增量、$\boldsymbol{D}$ 为弹性本构矩阵、$\boldsymbol{D}^{epc}$ 为一致性切

线模量矩阵。

由式（3-29）可得在求一致切线刚度模量 $\boldsymbol{D}^{\mathrm{epc}}$ 时，需要计算 $\boldsymbol{D}^{\mathrm{c}}$，为了计算 $\boldsymbol{D}^{\mathrm{c}}$ 及 $\boldsymbol{D}^{\mathrm{epc}}$，需要屈服函数关于应力张量的一阶导数及塑性势函数关于应力张量的二阶导数。Mohr-Coulomb准则在 π 平面上的截迹曲线为不规则的六边形，角点处一阶导数与二阶导数不存在（见图3.23），使得塑性流动方向不唯一，在棱边上 $\boldsymbol{D}^{\mathrm{c}}$ 及 $\boldsymbol{D}^{\mathrm{epc}}$ 无法直接计算，使得数值迭代不收敛。为了解决角点奇异性问题，可以在角点附近 $\theta_{\mathrm{T}} \leqslant \theta \leqslant 30°$ 及 $-30° \leqslant \theta \leqslant -\theta_{\mathrm{T}}$ 范围内采用光滑曲线进行过渡，过渡曲线在 $\theta = \theta_{\mathrm{T}}$ 及 $\theta = -\theta_{\mathrm{T}}$ 处与原曲线相切。为了保证屈服面的外凸性及对称性，要求 π 平面上过渡曲线必须光滑外凸，且与对称轴相垂直，可以采用圆弧或其它光滑曲线进行过渡。当采用圆弧作为过渡曲线时（见图3.23中曲线 l_1），在切点处过渡曲线与原曲线具有相同的斜率，屈服面及塑性势面一阶导数连续，但是两者二阶导数不连续，切点处屈服函数及塑性势函数关于应力张量的二阶导数不存在，使得 Newton-Raphson 迭代二阶收敛性丧失，收敛速率慢，甚至不收敛。为了解决该问题，Sloan 与 Booker（1986）提出过渡曲线 l_2（见图3.23），即

$$K(\theta) = A - B\sin3\theta, \quad |\theta| \geqslant \theta_{\mathrm{T}} \tag{3-31}$$

式中系数 A 与 B 可以通过 $K(\theta)$ 在 $\theta = \theta_{\mathrm{T}}$ 及 $\theta = -\theta_{\mathrm{T}}$ 处函数及其一阶导数连续性条件获得。Sloan 与 Booker（1986）证明曲线 l_2 外凸，且与对称轴相垂直，但是只有一阶连续性。

在 Sloan 与 Booker（1986）基础之上，为了使得 Mohr-Coulomb 准则屈服曲线角点处塑性势函数关于应力张量的二阶导数可求且连续，Abbo（2011）针对式（3-31）进行了修正，提出过渡曲线 l_3（见图3.23），即

$$K(\theta) = A + B\sin3\theta + C\sin^2 3\theta, \quad |\theta| \geqslant \theta_{\mathrm{T}} \tag{3-32}$$

式中，系数 A、B、C 是过渡角 θ_{T}、内摩擦角 φ 的函数，可以通过 $K(\theta)$ 在 $\theta = \theta_{\mathrm{T}}$ 及 $\theta = -\theta_{\mathrm{T}}$ 处满足零阶、一阶、二阶导数连续性条件获得。

Abbo 证明了曲线 l_3 的外凸性，且与对称轴相垂直，具有二阶导数连续性，使得塑性势面关于应力张量的二阶导数处处连续，一致切线模量在角点处存在且连续，从而 Newton-Raphson 迭代具有二阶收敛性。

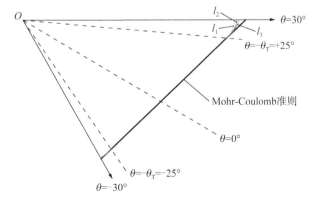

图3.23　π 平面上 Mohr-Coulomb 准则屈服曲线角点圆化方法（$\sigma_1 > \sigma_2 > \sigma_3$，$\theta_{\mathrm{T}} = 25°$）

广义 Hoek-Brown 破坏准则屈服面与 Mohr-Coulomb 准则屈服曲面类似，棱角处屈服面的外法向不存在，塑性流动方向不确定，棱角具有奇异性，使得数值迭代不收敛，角点附近区域需要采用光滑曲面进行过渡，可以采用圆柱面及其它光滑曲面。当采用圆柱面进行光滑过渡时，过渡曲面与原屈服曲线在交线处相切，一阶导数连续，但是切点处二阶导数不存在，切点处一致切线刚度模量 $\boldsymbol{D}^{epc}$ 无定义，使得 Newton-Raphson 迭代二阶收敛性丧失，因此需要采用具有 C2 连续的光滑曲面进行过渡，可以采用与 Abbo 相类似的方法，建立具有 C2 连续的广义 Hoek-Brown 破坏准则光滑屈服面及塑性势面。

π 平面上 Hoek-Brown 破坏准则屈服曲线为

$$f = (\sqrt{2}\rho\cos\theta)^{1/a} + \sqrt{\frac{2}{3}} m_{\mathrm{b}} \sigma_{\mathrm{ci}}^{1/a-1} \rho\sin\left(\theta + \frac{2\pi}{3}\right) + m_{\mathrm{b}}\sigma_m \sigma_{\mathrm{ci}}^{1/a-1} - s\sigma_{\mathrm{ci}}^{1/a} = 0 \quad (3-33)$$

令

$$\begin{cases} k_{\mathrm{f1}} = \sqrt{\frac{2}{3}} m_{\mathrm{b}} \sigma_{\mathrm{ci}}^{1/a-1} \\ k_{\mathrm{f2}} = m_{\mathrm{b}}\sigma_m \sigma_{\mathrm{ci}}^{1/a-1} - s\sigma_{\mathrm{ci}}^{1/a} \end{cases} \quad (3-34)$$

式中 k_{f1}、k_{f2} 为常数，则式（3-33）可以写成

$$f = (\sqrt{2}\rho\cos\theta)^{1/a} + \rho k_{\mathrm{f1}}\sin\left(\theta + \frac{2\pi}{3}\right) + k_{\mathrm{f2}} = 0 \quad (3-35)$$

在 $\theta = \theta_{\mathrm{T}}$ 处有

$$f_{\theta=\theta_{\mathrm{T}}} = (\sqrt{2}\rho_{\mathrm{fT+}}\cos\theta_{\mathrm{T}})^{1/a} + \rho_{\mathrm{fT+}} k_{\mathrm{f1}}\sin\left(\theta_{\mathrm{T}} + \frac{2\pi}{3}\right) + k_{\mathrm{f2}} = 0 \quad (3-36)$$

$$\rho_{fT+} = \sqrt{2J_2}\Big|_{\theta=\theta_{\mathrm{T}}}$$

在 $\theta = -\theta_{\mathrm{T}}$ 处有

$$f_{\theta=-\theta_{\mathrm{T}}} = (\sqrt{2}\rho_{\mathrm{fT-}}\cos(-\theta_{\mathrm{T}}))^{1/a} + \rho_{\mathrm{fT-}} k_1\sin\left(-\theta_{\mathrm{T}} + \frac{2\pi}{3}\right) + k_2 = 0 \quad (3-37)$$

$$\rho_{fT-} = \sqrt{2J_2}\Big|_{\theta=-\theta_{\mathrm{T}}}$$

当过渡角 θ_{T} 已知时，式（3-36）、式（3-37）为 ρ 的非线性方程，需要采用 Newton 法进行迭代求解。

π 平面上 Mohr-Coulomb 强度准则屈服曲线为

$$f_{\mathrm{mc}} = \sigma_m\sin\varphi + \sqrt{J_2}\left(\cos\theta - \frac{1}{\sqrt{3}}\sin\theta\sin\varphi\right) - c\cos\varphi = 0 \quad (3-38)$$

令

$$k = \sigma_m\sin\varphi - c\cos\varphi$$

则式（3-38）可以表达为

$$f_{\mathrm{mc}} = \rho\left(\frac{1}{\sqrt{2}}\cos\theta - \frac{1}{\sqrt{6}}\sin\theta\sin\varphi\right) + k = 0 \quad (3-39)$$

式中，k 为常数。

由（3-39）与（3-35）对比可知，式（3-35）同样可以表达为类似式（3-26）的形式：

$$f = (\sqrt{2}\rho\cos\theta)^{1/a} + \rho K(\theta) + k_2 = 0 \tag{3-40}$$

采用与 Mohr-Coulomb 准则类似的过渡曲线，则当采用 C1 阶过渡曲线时，

$$f = 0 = \begin{cases} (\sqrt{2}\rho_{\mathrm{T+}}\cos\theta_{\mathrm{T}})^{1/a} + \rho(A_{f+} + B_{f+}\sin3\theta) + k_2, & \theta_{\mathrm{T}} \leqslant \theta \leqslant 30° \\ (\sqrt{2}\rho\cos\theta)^{1/a} + \rho k_1\sin\left(\theta + \dfrac{2\pi}{3}\right) + k_2, & -\theta_{\mathrm{T}} \leqslant \theta \leqslant \theta_{\mathrm{T}} \\ (\sqrt{2}\rho_{\mathrm{T-}}\cos\theta_{\mathrm{T}})^{1/a} + \rho(A_{f-} + B_{f-}\sin3\theta) + k_2, & -30° \leqslant \theta \leqslant -\theta_{\mathrm{T}} \end{cases} \tag{3-41}$$

式中，A_{f+}、B_{f+}、A_{f-}、B_{f-} 可通过切点处函数及其一阶导数连续性条件求出。

当采用 C2 阶过渡曲线时：

$$f = 0 = \begin{cases} (\sqrt{2}\rho_{\mathrm{T+}}\cos\theta_{\mathrm{T}})^{1/a} + \rho(A_{f+} + B_{f+}\sin3\theta + C_{f+}\sin^23\theta) + k_2, & \theta_{\mathrm{T}} \leqslant \theta \leqslant 30° \\ (\sqrt{2}\rho\cos\theta)^{1/a} + \rho k_1\sin\left(\theta + \dfrac{2\pi}{3}\right) + k_2, & -\theta_{\mathrm{T}} \leqslant \theta \leqslant \theta_{\mathrm{T}} \\ (\sqrt{2}\rho_{\mathrm{T-}}\cos\theta_{\mathrm{T}})^{1/a} + \rho(A_{f-} + B_{f-}\sin3\theta + C_{f-}\sin^23\theta) + k_2, & -30° \leqslant \theta \leqslant -\theta_{\mathrm{T}} \end{cases} \tag{3-42}$$

式中，A_{f+}、B_{f+}、C_{f+}、A_{f-}、B_{f-}、C_{f-} 可通过切点处函数及其一阶导数连续性条件求出。

由于计算 $\boldsymbol{D}^{epc}$ 时，需要塑性势函数 g 关于应力张量 σ 的二阶导数，故对其光滑过渡需要采用类似式（3-42）的曲线，即采用 C2 阶连续过渡曲线；对于广义 Hoek-Brown 破坏准则屈服函数 f，只需要其关于应力张量 σ 的一阶导数，故对其光滑过渡需要采用式（3-41），即采用 C1 阶连续过渡曲线即可。

对于塑性势函数，当采用 C2 阶连续过渡曲线，有

$$g = 0 = \begin{cases} (\sqrt{2}\rho_{g\mathrm{T+}}\cos\theta_{\mathrm{T}})^{1/a_g} + \rho(A_{g+} + B_{g+}\sin3\theta + C_{g+}\sin^23\theta) + k_{g2}, & \theta_{\mathrm{T}} \leqslant \theta \leqslant 30° \\ (\sqrt{2}\rho\cos\theta)^{1/a_g} + \rho k_{g1}\sin\left(\theta + \dfrac{2\pi}{3}\right) + k_{g2}, & -\theta_{\mathrm{T}} \leqslant \theta \leqslant \theta_{\mathrm{T}} \\ (\sqrt{2}\rho_{g\mathrm{T-}}\cos\theta_{\mathrm{T}})^{1/a_g} + \rho(A_{g-} + B_{g-}\sin3\theta + C_{g-}\sin^23\theta) + k_{g2}, & -30° \leqslant \theta \leqslant -\theta_{\mathrm{T}} \end{cases} \tag{3-43}$$

令

$$\begin{cases} k_{g1} = \sqrt{\dfrac{2}{3}}\, m_g \sigma_{\mathrm{ci}}^{1/a_g - 1} \\ k_{g2} = m_g \sigma_m \sigma_{\mathrm{ci}}^{1/a_g - 1} - s_g \sigma_{\mathrm{ci}}^{1/a_g} \end{cases} \tag{3-44}$$

式中，A_{g+}、B_{g+}、C_{g+}、A_{g-}、B_{g-}、C_{g-} 可通过切点处函数及导数连续性条件求出。

现对式（3-43）中系数 A_{g+}、B_{g+}、C_{g+}、A_{g-}、B_{g-}、C_{g-} 系数求解方法进行探讨。

设塑性势函数 g 的过渡曲线与原曲线的切点为 $[\theta_t, \rho(\theta_t)]$、$[-\theta_t, \rho(-\theta_t)]$，则

$$\rho\big|_{\theta_T} = \rho(\theta_T) = \rho_{gT+}, \qquad \rho\big|_{-\theta_T} = \rho(-\theta_T) = \rho_{gT-}$$

$$\frac{d\rho}{d\theta}\Big|_{\theta_T} = \rho'(\theta_T) = \rho'_{gT+}, \qquad \frac{d\rho}{d\theta}\Big|_{-\theta_T} = \rho'(-\theta_T) = \rho'_{gT-} \tag{3-45}$$

$$\frac{d^2\rho}{d\theta^2}\Big|_{\theta_T} = \rho''(\theta_T) = \rho''_{gT+}, \qquad \frac{d^2\rho}{d\theta^2}\Big|_{-\theta_T} = \rho''(\theta_T) = \rho''_{gT-}$$

由式（3-43）知，当 $\theta_T \leqslant \theta \leqslant 30°$ 时：

$$\rho = -\frac{(\sqrt{2}\rho_{gT+}\cos\theta_T)^{1/a_g} + k_{g2}}{A_{g+} + B_{g+}\sin3\theta + C_{g+}\sin^2 3\theta} \tag{3-46}$$

$$\frac{d\rho}{d\theta} = \rho' = -\rho\frac{3B_{g+}\cos3\theta + 3C_{g+}\sin6\theta}{A_{g+} + B_{g+}\sin3\theta + C_{g+}\sin^2 3\theta} \tag{3-47}$$

$$\frac{d^2\rho}{d\theta^2} = \rho'' = -\rho\frac{18C_{g+}\cos6\theta - 9B_{g+}\sin3\theta}{A_{g+} + B_{g+}\sin3\theta + C_{g+}\sin^2 3\theta} + 2\frac{(\rho')^2}{\rho} \tag{3-48}$$

当 $-\theta_T \leqslant \theta \leqslant \theta_T$ 时：

$$\rho = -\frac{(\sqrt{2}\rho\cos\theta)^{1/a_g} + k_{g2}}{k_{g1}\sin\left(\theta + \frac{2\pi}{3}\right)} \tag{3-49}$$

$$\frac{d\rho}{d\theta} = \rho' = \frac{\left[-\frac{1}{a}(\sqrt{2}\rho\cos\theta)^{\frac{1}{a}-1}(-\sqrt{2}\rho\sin\theta) - k_1\rho\cos\left(\theta + \frac{2\pi}{3}\right)\right]}{\left[\frac{1}{a}(\sqrt{2}\rho\cos\theta)^{\frac{1}{a}-1}(\sqrt{2}\cos\theta) + k_1\sin\left(\theta + \frac{2\pi}{3}\right)\right]} \tag{3-50}$$

$$\frac{d^2\rho}{d\theta^2} = \rho'' = \frac{d(\rho')}{d\theta} \tag{3-51}$$

当 $-30° \leqslant \theta \leqslant -\theta_T$ 时：

$$\rho = -\frac{(\sqrt{2}\rho_{gT-}\cos\theta_T)^{1/a_g} + k_{g2}}{A_{g-} + B_{g-}\sin3\theta + C_{g-}\sin^2 3\theta} \tag{3-52}$$

$$\frac{d\rho}{d\theta} = \rho' = -\rho\frac{3B_{g-}\cos3\theta + 3C_{g-}\sin6\theta}{A_{g-} + B_{g-}\sin3\theta + C_{g-}\sin^2 3\theta} \tag{3-53}$$

$$\frac{d^2\rho}{d\theta^2} = \rho'' = -\rho\frac{18C_{g-}\cos6\theta - 9B_{g-}\sin3\theta}{A_{g-} + B_{g-}\sin3\theta + C_{g-}\sin^2 3\theta} + 2\frac{(\rho')^2}{\rho} \tag{3-54}$$

在 $\theta = \theta_T$、$\theta = -\theta_T$ 处，由 ρ、ρ'、ρ'' 的连续性，通过式（3-46）~（3-54）联立可求得系数 A_{g+}、B_{g+}、C_{g+}、A_{g-}、B_{g-}、C_{g-}。

若塑性势函数采用常剪胀速率，此时，$a_g = 1$，则可由剪胀角 ψ 通过式（3-25）直接计算出 m_g，此时

$$g = \sigma_m m_g - \sigma_{ci}s_g + \frac{2}{\sqrt{3}}\sqrt{J_2}\left[(1 + m_g)\sin\left(\theta + \frac{2\pi}{3}\right) - \sin\left(\theta - \frac{2\pi}{3}\right)\right] \tag{3-55}$$

将其写为类似式（3-40）形式：

$$g = \sigma_m m_g - \sigma_{ci} s_g + \rho K\ (\theta) \tag{3-56}$$

当采用 C2 阶过渡曲线时，有

$$g = 0 = \begin{cases} \sigma_m m_g - \sigma_{ci} s_g + \rho\ (A_{g+} + B_{g+}\sin3\theta + C_{g+}\sin^2 3\theta), & \theta_T \leqslant \theta \leqslant 30° \\ \sigma_m m_g - \sigma_{ci} s_g + \dfrac{\sqrt{2}}{\sqrt{3}}\rho\ [\ (1+m_g)\ \sin\ (\theta + \dfrac{2\pi}{3})\ -\sin\ (\theta - \dfrac{2\pi}{3})], & -\theta_T \leqslant \theta \leqslant \theta_T \\ \sigma_m m_g - \sigma_{ci} s_g + \rho\ (A_{g-} + B_{g-}\sin3\theta + C_{g-}\sin^2 3\theta), & -30° \leqslant \theta \leqslant -\theta_T \end{cases} \tag{3-57}$$

式中，A_{g+}、B_{g+}、C_{g+}、A_{g-}、B_{g-}、C_{g-} 可通过切点处函数及导数连续性条件求出。

现对式（3-57）中系数 A_{g+}、B_{g+}、C_{g+}、A_{g-}、B_{g-}、C_{g-} 系数进行求取。

由式（3-57）知，当 $\theta_T \leqslant \theta \leqslant 30°$ 时：

$$\rho = \frac{-\sigma_m m_g + \sigma_{ci} s_g}{A_{g+} + B_{g+}\sin3\theta + C_{g+}\sin^2 3\theta} \tag{3-58}$$

当 $-\theta_T \leqslant \theta \leqslant \theta_T$ 时：

$$\rho = \frac{-\sigma_m m_g + \sigma_{ci} s_g}{\dfrac{\sqrt{2}}{\sqrt{3}}\ [\ (1+m_g)\ \sin\ (\theta + \dfrac{2\pi}{3})\ -\sin\ (\theta - \dfrac{2\pi}{3})]} \tag{3-59}$$

当 $-30° \leqslant \theta \leqslant \theta_T$ 时：

$$\rho = \frac{-\sigma_m m_g + \sigma_{ci} s_g}{A_{g-} + B_{g-}\sin3\theta + C_{g-}\sin^2 3\theta} \tag{3-60}$$

所以有

$$\rho = \frac{-\sigma_m m_g + \sigma_{ci} s_g}{K\ (\theta)} \tag{3-61}$$

则

$$K\ (\theta)\ = \begin{cases} A_{g+} + B_{g+}\sin3\theta + C_{g+}\sin^2 3\theta, & \theta_T \leqslant \theta \leqslant 30° \\ \dfrac{\sqrt{2}}{\sqrt{3}}\ [\ (1+m_g)\ \sin\ (\theta + \dfrac{2\pi}{3})\ -\sin\ (\theta - \dfrac{2\pi}{3})], & -\theta_T \leqslant \theta \leqslant \theta_T \\ A_{g-} + B_{g-}\sin3\theta + C_{g-}\sin^2 3\theta, & -30° \leqslant \theta \leqslant -\theta_T \end{cases} \tag{3-62}$$

要使得塑性势函数 g 具有 C2 阶连续性，则要求式（3-62）具有 C2 阶连续性。所以将式（3-62）关于 θ 求一阶导数，则有

$$\frac{dK\ (\theta)}{d\theta} = \begin{cases} 3B_{g+}\cos3\theta + 3C_{g+}\sin6\theta, & \theta_T \leqslant \theta \leqslant 30° \\ \dfrac{\sqrt{2}}{\sqrt{3}}\ [\ (1+m_g)\ \cos\ (\theta + \dfrac{2\pi}{3})\ -\cos\ (\theta - \dfrac{2\pi}{3})], & -\theta_T \leqslant \theta \leqslant \theta_T \\ 3B_{g-}\cos3\theta + 3C_{g-}\sin6\theta, & -30° \leqslant \theta \leqslant -\theta_T \end{cases} \tag{3-63}$$

将式（3-63）关于 θ 求二阶导数，则有

$$\frac{d^2K\ (\theta)}{d\theta^2}=\begin{cases} -9B_{g+}\sin3\theta+18C_{g+}\cos6\theta, & \theta_T\leqslant\theta\leqslant30° \\ \dfrac{\sqrt{2}}{\sqrt{3}}\left[-(1+m_g)\sin\left(\theta+\dfrac{2\pi}{3}\right)+\sin\left(\theta-\dfrac{2\pi}{3}\right)\right], & -\theta_T\leqslant\theta\leqslant\theta_T \\ -9B_{g-}\sin3\theta+18C_{g-}\cos6\theta, & -30°\leqslant\theta\leqslant-\theta_T \end{cases}$$

$$(3-64)$$

在 $\theta=\theta_T$ 处 C2 阶连续，有

$$\begin{cases} A_{g+}+B_{g+}\sin3\theta_T+C_{g+}\sin^23\theta_T=\dfrac{\sqrt{2}}{\sqrt{3}}\left[(1+m_g)\sin\left(\theta_T+\dfrac{2\pi}{3}\right)-\sin\left(\theta_T-\dfrac{2\pi}{3}\right)\right]=\lambda_{1+}(\theta_T) \\[2mm] 3B_{g+}\cos3\theta_T+3C_{g+}\sin6\theta_T=\dfrac{\sqrt{2}}{\sqrt{3}}\left[(1+m_g)\cos\left(\theta_T+\dfrac{2\pi}{3}\right)-\cos\left(\theta_T-\dfrac{2\pi}{3}\right)\right]=\lambda_{2+}(\theta_T) \\[2mm] -9B_{g+}\sin3\theta_T+18C_{g+}\cos6\theta_T=\dfrac{\sqrt{2}}{\sqrt{3}}\left[-(1+m_g)\sin\left(\theta_T+\dfrac{2\pi}{3}\right)+\sin\left(\theta_T-\dfrac{2\pi}{3}\right)\right]=\lambda_{3+}(\theta_T) \end{cases}$$

$$(3-65)$$

由式（3-65）可得

$$\begin{cases} B_{g+}=\dfrac{6\lambda_{2+}\cos6\theta_T-\lambda_{3+}\sin6\theta_T}{18\cos3\theta_T\cos6\theta_T+9\sin3\theta_T\sin6\theta_T} \\[3mm] C_{g+}=\dfrac{3\lambda_{2+}\sin3\theta_T+\lambda_{3+}\cos3\theta_T}{9\sin6\theta_T\sin3\theta_T+18\cos6\theta_T\cos3\theta_T} \\[3mm] A_{g+}=\dfrac{8}{9}\lambda_{1+}-\dfrac{C_{g+}}{2}(1+3\cos6\theta_T) \end{cases}$$

$$(3-66)$$

在 $\theta=-\theta_T$ 处 C2 阶连续，有

$$\begin{cases} A_{g-}+B_{g-}\sin(-3\theta_T)+C_{g-}\sin^23\theta_T=\dfrac{\sqrt{2}}{\sqrt{3}}\left[(1+m_g)\sin\left(-\theta_T+\dfrac{2\pi}{3}\right)-\sin\left(-\theta_T-\dfrac{2\pi}{3}\right)\right]=\lambda_{1-}(-\theta_T) \\[2mm] 3B_{g-}\cos3\theta_T+3C_{g-}\sin(-6\theta_T)=\dfrac{\sqrt{2}}{\sqrt{3}}\left[(1+m_g)\cos\left(-\theta_T+\dfrac{2\pi}{3}\right)-\cos\left(-\theta_T-\dfrac{2\pi}{3}\right)\right]=\lambda_{2-}(-\theta_T) \\[2mm] -9B_{g-}\sin(-3\theta_T)+18C_{g-}\cos6\theta_T=\dfrac{\sqrt{2}}{\sqrt{3}}\left[-(1+m_g)\sin\left(-\theta_T+\dfrac{2\pi}{3}\right)+\sin\left(-\theta_T-\dfrac{2\pi}{3}\right)\right]=\lambda_{3-}(-\theta_T) \end{cases}$$

$$(3-67)$$

由式（3-67）可得

$$\begin{cases} B_{g-}=\dfrac{6\lambda_{2-}\cos6\theta_T+\lambda_{3-}\sin6\theta_T}{18\cos3\theta_T\cos6\theta_T+9\sin3\theta_T\sin6\theta_T} \\[3mm] C_{g-}=\dfrac{-3\lambda_{2-}\sin3\theta_T+\lambda_{3-}\cos3\theta_T}{9\sin6\theta_T\sin3\theta_T+18\cos6\theta_T\cos3\theta_T} \\[3mm] A_{g-}=\dfrac{8}{9}\lambda_{1-}-\dfrac{C_{g-}}{2}(1+3\cos6\theta_T) \end{cases}$$

$$(3-68)$$

由于计算 $\boldsymbol{D}^{epc}$ 时，只需要屈服函数 f 关于应力张量 $\boldsymbol{\sigma}$ 的一阶导数，故屈服函数 f 只需采用式（3-41）。现对式（3-41）中系数 A_{f+}、B_{f+}、A_{f-}、B_{f-} 进行求解：

$$f=0=\begin{cases}(\sqrt{2}\rho_{T+}\cos\theta_T)^{1/a}+\rho\ (A_{f+}+B_{f+}\sin3\theta)\ +k_2, & \theta_T\leqslant\theta\leqslant30°\\[2mm](\sqrt{2}\rho\cos\theta)^{1/a}+\rho k_1\sin\ (\theta+\dfrac{2\pi}{3})\ +k_2, & -\theta_T\leqslant\theta\leqslant\theta_T\\[2mm](\sqrt{2}\rho_{T-}\cos\theta_T)^{1/a}+\rho\ (A_{f-}+B_{f-}\sin3\theta)\ +k_2, & -30°\leqslant\theta\leqslant-\theta_T\end{cases}\qquad(3-69)$$

设屈服函数 f 的过渡曲线与原曲线切点为 $[\theta_t,\ \rho\ (\theta_t)]$、$[-\theta_t,\ \rho\ (-\theta_t)]$，则

$$\rho\mid_{\theta_T}=\rho\ (\theta_T)\ =\rho_{T+}\ ,\qquad \rho\mid_{-\theta_T}=\rho\ (-\theta_T)\ =\rho_{T-}$$

$$\left.\frac{\mathrm{d}\rho}{\mathrm{d}\theta}\right|_{\theta_T}=\rho'\ (\theta_T)\ =\rho'_{T+}\ ,\qquad \left.\frac{\mathrm{d}\rho}{\mathrm{d}\theta}\right|_{-\theta_T}=\rho'\ (-\theta_T)\ =\rho'_{T-}\qquad(3-70)$$

由式（3-69）知，当 $\theta_T\leqslant\theta\leqslant30°$ 时：

$$\rho=-\frac{(\sqrt{2}\rho_{T+}\cos\theta_T)^{1/a}+k_2}{A_{f+}+B_{f+}\sin3\theta}\qquad(3-71)$$

$$\frac{\mathrm{d}\rho}{\mathrm{d}\theta}=\rho'=-\rho\frac{3B_{f+}\cos3\theta}{A_{f+}+B_{f+}\sin3\theta}\qquad(3-72)$$

当 $-\theta_T\leqslant\theta\leqslant\theta_T$ 时，

$$\rho=-\frac{(\sqrt{2}\rho\cos\theta)^{1/a}+k_2}{k_1\sin\ (\theta+\dfrac{2\pi}{3})}\qquad(3-73)$$

$$\frac{\mathrm{d}\rho}{\mathrm{d}\theta}=\rho'=\ [\ -\frac{1}{a}\ (\sqrt{2}\rho\cos\theta)^{\frac{1}{a}-1}\ (\ -\sqrt{2}\rho\sin\theta)\ -k_1\rho\cos\ (\theta+\frac{2\pi}{3})\ ]\ /$$

$$[\ \frac{1}{a}\ (\sqrt{2}\rho\cos\theta)^{\frac{1}{a}-1}\ (\sqrt{2}\cos\theta)\ +k_1\sin\ (\theta+\frac{2\pi}{3})\ ]\qquad(3-74)$$

当 $-30°\leqslant\theta\leqslant-\theta_T$ 时：

$$\rho=-\frac{(\sqrt{2}\rho_{T-}\cos\theta_T)^{1/a}+k_2}{A_{f-}+B_{f-}\sin3\theta}\qquad(3-75)$$

$$\frac{\mathrm{d}\rho}{\mathrm{d}\theta}=\rho'=-\rho\frac{3B_{f-}\cos3\theta}{A_{f-}+B_{f-}\sin3\theta}\qquad(3-76)$$

在 $\theta=\theta_T$ 处，由屈服曲线 C1 阶连续可得

$$\begin{cases}A_{f+}+B_{f+}\sin3\theta_T=k_1\sin\ (\theta_T+\dfrac{2\pi}{3})\\[3mm]\rho'_{T+}=-\rho_{T+}\dfrac{3B_{f+}\cos3\theta_T}{A_{f+}+B_{f+}\sin3\theta_T}\end{cases}\qquad(3-77)$$

由式（3-76）可得

$$\begin{cases}A_{f+}=k_1\sin\ (\theta_T+\dfrac{2\pi}{3})\ +\dfrac{\rho'_{T+}}{3\rho_{T+}}k_1\sin\ (\theta_T+\dfrac{2\pi}{3})\ \tan3\theta_T\\[3mm]B_{f+}=\ [\ -k_1\rho'_{T+}\sin\ (\theta_T+\dfrac{2\pi}{3})\ ]\ /\ (3\rho_{T+}\cos3\theta_T)\end{cases}\qquad(3-78)$$

在 $\theta = -\theta_T$ 处，由屈服曲线 $C1$ 阶连续可得

$$\begin{cases} A_{f-} - B_{f-}\sin3\theta_T = k_1\sin\left(-\theta_T + \dfrac{2\pi}{3}\right) \\ \rho'_{T-} = -\rho_{T-}\dfrac{3B_{f-}\cos3\theta_T}{A_{f-} - B_{f-}\sin3\theta_T} \end{cases} \qquad (3-79)$$

由式（3-78）可得

$$\begin{cases} A_{f-} = k_1\sin\left(-\theta_T + \dfrac{2\pi}{3}\right) + \dfrac{\rho'_{T-}}{3\rho_{T-}}k_1\sin\left(\theta_T - \dfrac{2\pi}{3}\right)\tan3\theta_T \\ B_{f-} = \left[k_1\rho'_{T-}\sin\left(\theta_T - \dfrac{2\pi}{3}\right)\right] \Big/ (3\rho_{T-}\cos3\theta_T) \end{cases} \qquad (3-80)$$

3.3.3 数值算例

为了验证以上推导步骤及表达式的正确性，现取相关算例进行分析。

算例1：$\sigma_{ci} = 40$ MPa、$m_i = 15$、GSI $= 40$，岩体为中等强度岩体，屈服函数采用式（3-41）所示的 C1 阶光滑过渡曲线；塑性势函数为常剪胀速率，$a_g = 1$，剪胀角 $\psi = 5°$，塑性势函数采用式（3-43）所示的 C2 阶过渡曲线。屈服函数在 π 平面上的截迹曲线见图 3.24，塑性势函数 π 平面上的截迹曲线见图 3.26。

算例2：$\sigma_{ci} = 5$ MPa、$m_i = 5$、GSI $= 10$，岩体为软弱岩体，屈服函数采用式（3-41）所示的 C1 阶光滑过渡曲线；塑性势函数为常剪胀速率，$a_g = 1$，剪胀角 $\psi = 0°$，塑性势函数采用式（3-43）所示的 C2 阶过渡曲线。屈服函数在 π 平面上的截迹曲线见图 3.25，塑性势函数 π 平面上的截迹曲线见图 3.27。

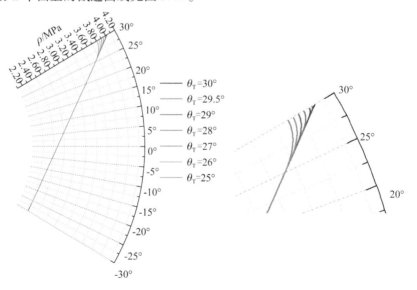

图 3.24　π 平面上不同 θ_T 的圆化 Hoek-Brown 屈服曲线

算例1，$\sigma_m = -2$ MPa，$\sigma_1 > \sigma_2 > \sigma_3$

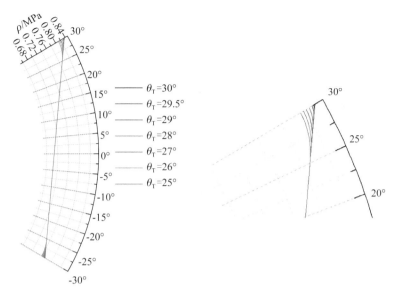

图 3.25 π 平面上不同 θ_T 的圆化 Hoek-Brown 屈服

曲线算例 2，$\sigma_m = -2$ MPa，$\sigma_1 > \sigma_2 > \sigma_3$

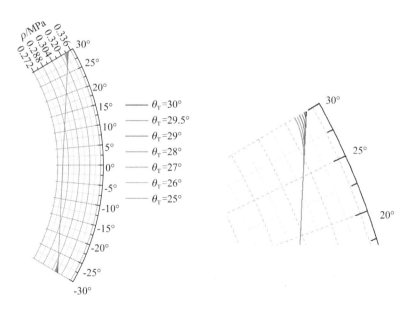

图 3.26 π 平面上不同 θ_T 的圆化 Hoek-Brown 塑性势

曲线算例 1，$\sigma_m = -2$ MPa，$\sigma_1 > \sigma_2 > \sigma_3$

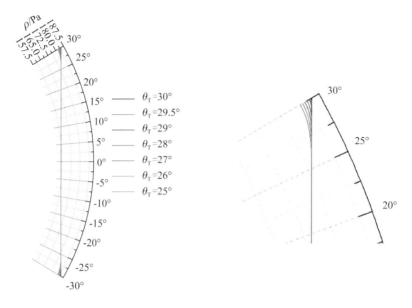

图 3.27 π 平面上不同 θ_T 的圆化 Hoek-Brown 塑性

势曲线算例 2，$\sigma_m = -2$ MPa，$\sigma_1 > \sigma_2 > \sigma_3$

图 3.24 ~ 图 3.27 中左侧为圆化后的屈服函数或塑性势函数在 π 平面上的截迹（此时 $\sigma_m = -2$ MPa），右侧为 $\theta_T \le \theta \le 30°$ 范围内的放大图。图 3.24 中，$-30° \le \theta \le -\theta_T$ 范围内过渡曲线与原曲线几乎重合，故只给出了 $\theta_T \le \theta \le 30°$ 范围内的放大图。考虑章节版面所限，图 3.25 ~ 图 3.27 也只给出了 $\theta_T \le \theta \le 30°$ 范围内的放大图。由图 3.24 ~ 图 3.27 可看出：θ_T 越接近 30°，过渡曲线与原曲线越接近；当 $25° \le \theta_T \le 29.5°$ 范围内时，过渡曲线光滑外凸，且与对称轴垂直，满足屈服函数及塑性势函数的外凸性及对称性要求。

3.3.4 广义 Hoek-Brown 破坏准则的 UMAT 二次开发

在上述研究工作基础之上，以 ABAQUS 软件为数值开发平台，采用 FORTRAN 语言，对广义 Hoek-Brown 破坏准则的用户子例行程序 UMAT 进行二次开发，以 Hoek-Brown 介质中深埋圆形隧洞开挖支护弹塑性力学问题为算例，将数值计算结果与解析解进行对比，以验证所提方法的正确性。ABAQUS 为用户提供了自定义本构模型开发的接口：UMAT（ABAQUS Standard 模块）和 VUMAT（ABAQUS Explicit 模块），本书仅讨论 UMAT 的定义方法。在每一增量步的每一次迭代中，ABAQUS Standard 求解器都要调用 UMAT，且在单元高斯积分点上进行计算，对模型当前的应力张量和求解相关的状态变量进行更新，同时提供单元整体平衡方程求解所需的雅克比矩阵 $\dfrac{\partial \Delta \boldsymbol{\sigma}}{\partial \Delta \boldsymbol{\varepsilon}}$，若雅克比矩阵 $\dfrac{\partial \Delta \boldsymbol{\sigma}}{\partial \Delta \boldsymbol{\varepsilon}}$ 非对称，则在计算过程中需要启动非对称方程组求解器，在计算过程中需要对求解相关的状态变量进行存储，这些状态变量一般为等效塑性应变、背应力、饱和度等。

UMAT 采用 FORTRAN 编写，UMAT 后面括号内部为一系列形参变量及形参数组，是 UMAT

子例行程序与调用单位之间进行数据传送的主要渠道，UMAT 中主要需要定义的量为 DDSDDE、STRESS、STATEV；用于传入的变量主要有 STRAN、DSTRAN、DTIME、PROPS。

Hoek-Brown 介质中深埋圆形隧洞开挖支护弹塑性力学问题。如图 3.28 所示，岩体中开挖一半径为 R 的深埋圆形隧洞，岩体内存在一均匀分布的初始地应力场 σ_0，隧洞支护内压力为 p_i，求岩体的力学响应规律。C. Carranza-Torres 对广义 Hoek-Brown 岩体中深埋圆形隧洞开挖支护弹塑性力学问题进行了一系列解析求解，提供了岩体的径向应力 σ_r、周向应力 σ_θ 及径向位移 u_r 的解析表达式。因此为了验证 ABAQUS 中所开发的广义 Hoek-Brown 准则 UMAT 的正确性，以该问题为数值算例，通过解析解与数值解进行对比来完成 UMAT 的验证。岩体相关力学参数为，$\sigma_{ci} = 30$ MPa、$m_b = 1.7$、$s = 0.003\,9$、$a = 0.5$、采用常剪胀速率塑性势函数，$\psi = 0$、$m_g = 0$、$s_g = s$、$a_g = 1$。隧洞半径 $R = 2$ m、始地应力场 $\sigma_0 = 30$ MPa（压为正）、支护内压 $p_i = 5$ MPa，有限元计算模型见图 3.29。由图 3.30、图 3.31 可看出数值解与解析解结果一样，说明开发的广义 Hoek-Brown 准则 UMAT 的正确性。

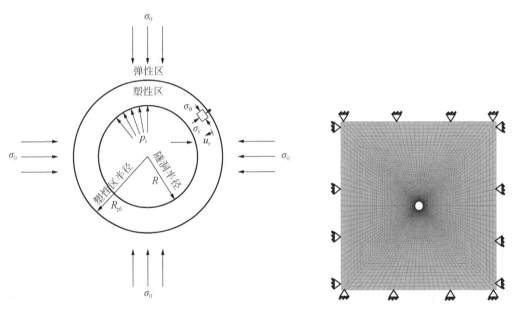

图 3.28 深埋隧洞开挖围岩力学响应力学模型　　图 3.29 深埋隧洞开挖围岩力学响应有限元模型

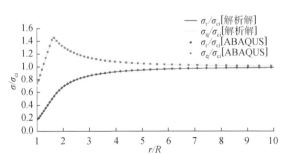
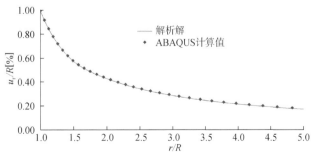

图 3.30 围岩应力 σ_r、σ_θ 的解析解与数值解对比　　图 3.31 岩体径向位移 u_r 的解析解与数值解对比

3.4 本章小结

本章开展分析用场地地震动的选取研究，对实测地震动记录进行反应谱修正，使其尽量符合香炉山场地频谱特征；为研究香炉山隧洞工程区岩体的静动态力学特性，开展相应的室内岩石力学试验研究，主要试验包括岩石的天然密度和纵波波速测量、单轴抗压强度测试、三轴抗剪强度测试、岩石单轴循环加卸载力学特性；提出基于 C2 阶连续函数的岩石广义 Hoek-Brown 破坏准则屈服面与塑性势面棱角圆化方法，基于 ABAQUS 数值开发平台，采用 FORTRAN 语言编制岩石 Hoek-Brown 破坏准则理想弹塑性 UMAT 用户子程序，并通过数值算例验证所提方法的正确性。

（1）基于场地地震危险性分析，香炉山隧洞区 50 年超越概率 10% 水平向地震动峰值加速度值为 $0.20g \sim 0.30g$，地震动反应谱特征周期为 $0.40 \sim 0.45$ s，相应地震基本烈度为 Ⅷ度。香炉山隧洞区 50 年超越概率 10% 水平向地震动峰值加速度值为 $0.20g \sim 0.30g$。采用时程分析法计算地震作用效应时，应至少选择类似场地地震地质条件的 2 条实测加速度记录和 1 条以设计反应谱为目标谱的人工合成模拟地震加速度时程。

（2）室内岩石力学试验中各组岩样硬脆性较为明显。同时由于岩石内部方解石经脉发育，试验中发现力学形式各向异性明显。岩石动力试验结果表明所取岩样表现出较好的力学性质，初步分析结果表明动态力学特性与静态力学特性相比差异并不明显，循环加卸载过程中应力—应变曲线斜率基本不变，滞回圈面积亦较小，因此在地震响应分析中采用静态岩体力学参数是合理的且偏安全的。

（3）针对广义 Hoek-Brown 破坏准则屈服面与塑性势面棱角处数值奇异性，提出基于 C2 阶连续函数的光滑过渡方法，新的圆化方法使得屈服函数对应力张量的一阶导数在棱边上光滑连续，塑性势函数对应力张量的一、二阶导数在棱边上光滑连续。由于新方法使得棱角处塑性势函数二阶连续可导，棱边上一致切线模量矩阵可精确计算，有限元总体平衡方程组 Newton-Raphson 隐式迭代二阶收敛性保持不变。

第4章 隧洞跨活断层段开挖稳定性分析

4.1 分析条件与建模

针对龙蟠—乔后断层（F10）、丽江—剑川断层（F11）、鹤庆—洱源断层（F12）三条活动断层开展围岩与结构稳定性研究和抗断抗震适应性研究，以期优化比选结构抗震和抗错断措施，并提出不同破坏模式的处置措施。这些工作对保障活动断层区域引水工程的工程安全具有重要意义。结构抗震和抗错断分析工作的基础是隧洞开挖阶段的围岩稳定性，本章将针对三条活动断层，详细探讨隧洞穿越其各主断带时围岩与衬砌开挖的位移与内力响应特征。

当考虑二维分析计算时，在 Phase2（RS2）V8.0 软件中分别建立隧洞穿越龙蟠—乔后断层的三条主断带区域的横断面二维分析模型，见图 4.1（a）。对于隧洞穿越 F10-1、F10-2 段按 400 m 考虑隧洞埋深，对于 F10-3 段按照 600 m 考虑隧洞埋深，按照表 4.1 中地应力场考虑初始地应力，隧洞过流净断面半径为 4.6 m，分别考虑隧洞 25 cm 厚初支喷砼与 80 cm 混凝土衬砌，其中初支喷砼假定为对应开挖后立刻施做。此时围岩荷载释放率约30%，二衬结构支护时机分别考虑为围岩荷载释放率为 80% ~98% 时，并从其中选择推荐二衬施做时机。

当考虑三维分析计算时，在 FLAC3D V5.01 软件中分别建立了分别包含隧洞穿越龙蟠-乔后断层的三条主断带区域的局部三维分析模型，见图 4.1（b）。对于单条主断带模型，以隧洞轴线方向（340°）为轴，竖直向为轴建立了数值模型，数值模型在方向以隧洞中心点为中心正负各扩展 100 m，轴（隧洞轴线方向）范围以主断带为中心正负各扩展300 m，方向以隧洞中心点为中心正负各扩展 100 m。对于隧洞穿越 F10-1、F10-2 段按400 m 考虑隧洞埋深，对于 F10-3 段按照 600 m 考虑隧洞埋深，数值模型中顶部按照上部岩体的重量施加相应的竖直应力。隧洞过流净断面半径为 4.6 m，将隧洞的初支喷砼、二衬合并考虑为厚 1.05 m 的混凝土衬砌。

根据第 2 章的 2.1.2 节关于工程区域地应力场反演研究成果，针对龙蟠-乔后断层区域的结构适应性研究中，将采用如表 4.1 中地应力场。而地应力场方向与隧洞的关系如表 4.2 和图 4.2所示。由此可见，地应力最大主应力与隧洞纵轴线大角度相交，对隧洞稳定性影响较大。

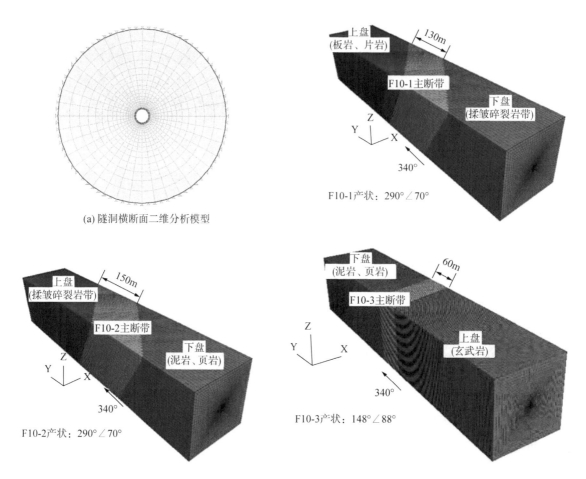

(a) 隧洞横断面二维分析模型

F10-1产状：290°∠70°

F10-2产状：290°∠70°

F10-3产状：148°∠88°

图 4.1　跨断层隧洞数值分析模型

表 4.1　龙蟠—乔后断层区域的结构适应性研究中采用的地应力场

部位	埋深	最大主应力量值/MPa	最大主应力方位角/°	中主应力量值/MPa	最小主应力量值/MPa
F10-1 区域	400	16	40	13	11
F10-2 区域	400	16	40	13	11
F10-3 区域	600	22	40	17	14

表 4.2　龙蟠—乔后断层区域地应力场与隧洞轴线相互关系

隧洞轴线方位角/°	最大主应力方位角/°	最大主应力与隧洞轴线夹角/°	埋深/m	地应力在隧洞横断面上的分量量值/MPa					
340	40	60	400	14.75	12.25	13.00	2.17	0.00	0.00
			600	20.00	16.00	17.00	3.46	0.00	0.00

＊备注：隧洞横断面上坐标约定为：向右、向平面内、向竖直

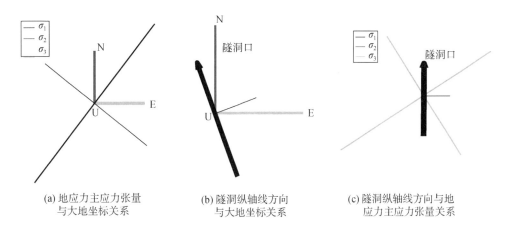

(a) 地应力主应力张量　　　　(b) 隧洞纵轴线方向　　　　(c) 隧洞纵轴线方向与地
　　与大地坐标关系　　　　　　与大地坐标关系　　　　　应力主应力张量关系

图 4.2　龙蟠—乔后断层区域地应力场与隧洞轴线相互关系

对与龙蟠—乔后断层区域的岩体力学参数，分析中采用的力学参数如表 4.3 所示。

表 4.3　龙蟠—乔后断层区域的分析用的岩体力学参数

断层带编号	桩号	埋深/m	部位	岩性	围岩类别	力学参数				
						弹性模量/GPa	泊松比	摩擦系数	粘聚力/MPa	抗拉强度/MPa
F10-1	DLⅠ12+000	400	上盘	板岩、片岩	Ⅳ	3.0	0.3	0.65	0.55	0.25
			断层带	角砾岩、碎粒岩、碎粉岩带	Ⅴ	0.8	0.34	0.5	0.4	0.15
			下盘	揉皱碎裂岩带	Ⅳ~Ⅴ	1.5	0.33	0.55	0.5	0.2
F10-2	DLⅠ12+900	400	上盘	揉皱碎裂岩带	Ⅳ~Ⅴ	1.5	0.33	0.55	0.5	0.2
			断层带	角砾岩、碎粒岩、碎粉岩带	Ⅴ	0.8	0.34	0.5	0.4	0.15
			下盘	泥岩、页岩	Ⅳ	2.5	0.32	0.6	0.5	0.12
F10-3	DLⅠ15+200	600	下盘	泥岩、页岩	Ⅳ	2.5	0.32	0.6	0.5	0.2
			断层带	角砾岩、碎粒岩、碎粉岩带	Ⅴ	0.8	0.34	0.5	0.4	0.15
			上盘	玄武岩	Ⅳ	3.5	0.28	0.7	0.7	0.3

4.2 隧洞开挖稳定分析方法与原理

4.2.1 支护时机确定方法

在隧洞开挖稳定分析过程中，确定合理的支护时机是一项非常重要的工作，既要使支护结构可以发挥相应的作用，协助减小隧洞开挖围岩响应；又不能过早施加支护力，使得支护结构承受过多的回弹应力而破坏。隧洞支护力-隧洞收敛率-支护时机概念曲线见图4.3。

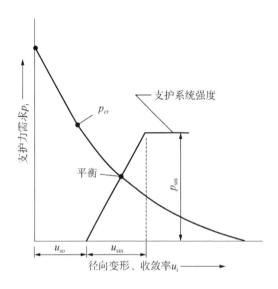

图 4.3 隧洞支护力-隧洞收敛率-支护时机概念曲线

在具体实践中通常采用控制支护时的荷载释放率来作为确定支护时机的依据，但荷载释放率是二维平面状态的概念，难以运用到。在本研究中，为了确定获得各类围岩条件下隧洞衬砌系统的合理支护时机，采用如下的研究方案。

（1）针对各类围岩条件，建立二维数值分析模型。

（2）在二维数值分析模型中，分别比较不同围岩荷载释放率条件下围岩的开挖响应及支护系统内力情况，获得支护结构可以发挥较大作用，但又不至于施加支护力过早而破坏的最佳荷载释放率。

（3）利用隧洞纵向变形特征曲线，将支护时变形占总变形的比例视作荷载释放率，求得对应这一最佳荷载释放率的最佳支护滞后距离，其概念如图4.4所示。

（4）在后续的三维分析中，采用这一最佳支护滞后距离进行分析计算。

Hoek 提出的隧洞纵向变形特征曲线（见图4.5）在过去的研究工作中得到了广泛的应

用。但这一曲线建立在弹性变形基础上，按照新近研究成果，这一曲线不能适应诸如香炉山隧洞过断层带部位这样围岩条件较差的隧洞（Rocsupport 软件手册建议）。对于围岩条件较差的隧洞，围岩塑性特征对隧洞变形的影响不容忽视。因此，在本研究中，将采用可以考虑围岩塑性区的 Vlachopoulos 和 Diederichs 隧洞变形曲线（见图 4.6）进行研究。

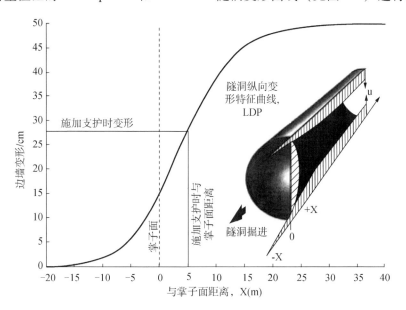

图 4.4　利用隧洞纵向变形特征曲线确定支护时机原理

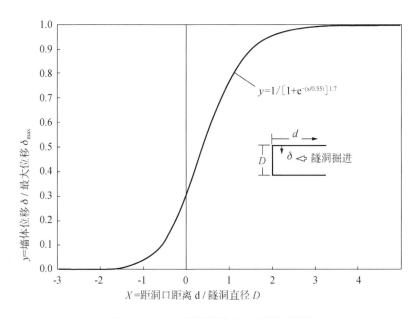

图 4.5　Hoek 的隧洞纵向变形特征曲线

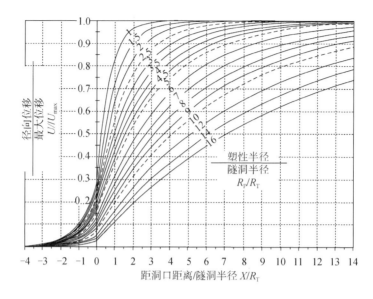

图 4.6　Vlachopoulos 和 Diederichs 的隧洞纵向变形特征曲线

4.2.2　关于隧洞挤压问题

由于断层带部位岩体强度极低，而隧洞埋深较大，地应力水平相对较高（F10-1、F10-2 部位约 15 MPa，F10-3 部位约 22 MPa），预期相应部位洞段围岩稳定性整体应较差，并存在严重的软岩挤压变形问题。因此在对隧洞进行开挖稳定性分析前，对其进行挤压变形的专门讨论。Hoek 认为岩体的单轴抗压强度 σ_{cm} 与地应力主应力水平 p_0 的比值可以作为指示隧洞挤压变形程度的指标，并给出了相应的经验公式，如式（4-1）所示。

$$\varepsilon = 0.2 \ (\sigma_{cm}/p_0)^{-2} \tag{4-1}$$

式中，ε 为隧洞挤压应变。

当考虑断层带岩体的抗压强度为 2 MPa 左右时，经验公式预测 F10-1、F10-2、F10-3 部位的挤压应变如图 4.7 中椭圆所示。可见，F10—3 部位由于岩体力学强度很低，地应力相对较高，预计将有超过 10% 的挤压变形，按照 Hoek 建议（见表 4.4），此时挤压变形问题严重程度为"极端"；而 F10-1 和 F10-2 部位，由于地应力量值相对较低，挤压变形程度为"非常严重"，预计挤压应变约为 8% ~ 10%。后续将采用三维数值模型来检验关于这一预测成果，以期说明 Hoek 等关于挤压问题的经验同样适用于香炉山隧洞中，以期基于 Hoek 等的研究成果，针对香炉山隧洞过断层带部位的挤压问题，提出相应的措施建议。

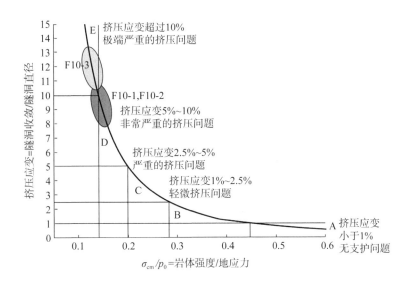

图4.7 Hoek 建议的隧洞挤压变形分类标准（无支护条件）

表4.4 Hoek 针对上述分类提出的工程措施与支护类型建议

	挤压应变 ε %	工程措施	支护类型
A	小于1	基本没有稳定性问题，可以采用很简单的支护设计。根据岩体分级制定相应的支护措施即可。	通常用锚杆和喷射混凝土即可满足要求
B	1~2.5	采用收敛约束法来预测洞周的塑性区，及塑性区－支护系统的相互作用。	轻微的挤压问题。采用锚杆和喷射混凝土可以应对；必要时采用轻型钢拱架和格栅来确保额外的安全性
C	2.5~5	可采用可以考虑支护结构及开挖顺序的二维有限元分析来分析；当前状态下掌子面一般尚可保持稳定。	严重的挤压问题。应当及时支护，并严格控制施工质量；通常需要重型钢拱架混凝土支护。
D	5~10	掌子面稳定性成为设计中首要关心的问题；通常都需要采用二维有限元分析；必要时考虑采用超前支护来保证掌子面稳定。	非常严重的挤压问题与掌子面稳定问题。需采取措施进行超前支护并保证掌子面问题；钢拱架混凝土支护是必须的。
E	大于10	极端严重的掌子面稳定问题及挤压问题使得当前状态尚无有效的设计方法，仅可通过经验进行判断。	极端严重的挤压问题，随时保证超前支护与掌子面支护。极端情况下需要采用可伸缩支护结构。

4.2.3 衬砌极限承载力校核方法

在计算衬砌结构时，获取的结果为衬砌上的弯矩、剪力和轴力这三种内力成果，当需要用这三种内力成果对衬砌进行承载力校核时。比较方便和直观的办法是利用承载力包络线图来进行检验。当衬砌材料受力状态点位于承载力包络线以内，认为衬砌结构是安全的；一旦衬砌材料受力状态点位于承载力包络线以外，则认为衬砌结构开裂破坏。

以下简要介绍承载力包络线的计算和绘制。

（1）弯矩－轴力（$M-N$）图

拉伸破坏时的轴力：

$$N = -\frac{|M|At}{2I} + \frac{\sigma_c A}{\text{FS}} \qquad (4-2)$$

压缩破坏时的轴力：

$$N = -\frac{|M|At}{2I} + \frac{\sigma_t A}{\text{FS}} \qquad (4-3)$$

极限弯矩：

$$M_{cr} = \pm \frac{I}{t}\frac{\sigma_c - \sigma_t}{\text{FS}} \qquad (4-4)$$

其中，FS 为安全系数，在本章中采用 FS = 1；t 为截面厚度，A 为截面面积，I 为截面惯性矩；σ_c 和 σ_t 分别为衬砌组成材料的压缩强度和拉伸强度。

（2）剪力-轴力（$Q-N$）图

压缩破坏时的轴力：

$$N = \frac{\sigma_c A}{\text{FS}} - \frac{9}{4}\frac{Q^2 \text{FS}}{\sigma_c A} \qquad (4-5)$$

拉伸破坏时的轴力：

$$N = \frac{\sigma_t A}{\text{FS}} - \frac{9}{4}\frac{Q^2 \text{FS}}{\sigma_t A} \qquad (4-6)$$

极限剪力：

$$Q_{cr} = \pm \frac{A}{\text{FS}}\sqrt{-\frac{4}{9}\sigma_c \sigma_t} \qquad (4-7)$$

混凝土强度标准值按照《混凝土结构设计规范》（GB50010—2010）取值。依照规范规定，取标号 C30 混凝土的弹模 30 GPa，抗压强度设计值 14.3 MPa，轴心抗拉强度 1.43 MPa。根据以上计算方法，进行等效参数计算，并绘制承载力包络线图，如图 4.8 所示。

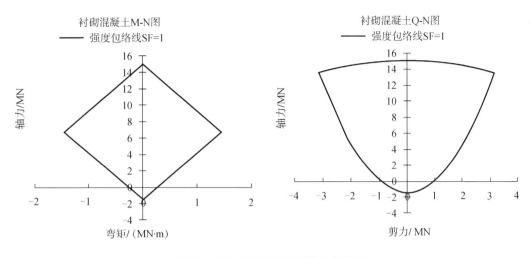

图 4.8   C30 混凝土衬砌承载力包络线

4.3   开挖计算结果分析

4.3.1   F10-1 部位（DL∣12 +000）

在 Rocscience 公司二维有限元软件 Phase2（RS2）中，针对 F10-1 断层带建立了二维数值模型，研究不同荷载释放率条件下围岩及支护系统的开挖响应。分析结果如表 4.5、表 4.6 所示。由此可见，对各部位的岩体而言，支护时机越早，对隧洞最终的开挖变形、塑性区等扰动越有利，但支护时机越早，支护结构内力越大。因此最合理的支护时机应该为支护结构内力得到充分发挥，但又不至于破坏的时机所对应的荷载释放率。

表 4.5   不同支护时机下 F10-1 断层带岩体开挖响应

二衬施作时机	变形			最大主应力		塑性区	
	最大量值/cm	位置	收敛率	量值/MPa	位置	最大深度/m	位置
毛洞	84.8	底板	7.5%	17.5	顶拱深部 17 m	17.0	顶拱
仅有初喷时	65.0	底板	5.7%	21.7	顶拱深部 13 m	13.0	顶拱
荷载释放 80% 时施作二衬	20.7	底板	1.8%	23.5	顶拱深部 4.8 m	4.8	顶拱
荷载释放 85% 时施作二衬	22.7	底板	2.0%	23.3	顶拱深部 5.3 m	5.3	顶拱

二衬施作时机	变形			最大主应力		塑性区	
	最大量值/cm	位置	收敛率	量值/MPa	位置	最大深度/m	位置
荷载释放90%时施作二衬	30.7	底板	2.7%	23.2	顶拱深部7.5 m	7.5	顶拱
荷载释放95%时施作二衬	42.1	底板	3.7%	22.7	顶拱深部9.8 m	9.8	顶拱
荷载释放98%时施作二衬	57.3	底板	5.1%	22.1	顶拱深部12 m	12	顶拱

表4.6 不同支护时机下 F10-1 断层带永久衬砌结构内力响应

二衬施作时机	衬砌						
	是否破坏	最大轴力/（MN/m）	位置	最大弯矩/MN	位置	最大剪力/（MN/m）	位置
毛洞	/	/	/	/	/	/	/
仅有初喷时	/	/	/	/	/	/	/
荷载释放80%时施作二衬	是	16.444	顶拱	0.778	边墙	0.383	拱腰
荷载释放85%时施作二衬	是	12.831	顶拱	0.627	边墙	0.263	拱腰
荷载释放90%时施作二衬	否	8.902	顶拱	0.431	边墙	0.197	拱腰
荷载释放95%时施作二衬	否	4.183	顶拱	0.230	边墙	0.123	拱腰
荷载释放98%时施作二衬	否	2.738	顶拱	0.156	边墙	0.065	拱腰

对于 F10-1 主断带部位而言，由于假定初喷混凝土需要在开挖后立刻施作，以及时起到封闭围岩、提供围压的作用，因此初喷混凝土受力较大，预计将不可避免地产生不同程度的损伤破坏，因此支护结构施作时机由二次衬砌（永久衬砌）控制。从表4.6可知，在围岩荷载释放90%时刻，二次衬砌既能得到充分利用，内力又不至于破坏。因此认为合理支护应为不小于围岩荷载释放90%时刻。通过查询图4.6可知，考虑到断层带部位毛洞塑性区半径约为22 m，塑性区半径与隧洞半径比值约为4，因此对应90%荷载释放率的支护滞后距离约为4倍的隧洞半径，即约等于20 m。在推荐的90%荷载释放率下，隧洞围岩的开挖响应如图4.9所示。永久支护结构的内力分布情况，如图4.10所示。

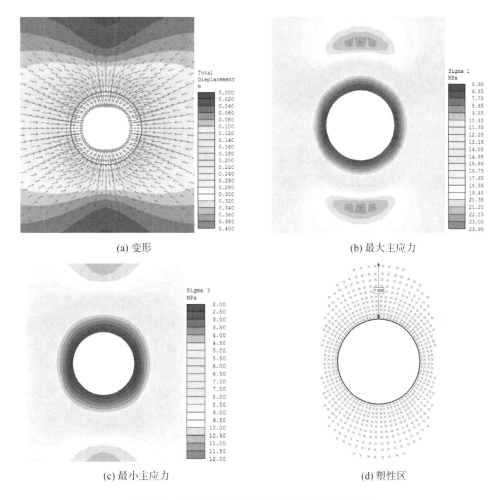

(a) 变形　　(b) 最大主应力

(c) 最小主应力　　(d) 塑性区

图4.9　推荐二衬施作时机条件下围岩开挖响应

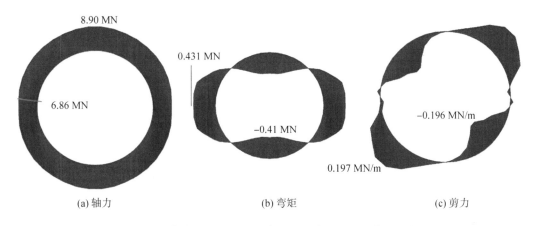

(a) 轴力　　(b) 弯矩　　(c) 剪力

图4.10　推荐二衬施作时机条件下二次衬砌结构内力分布

　　针对F10-1断层带部位隧洞，采用4.1节中的三维分析模型，分别建立了毛洞条件下和支护条件下的隧洞开挖模型。其中，按照上节研究结论，支护条件下隧洞衬砌安装时机为距离掌子面 20 m。F10-1 断层带部位隧洞开挖后围岩响应如图 4.11～图 4.16 所示。分析结果如下。

（1）F10-1 上盘侧（小桩号侧）$Ta2$ 板岩片岩 400 m 埋深 Ⅳ 类围岩洞段

在毛洞条件下：围岩最大位移 9.9 cm，相应的收敛率为 0.9%，表明该洞段无挤压问题；最大塑性区深度 13 m，受其影响，应力集中区向岩体深部推移，最大量值约为 22 MPa。在趋近 F10-1 断层带时，受断层带较差的力学性质影响，上盘岩体存在影响区，影响区范围沿洞室轴线方向约 45 m，在影响带中位移、应力、塑性区均随距 F10-1 距离减小而迅速增加，在与 F10-1 接触时达到最大，最大主应力量值可达 26 MPa。且受 F10-1 产状（290°∠70°）影响，影响区中西侧洞壁响应大于东侧洞壁。

在支护条件下：围岩最大位移减小至 9.3 cm，相应的收敛率为 0.8%；最大塑性区深度减小至 4.5 m。衬砌结构每延米最大轴力约为 2.8 MN/m，出现在与断层带接触部位西侧边墙；衬砌最大弯矩为 0.25 MN，出现在与断层带接触部位西侧边墙；衬砌最大剪力为 0.14 MN/m，出现在与断层带接触部位西侧顶拱。本洞段衬砌结构内力较小，隧洞衬砌安全裕度较大。

（2）F10-1 断层带 400 m 埋深 Ⅴ 类围岩洞段

在毛洞条件下：围岩最大位移 96 cm，相应的收敛率为 8.5%，具有非常严重的挤压；最大塑性区深度 17 m，受较弱的力学性质影响，应力集中区向岩体深部推移距离较大，最大量值较小，仅为 18 MPa。受三维效应控制，断层带中央部位洞段的开挖响应大于两侧洞段；受 F10-1 产状（290°∠70°）影响，断层带中西侧洞壁响应大于东侧洞壁，如最大开挖位移（96 cm）发生在西侧边墙，而东侧边墙最大开挖位移约为 84 cm。

在支护条件下：围岩最大位移减小至 79 cm，相应的收敛率为 6.9%，仍旧属于较严重的挤压问题，表明需考虑预留变形量及超前加固措施；最大塑性区深度减小至 13 m。衬砌结构每延米最大轴力约为 6.5 MN/m，出现在断层带中部两侧边墙；衬砌最大弯矩为 0.41 MN，出现在断层带中部两侧边墙；衬砌最大剪力为 0.13 MN/m，出现在断层带中部东侧拱腰。衬砌结构承载力校核结果表明，在推荐的 20 m 支护滞后距离下，断层带洞段的支护结构内力未超限，尚具有一定的安全裕度。

（3）F10-1 下盘侧（大桩号侧）$Ta2$ 揉皱碎裂岩带 400 m 埋深 Ⅳ 类围岩洞段

在毛洞条件下：围岩最大位移 36.8 cm，相应的收敛率为 3.3%，属于一般严重挤压问题，最大塑性区深度 13 m，受其影响，应力集中区向岩体深部推移，最大量值约为 20 MPa。在临近 F10-1 断层带时，受断层带较差的力学性质影响，下盘岩体存在影响区，影响区范围沿洞室轴线方向约 65 m，影响区范围大于上盘岩体，在影响带中位移、应力、塑性区均随距 F10-1 距离减小而迅速增加。且受 F10-1 产状（290°∠70°）影响，影响区中西侧洞壁响应大于东侧洞壁。

在支护条件下：围岩最大位移减小至 31.5 cm，相应的收敛率为 2.8%，挤压变形问题有所缓和；最大塑性区深度减小至 10 m。衬砌结构每延米最大轴力约为 6.8 MN/m，出现在与断层带接触部位西侧边墙；衬砌最大弯矩为 0.24 MN，出现在与断层带接触部位西侧边墙；衬砌最大剪力为 0.21 MN/m，出现在与断层带接触部位西侧边墙。衬砌结构承载力校核结果表明，本洞段衬砌结果内力具有较好的安全裕度。

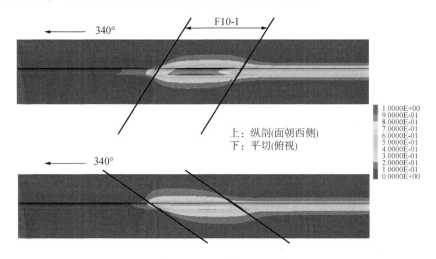

图 4.11　毛洞条件下 F10-1 部位开挖变形云图（m）

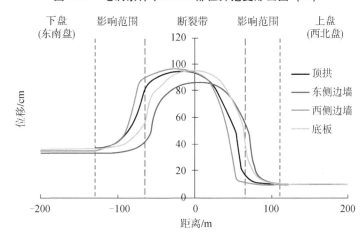

图 4.12　毛洞条件下 F10-1 部位开挖后隧洞各部位变形

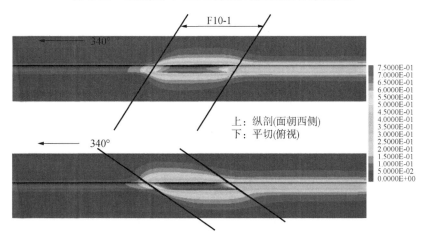

图 4.13　支护条件下 F10-1 部位开挖变形云图（m）

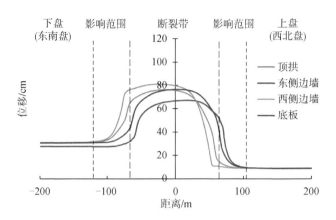

图 4.14　支护条件下 F10-1 部位开挖后隧洞各部位变形

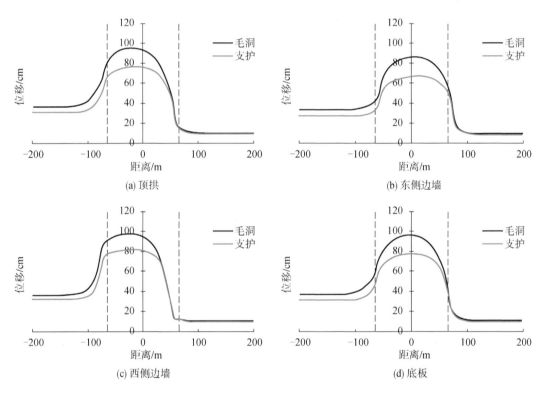

图 4.15　支护条件下 F10-1 部位开挖后各部位变形与毛洞条件的对比

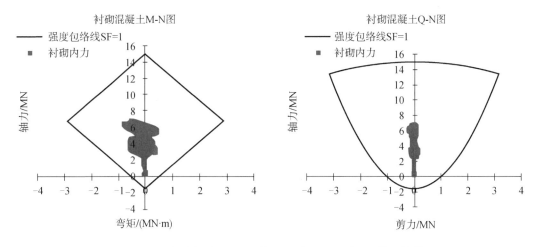

衬砌混凝土M-N图

—— 强度包络线SF=1
■ 衬砌内力

轴力/MN

弯矩/(MN·m)

衬砌混凝土Q-N图

—— 强度包络线SF=1
■ 衬砌内力

轴力/MN

剪力/MN

图4.16 支护条件下F10-1部位开挖后隧洞衬砌承载力校核

4.3.2 F10-2部位（DL Ⅰ 12+900）

在二维分析条件下，F10-1断层带局部的分析条件与F10-2相同，因此F10-2二维初步分析成果与支护时机同F10-1部位。即合理支护应为不小于围岩荷载释放90%时刻，对应支护滞后距离约为4部的隧洞半径，即为20 m左右。针对F10-2断层带部位隧洞，采用4.1节中的三维分析模型，分别建立了毛洞条件下和支护条件下的隧洞开挖模型。其中，按照上节研究结论，支护条件下，隧洞衬砌安装时机为距离掌子面20 m。F10-2断层带部位隧洞开挖后围岩响应如表4.7、表4.8、图4.17~图4.20所示。分析结果如下。

（1）F10-2上盘侧（小桩号侧）揉皱碎裂岩带400 m埋深Ⅳ类围岩洞段

在毛洞条件下：围岩最大位移36.5 cm，相应的收敛率为3.2%，表明该洞段具有挤压问题；最大塑性区深度15 m，受其影响，应力集中区向岩体深部推移，最大量值约为20 MPa。在趋近F10-1断层带时，受断层带较差的力学性质影响，上盘岩体存在影响区，影响区范围沿洞室轴线方向约55 m，在影响带中位移、应力、塑性区均随距F10-2距离减小而迅速增加，在与F10-2接触时达到最大，最大主应力量值可达24 MPa。且受F10-2产状（290°∠70°）影响，影响区中西侧洞壁响应大于东侧洞壁。

在支护条件下：围岩最大位移减小至31.5 cm，相应的收敛率为2.7%，挤压变形问题有所缓和；最大塑性区深度减小至9 m。衬砌结构每延米最大轴力约为4.9 MN/m，出现在与断层带接触部位西侧边墙；衬砌最大弯矩为0.13 MN，出现在与断层带接触部位西侧边墙；衬砌最大剪力为0.14 MN/m，出现在与断层带接触部位西侧顶拱。衬砌结构承载力校核结果表明，本洞段衬砌结果内力具有较好的安全裕度。

（2）F10-2断层带400 m埋深V类围岩洞段

在毛洞条件下围岩最大位移97.4 cm，相应的收敛率为8.6%，具有非常严重的挤压；最大塑性区深度18 m，受较弱的力学性质影响，应力集中区向岩体深部推移距离较大，最大量值较小，仅为 18 MPa。受三维效应控制，断层带中央部位洞段的开挖响应大于两侧洞段的；受 F10-2 产状（290°∠70°）影响，断层带中西侧洞壁响应大于东侧洞壁，如最大开挖位移（97 cm）发生在西侧边墙，而东侧边墙最大开挖位移约为 87 cm。

在支护条件下：围岩最大位移减小至 81 cm，相应的收敛率为 7.2%，仍旧属于较严重的挤压问题，表明需考虑预留变形量及超前加固措施；最大塑性区深度减小至 18 m。衬砌结构每延米最大轴力约为 6.4 MN/m，出现在断层带中部两侧边墙；衬砌最大弯矩为 0.38 MN，出现在断层带中部两侧边墙；衬砌最大剪力为 0.09 MN/m，出现在断层带中部东侧拱腰。衬砌结构承载力校核结果表明，在推荐的 20 m 支护滞后距离下，断层带洞段的支护结构内力未超限，尚具有一定的安全裕度。

（3）F10-2 下盘侧（大桩号侧）泥岩页岩 400 m 埋深 IV 类围岩洞段

在毛洞条件下围岩最大位移 18.7 cm，相应的收敛率为 1.7%，基本无挤压问题，最大塑性区深度 9 m，受其影响，应力集中区向岩体深部推移，最大量值约为 21 MPa。在临近 F10-2 断层带时，受断层带较差的力学性质影响，下盘岩体存在影响区，影响区范围沿洞室轴线方向约 50 m，影响区范围大于上盘岩体，在影响带中位移、应力、塑性区均随距 F10-2 距离减小而迅速增加。且受 F10-1 产状（290°∠70°）影响，影响区中、西侧洞壁响应大于东侧洞壁。

在支护条件下：围岩最大位移减小至 16.2 cm，相应的收敛率为 1.4%；最大塑性区深度减小至 7 m。衬砌结构每延米最大轴力约为 7.3 MN/m，出现在与断层带接触部位西侧边墙；衬砌最大弯矩为 0.41 MN，出现在与断层带接触部位西侧边墙；衬砌最大剪力为 0.34 MN/m，出现在与断层带接触部位西侧边墙。衬砌结构承载力校核结果表明，本洞段衬砌结果内力具有较好的安全裕度。

表 4.7　F10-2 部位隧洞开挖后围岩响应

工况	部位	断层带影响范围/m	最大变形			最大主应力		塑性区	
			量值/cm	部位	收敛率	量值/MPa	深度	深度/m	位置
毛洞	上盘（西北盘）	65	36.5	西侧边墙	3.2%	20	15	15	顶拱
	断层带	/	97.4	西侧边墙	8.6%	18	17	17	顶拱
	下盘（东南盘）	55	18.7	西侧边墙	1.7%	21	11	11	顶拱
支护	上盘（西北盘）	50	31.5	西侧边墙	2.7%	20	9	9	顶拱
	断层带	/	81	西侧边墙	7.2%	18	12	12	顶拱
	下盘（东南盘）	45	16.2	西侧边墙	1.4%	21	7	7	顶拱

表 4.8　F10—2 部位隧洞开挖后支护结构内力

	最大轴力 /（MN/m）	位置	最大弯矩 /MN	位置	最大剪力 /（MN/m）	位置
上盘 （西北盘）	4.9	与断层带接触部位西侧边墙	0.13	与断层带接触部位西侧边墙	0.14	与断层带接触部位西侧顶拱
断层带	6.4	断层带中部两侧边墙	0.38	断层带中部两侧边墙	0.09	断层带中部东侧拱腰
下盘 （东南盘）	7.3	与断层带接触部位西侧边墙	0.41	与断层带接触部位西侧边墙	0.34	与断层带接触部位西侧边墙

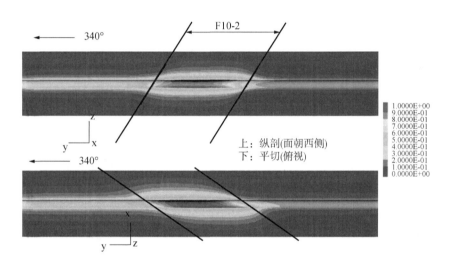

图 4.17　毛洞条件下 F10-2 部位开挖变形云图（m）

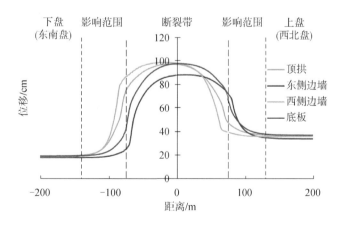

图 4.18　毛洞条件下 F10-2 部位开挖后隧洞各部位变形

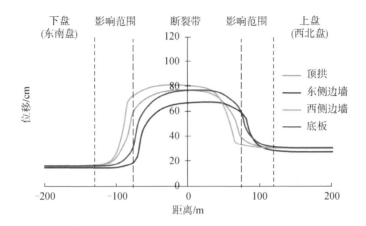

图 4.19　支护条件下 F10-2 部位开挖后隧洞各部位变形

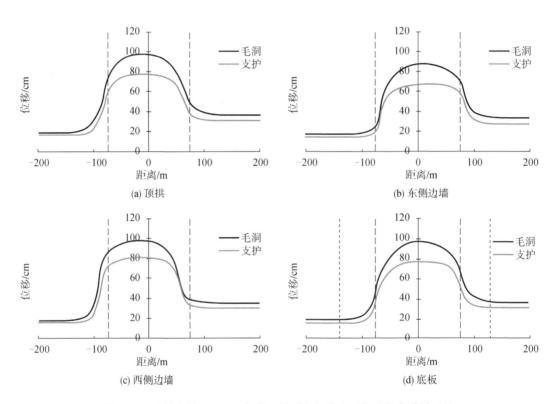

(a) 顶拱

(b) 东侧边墙

(c) 西侧边墙

(d) 底板

图 4.20　支护条件下 F10-2 部位开挖后各部位变形与毛洞条件的对比

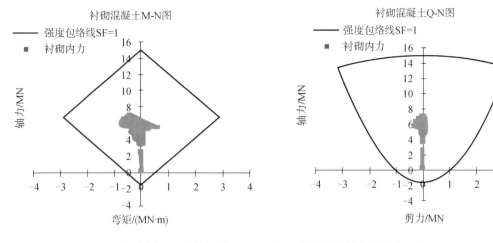

图 4.21　支护条件下 F10-2 部位开挖后隧洞衬砌承载力校核

4.3.3　F10-3 部位（DL I 15 +200）

在 Rocscience 公司二维有限元软件 Phase2（RS2）中，针对 F10-3 断层带建立了二维数值模型，研究不同荷载释放率条件下围岩及支护系统的开挖响应。分析结果如表 4.7、表 4.8 所示。由此可见，对各部位的岩体而言，支护时机越早，对隧洞最终的开挖变形、塑性区等扰动越有利，但支护时机越早，支护结构内力越大。因此最合理的支护时机应该为支护结构内力得到充分发挥，但又不至于破坏的时机所对应的荷载释放率。

对于 F10-3 主断带部位而言，由于假定初喷混凝土需要在开挖后立刻施做，以及时起到封闭围岩、提供围压的作用，因此初喷混凝土受力较大，预计将不可避免地产生不同程度的损伤破坏，因此支护结构施做时机由二次衬砌（永久衬砌）控制。从表 4.8 可知，在围岩荷载释放 90% 时刻，二次衬砌既能得到充分利用，内力又不至于破坏。因此认为合理支护应为不小于围岩荷载释放 90% 时刻。通过查询图 4.6 可知，考虑到断层带部位毛洞塑性区半径约为 22 m，塑性区半径与隧洞半径比值约为 4，因此对应 90% 荷载释放率的支护滞后距离约为 4 倍隧洞半径，即约等于 20 m。

表 4.7　不同支护时机下 F10-3 断层带岩体开挖响应

二衬施作时机	变形			最大主应力		塑性区	
	最大量值/cm	位置	收敛率	量值/MPa	位置	最大深度/m	位置
毛洞	120	底板	10.6%	27.3	顶拱深部 17.0 m	17	顶拱
仅有初喷时	113	底板	10%	28.8	顶拱深部 15.2 m	15.2	顶拱
荷载释放 80% 时施做二衬	27.1	底板	2.3%	33.1	顶拱深部 5.6 m	5.6	顶拱

续表

二衬施作时机	变形			最大主应力		塑性区	
	最大量值/cm	位置	收敛率	量值/MPa	位置	最大深度/m	位置
荷载释放85%时施作二衬	35.1	底板	3.1%	31.7	顶拱深部7.5 m	7.5	顶拱
荷载释放90%时施作二衬	50.1	底板	4.4%	30.7	顶拱深部8.5 m	8.5	顶拱
荷载释放95%时施作二衬	69.7	底板	6.16%	30.2	顶拱深部10.9 m	10.9	顶拱
荷载释放98%时施作二衬	90.1	底板	7.97%	30.1	顶拱深部13.2 m	13.2	顶拱

表 4.8　不同支护时机下 F10-3 断层带永久衬砌结构内力响应

二衬施作时机	衬砌						
	是否破坏	最大轴力/（MN/m）	位置	最大弯矩/MN	位置	最大剪力/（MN/m）	位置
毛洞	/	/	/	/	/	/	/
仅有初喷时	/	/	/	/	/	/	/
荷载释放80%时施作二衬	是	21.410	边墙	1.172	边墙	0.621	拱腰
荷载释放85%时施作二衬	是	16.260	边墙	0.981	边墙	0.487	拱腰
荷载释放90%时施作二衬	否	11.157	边墙	0.675	边墙	0.356	拱腰
荷载释放95%时施作二衬	否	6.134	边墙	0.4244	边墙	0.161	拱腰
荷载释放98%时施作二衬	否	2.874	边墙	0.276	边墙	0.111	拱腰

　　针对 F10-3 断层带部位隧洞，采用 4.1 节中的三维分析模型，分别建立了毛洞条件下和支护条件下的隧洞开挖模型。其中，按照上节研究结论，支护条件下，隧洞衬砌安装时机为距离掌子面 20 m。F10-3 断层带部位隧洞开挖后围岩响应如图 4.22～图 4.27 所示。分析结果如下。

　　（1）F10-3 下盘侧（小桩号侧）泥岩页岩 600 m 埋深 IV 类围岩洞段

　　在毛洞条件下：围岩最大位移 28.6 cm，相应的收敛率为 2.5%，表明该洞段具有挤压变形问题；最大塑性区深度 12 m，受其影响，应力集中区向岩体深部推移，最大量值约为 27 MPa。在趋近 F10-3 断层带时，受断层带较差的力学性质影响，上盘岩体存在影响区，影响区范围沿洞室轴线方向约 30 m，在影响带中位移、应力、塑性区均随距 F10-3 距离减小而迅速增加，在与 F10-3 接触时达到最大，最大主应力量值可达 34 MPa。且受 F10-1 产状（148°∠88°）影响，影响区中、西侧洞壁响应大于东侧洞壁。

在支护条件下：围岩最大位移减小至 23.7 cm，相应的收敛率为 2.1%；最大塑性区深度减小至 10 m。衬砌结构每延米最大轴力约为 7.2 MN/m，出现在与断层带接触部位西侧边墙；衬砌最大弯矩为 0.23 MN，出现在与断层带接触部位西侧边墙；衬砌最大剪力为 0.17 MN/m，出现在与断层带接触部位西侧顶拱。本洞段衬砌结构内力较小，隧洞衬砌安全裕度较大。

（2）F10-3 断层带 600 m 埋深 V 类围岩洞段

在毛洞条件下围岩最大位移 167 cm，相应的收敛率为 14.7%，具有极端严重的挤压；最大塑性区深度 21 m，受较弱的力学性质影响，应力集中区向岩体深部推移距离较大，最大量值较小，仅为 24 MPa。受三维效应控制，断层带中央部位洞段的开挖响应大于两侧洞段的；受 F10-3 产状（148°∠88°）影响，断层带中西侧洞壁响应大于东侧洞壁，如最大开挖位移（167 cm）发生在西侧边墙，而东侧边墙最大开挖位移约为 140 cm。

在支护条件下：围岩最大位移减小至 129 cm，相应的收敛率为 11.4%，仍旧属于极端严重的挤压问题，表明需考虑预留变形量及超前加固措施，并建议考虑使用可伸缩钢拱架结构；最大塑性区深度减小至 17 m。衬砌结构每延米最大轴力约为 9.3 MN/m，出现在断层带中部两侧边墙；衬砌最大弯矩为 0.41 MN，出现在断层带中部两侧边墙；衬砌最大剪力为 0.09 MN/m，出现在断层带中部西侧拱腰。衬砌结构承载力校核结果表明，在推荐的 20m 支护滞后距离下，断层带洞段的支护结构内力未超限，尚具有一定的安全裕度。

（3）F10-1 下盘侧（大桩号侧）玄武岩 600 m 埋深 IV 类围岩洞段

在毛洞条件下围岩最大位移 13.3 cm，相应的收敛率为 1.1%，无挤压问题，最大塑性区深度 6 m，受其影响，应力集中区向岩体深部推移，最大量值约为 30 MPa。在临近 F10-3 断层带时，受断层带较差的力学性质影响，下盘岩体存在影响区，影响区范围沿洞室轴线方向约 35 m，影响区范围大于上盘岩体，在影响带中位移、应力、塑性区均随距 F10-3 距离减小而迅速增加。且受 F10-1 产状（148°∠88°）影响，影响区中西侧洞壁响应大于东侧洞壁。在支护条件下：围岩最大位移减小至 11.7 cm，相应的收敛率为 1%；最大塑性区深度减小至 7 m。衬砌结构每延米最大轴力约为 13 MN/m，出现在与断层带接触部位西侧顶拱；衬砌最大弯矩为 0.53 MN，出现在与断层带接触部位西侧边墙；衬砌最大剪力为 0.47 MN/m，出现在与断层带接触部位西侧边墙。衬砌结构承载力校核结果表明，本洞段衬砌结果内力具有一定的安全裕度。

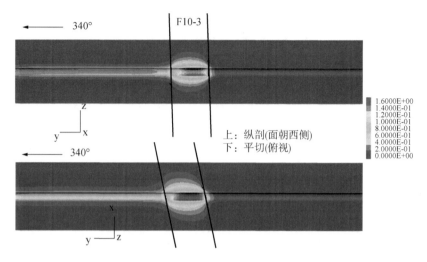

图 4.22　毛洞条件下 F10-3 部位开挖变形云图（m）

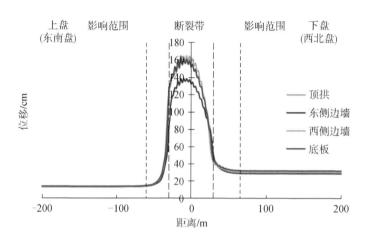

图 4.23　毛洞条件下 F10-3 部位开挖后隧洞各部位变形

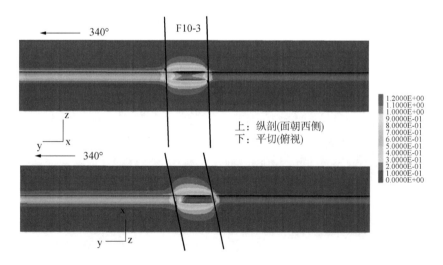

图 4.24　支护条件下 F10-3 部位开挖变形云图（m）

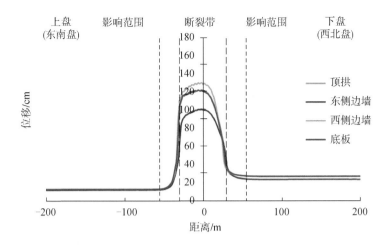

图 4.25 支护条件下 F10-3 部位开挖后隧洞各部位变形

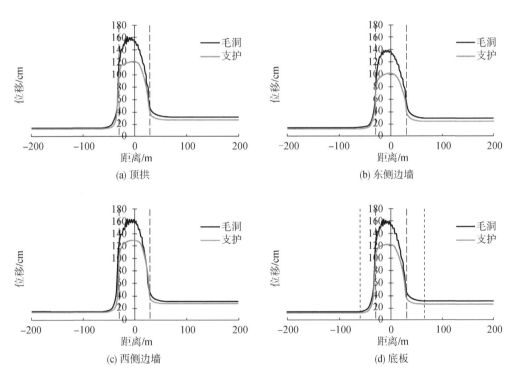

图 4.26 支护条件下 F10-3 部位开挖后各部位变形与毛洞条件的对比

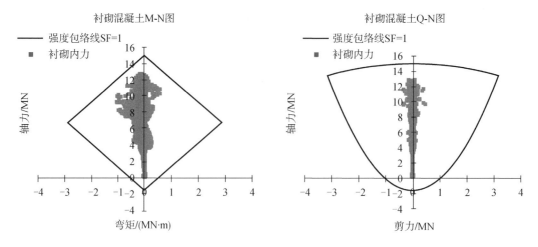

图 4.27　支护条件下 F10-3 部位开挖后隧洞衬砌承载力校核

4.4　本章小结

基于反演获得的三维地应力场与三维数值模型，本章开展了隧洞过龙蟠—乔后断层（F10）的三条主断带的围岩稳定性分析，分析结果综合汇总于表 4.9。基于分析结果，对于龙蟠—乔后断层（F10）的三条主断带的围岩稳定性分析，有如下结论与建议。

（1）当前计算结果显示隧洞在穿越 F10-1 与 F10-2 时可能产生较大变形，量值接近 1 m，根据 Hoek 建议的隧洞挤压变形分类标准，挤压大变形严重程度为"非常严重"。由于 F10-3 部位埋深更大，地应力量值更高，开挖变形更大（约为 1.7 m），挤压大变形的等级为"极端严重"。预计隧洞开挖过程中将出现严重的大变形及掌子面稳定问题，建议随时保证超前支护与掌子面支护，极端情况下考虑采用可伸缩钢拱架支护结构。

（2）隧洞开挖变形规律受断层带宽度及产状控制显著。最大变形量、塑性区最深部位部位均为隧洞在断层带中央部位；受断层带产状控制，西侧边墙的开挖响应明显大于东侧边墙。

（3）通过研究不同荷载释放率条件下围岩响应与结构内力情况，确定了 90% 荷载释放率作为建议支护时机，即支护结构施作与掌子面最小建议距离为 20 m。在这一支护条件下，当前支护体系（25 cm 初支喷砼 + 80 cm 二衬）既可以约束一定的隧洞收敛变形，内力又具有一定的安全裕度。但应注意将较高的荷载释放率作为支护时机对控制收敛变形的作用有限，建议开挖时预先扩挖断面，预留变形量，保证隧洞收敛稳定后净空满足要求，或可考虑实施超前支护，改善围岩刚度，减小支护前围岩变形量。

（4）衬砌内力分析结果表明，F10-1、F10-2 段衬砌内力较小，三维计算求得的衬砌结构每延米最大轴力约为 6.5 MN，出现在断层带中部两侧边墙；衬砌最大弯矩为 0.41 MN，出现在断层带中部两侧边墙；衬砌最大剪力为 0.13 MN/m，出现在断层带中部东侧拱腰。F10-3 段衬砌内力较大，每延米最大轴力 13 MN，最大弯矩 0.53 MN，最大剪力 0.47 MN/m。衬砌内力分布有如下规律：虽然断层带内部变形最大部位衬砌内力较大，但衬砌内力最大部位在断层带边界与其它岩性岩体的接触部位，岩体刚度的突然变化使得这一部位产生了较大的衬砌内力。同时可见，受断层带产状影响，西侧边墙的衬砌内力普遍大于东侧边墙。

表 4.9　过龙蟠—乔后断层（F10）带段围岩开挖稳定性分析成果汇总

断层带区域		F10-1			F10-2			F10-3		
桩号		DL Ⅰ 12＋000			（DL Ⅰ 12＋900）			（DL Ⅰ 15＋200）		
大主应力量值 /MPa		16			16			22		
部位		上盘 （西北盘）	断层带	下盘 （东南盘）	上盘 （西北盘）	断层带	下盘 （东南盘）	下盘 （西北盘）	断层带	上盘 （东南盘）
毛洞	变形/cm	9.9	96	36.8	36.5	97.4	18.7	28.6	167	13.3
	收敛率	0.9%	8.5%	3.3%	3.2%	8.6%	1.7%	2.5%	14.7%	1.1%
	挤压变形等级	无	非常严重	一般	一般	非常严重	轻微	一般	极端严重	轻微
	断层带影响范围/m	45	/	65	65	/	55	30	/	35

断层带区域		F10-1			F10-2			F10-3	
支护	支护时机	/	掌手面后20 m	/	/	掌手面后20 m	/	/	掌子面后20 m	/
	对应荷载释放率	/	≈90%	/	/	≈90%	/	/	>90%	/
	变形/cm	9.3	79	31.5	31.5	81	16.2	23.7	129	11.7
	收敛率	0.8%	6.9%	2.8%	2.7%	7.2%	1.4%	2.1%	11.4%	1%
	挤压变形等级	无	非常严重	一般	一般	非常严重	轻微	一般	极端严重	无
	塑性区深度/m	4.5	12	10	9	12	7	10	17	7
	断层带影响范围/m	40	/	55	50	/	45	15	/	25
	衬砌最大轴力/MN	2.8	6.5	6.8	4.9	6.4	7.3	7.2	9.3	13
	出现位置	与断层带接触部位西侧边墙	断层带中部两侧边墙	与断层带接触部位西侧边墙	与断层带接触部位西侧边墙	断层带中部两侧边墙	与断层带接触部位西侧边墙	与断层带接触部位西侧边墙	断层带中部两侧边墙	与断层带接触部位两侧边墙
	衬砌最大弯矩/（MN·m）	0.25	0.41	0.24	0.13	0.38	0.41	0.23	0.41	0.53
	出现位置	与断层带接触部位西侧边墙	断层带中部两侧边墙	与断层带接触部位西侧边墙	与断层带接触部位西侧边墙	断层带中部两侧边墙	与断层带接触部位西侧边墙	与断层带接触部位西侧边墙	断层带中部两侧边墙	与断层带接触部位两侧边墙
	衬砌最大剪力/MN	0.14	0.13	0.21	0.14	0.09	0.34	0.17	0.09	0.47
	出现位置	与断层带接触部位西侧边墙	断层带中部东侧拱腰	与断层带接触部位西侧边墙	与断层带接触部位西侧边墙	断层带中部东侧拱腰	与断层带接触部位西侧边墙	与断层带接触部位西侧顶拱	断层带中部西侧拱腰	与断层带接触部位西侧拱腰
	建议	在断层带部位支护滞后20 m安装可以保证支护结构内力不超限，但围岩仍存在严重的挤压变形问题，建议按照支护后变形量进行超挖，并采用超前支护保证掌子面稳定性						同F10-1、F10-2；并建议考虑采用可伸缩钢拱架支护结构		

第5章　动力人工边界理论及其数值实施方法

5.1　引言

地下结构位于地面以下无限域地基内。采用有限元法、有限差分法、离散单元法进行地下结构强震反应数值分析时，必须从无限域地基内截取包含地下结构的有限域，建立数值分析模型。为了保证有限域数值模型正确求解，必须在模型截断边界上设置人工边界条件，以模拟无限域地基对近场散射波的辐射效应。人工边界条件可以分为静力人工边界条件和动力人工边界条件，静力人工边界条件一般采用位移约束来模拟无限远处位移为零的理论要求，动力人工边界条件主要用于吸收计算域内外行散射波，以防止散射波在人工边界上返回模型内部，干扰计算结果。岩石隧洞强震动力时程计算一般先施加静力人工边界条件，以建立初始地应力场及模拟开挖支护效应。静力阶段计算完成后，施加动力人工边界，以吸收外行散射波。高精度且稳定的动力人工边界一直是岩土强震科研工作者的研究重点，目前数值计算中普遍采用的动力人工边界都为局部应力边界，其实施方法简单，是强震动力计算的基础。本章首先对强震动力输入机制进行探讨，建立了适用于平面波斜入射、柱面波入射、Rayleigh 面波入射的通用强震动输入公式，然后对常见的动力边界理论基础进行介绍，在此基础上，提出了颗粒离散单元法动力人工边界设置方法和有限元中动力人工边界实施方法，并建立了一种基于自由场单元和无限元组合的动力人工边界模型，对深埋岩石隧洞数值计算盒子模型的顶部人工边界处理问题进行了深入探讨，为后绪研究工作打下坚实基础。

5.2　强震动力输入机制

传统结构地基动力相互作用分析采用刚性基底输入法：直接在结构下部的刚性地基上指定加速度时程 $A_b(t)$，当结构下部不存在明显的刚性地基时，传统强震动力输入法会使得外行散射波在输入人工边界处产生明显反射，导致结构动力分析结果失真。因此输入边界要采用透射边界，以保证输入边界处入射波可以进入计算域，而外行散射波可以被吸收。对于如图 5.1 所示的一维强震波动问题，B-B 截断边界为入射边界，设入射波沿 X 轴正方向传播，由一维波动方程的 D'Alembert 解可得入射波位移函数为

$$u_I (x, t) = u (x - ct) \tag{5-1}$$

式中，c 为介质弹性波波速，x 为质点坐标值，t 为时间，u 为质点位移

在 B-B 边界处有

$$u_{I0} (t) = u_I (0, t) \tag{5-2}$$

采用波场分解法可将求解域内任一质点的位移 $u (x, t)$ 分解为

$$u (x, t) = u_{I0} (t) + u_R (x, t) \tag{5-3}$$

式中，$u_{I0} (t)$ 表示入射边界 B-B 处入射波的位移时程，即 $x = 0$ 处的上行波；$u_R (x, t)$ 表示质点相对 $u_{I0} (t)$ 的位移。在 B-B 边界处，$u_R (0, t)$ 为需要透射的外行波。

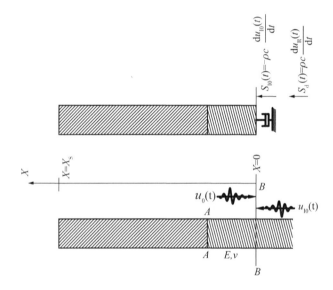

图5.1　一维强震动力输入模型

在无阻尼、无源条件下，一维弹性动力学运动微分方程为

$$\frac{\partial \sigma}{\partial x} - \rho \frac{\partial^2 u}{\partial t^2} = 0 \tag{5-4}$$

将式（5-3）代入式（5-4）可得

$$\frac{\partial \sigma}{\partial x} - \rho \frac{\partial^2 u_R}{\partial t^2} = \rho \frac{\partial^2 u_{I0}}{\partial t^2} \tag{5-5}$$

式中，ρ 为介质密度。

在 $x = x_s$ 处，自由面边界条件可表达为

$$\sigma \big|_{x_s} = E \frac{\partial u}{\partial x} \Big|_{x_s} = E \frac{\partial (u_{I0} + u_R)}{\partial x} \Big|_{x_s} = E \frac{\partial u_R}{\partial x} \Big|_{x_s} = 0 \tag{5-6}$$

式中，σ 为应力、E 为介质弹性模量。

由一维弹性本构关系，可将式（5-4）表达为

$$\frac{\partial^2 u}{\partial x^2} - \frac{1}{c^2}\frac{\partial^2 u}{\partial t^2} = 0 \tag{5-7}$$

其通解为

$$u\ (x,\ t)\ = u_{\mathrm{I}}\ (x-ct)\ + u_0\ (x+ct) \tag{5-8}$$

且，必须满足

$$\frac{\partial u_{\mathrm{I}}}{\partial x} + \frac{1}{c}\frac{\partial u_{\mathrm{I}}}{\partial t} = 0$$
$$\frac{\partial u_0}{\partial x} - \frac{1}{c}\frac{\partial u_0}{\partial t} = 0 \tag{5-9}$$

上式中，$u_{\mathrm{I}}\ (x-ct)$ 为上行波，$u_0\ (x+ct)$ 为下行波，在入射边界处有 $u_0\ (0,\ t)\ = u_{\mathrm{R}}\ (0,\ t)$，$u_{\mathrm{I}}\ (0,\ t)\ = u_{\mathrm{I}0}\ (t)$。

由式（5-3）与（5-8）联立可得

$$u_0\ (x,\ t)\ = u_{\mathrm{I}0}\ (t)\ + u_{\mathrm{R}}\ (x,\ t)\ - u_{\mathrm{I}}\ (x,\ t) \tag{5-10}$$

将式（5-10）关于 x 求导，取 $x=0$，联立式（5-9），可得

$$S = c\rho\frac{\partial u_{\mathrm{I}0}\ (t)}{\partial t} - c\rho\frac{\partial u_{\mathrm{R}}\ (0,\ t)}{\partial t} = 2c\rho\frac{\partial u_{\mathrm{I}0}\ (t)}{\partial t} - c\rho\frac{\partial u\ (0,\ t)}{\partial t} \tag{5-11}$$

式中，S 为输入边界处所需施加的总外力，第一个等号右侧边的 $c\rho\frac{\partial u_{\mathrm{I}0}}{\partial t}$ 为平衡 B-B 边界处入射波动应力所需要施加的外力，以提供动力输入；$-c\rho\frac{\partial u_{\mathrm{R}}}{\partial t}$ 为吸收 B-B 处外行波所需施加的黏性面力，c 为波速。

通过等效原理，将一维动力输入扩展到多维，可得入射边界 B-B 上所需施加的外力为

$$S = \boldsymbol{\sigma}_{\mathrm{I}0}\cdot\boldsymbol{n} + S_{\mathrm{R}}\ (u-u_{\mathrm{I}0}) \tag{5-12}$$

式中，$\boldsymbol{\sigma}_{\mathrm{I}0}$ 为入射波在入射边界上的所引起的应力张量，$\boldsymbol{n}$ 为入射边界的外法向矢量，$S_{\mathrm{R}}\ (u-u_{\mathrm{I}0})$ 为吸收外行波 $u_{\mathrm{R}}\ (0,\ t)$ 所施加的外力，采用不同的吸收边界，其表达式不一样，通常采用黏性边界或者黏弹性边界。式（5-12）为张量形式，以下推导为矩阵形式。对于黏性入射边界，其表达式为

$$S_{\mathrm{R}}\ (u-u_{\mathrm{I}0})\ = -C\frac{\partial u_{\mathrm{R}}\ (0,\ t)}{\partial t} = C\frac{\partial u_{\mathrm{I}0}\ (t)}{\partial t} - C\frac{\partial u\ (0,\ t)}{\partial t} \tag{5-13}$$

对于黏弹性入射边界，其表达式为

$$S_{\mathrm{R}}(u-u_{\mathrm{I}0}) = -C\frac{\partial u_{\mathrm{R}}(0,t)}{\partial t} - Ku_{\mathrm{R}}(0,t) = C\frac{\partial u_{\mathrm{I}0}(t)}{\partial t} + Ku_{\mathrm{I}0}(0,t) - C\frac{\partial u(0,t)}{\partial t} - Ku(0,t)$$
$$\tag{5-14}$$

式（5－12）对于平面波斜入射、柱面波入射、Rayleigh 面波入射都适用，具有普遍意义。采用有限元进行隐式动力学计算时，结构动力平衡方程（矩阵形式）为

$$
\begin{bmatrix} \boldsymbol{M}_\mathrm{I} & \boldsymbol{M}_\mathrm{Ib} \\ \boldsymbol{M}_\mathrm{bI} & \boldsymbol{M}_\mathrm{b} \end{bmatrix} \begin{Bmatrix} \ddot{a}_\mathrm{I} \\ \ddot{a}_\mathrm{b} \end{Bmatrix} + \begin{bmatrix} \boldsymbol{C}_\mathrm{I} & \boldsymbol{C}_\mathrm{Ib} \\ \boldsymbol{C}_\mathrm{bI} & \boldsymbol{C}_\mathrm{b} \end{bmatrix} \begin{Bmatrix} \dot{a}_\mathrm{I} \\ \dot{a}_\mathrm{b} \end{Bmatrix} + \begin{bmatrix} \boldsymbol{K}_\mathrm{I} & \boldsymbol{K}_\mathrm{Ib} \\ \boldsymbol{K}_\mathrm{bI} & \boldsymbol{K}_\mathrm{b} \end{bmatrix} \begin{Bmatrix} a_\mathrm{I} \\ a_\mathrm{b} \end{Bmatrix} = \begin{Bmatrix} F_\mathrm{I} \\ F_\mathrm{b} \end{Bmatrix} \qquad (5-15)
$$

式中，$\ddot{a}_\mathrm{I}$、$\dot{a}_\mathrm{I}$、a_I 为所有内部结点的加速度、速度、位移；$\ddot{a}_\mathrm{b}$、$\dot{a}_\mathrm{b}$、a_b 代表所有边界结点的加速度、速度、位移；$\boldsymbol{M}_\mathrm{I}$、$\boldsymbol{C}_\mathrm{I}$、$\boldsymbol{K}_\mathrm{I}$ 为内部结点质量、阻尼和刚度矩阵；$\boldsymbol{M}_\mathrm{b}$、$\boldsymbol{C}_\mathrm{b}$、$\boldsymbol{K}_\mathrm{b}$ 代表边界结点质量、阻尼和刚度矩阵；$\boldsymbol{M}_\mathrm{Ib}$、$\boldsymbol{M}_\mathrm{bI}$ 为内部结点与边界结点的耦合质量矩阵；$\boldsymbol{C}_\mathrm{Ib}$、$\boldsymbol{C}_\mathrm{bI}$ 为内部结点与边界结点的耦合阻尼矩阵；$\boldsymbol{K}_\mathrm{Ib}$、$\boldsymbol{K}_\mathrm{bI}$ 代表内部结点与边界结点的耦合刚度矩阵；F_I 为作用于内部结点上的外荷载；F_b 为作用于边界结点上的外荷载。

由于基于 ABAQUS 的动力边界输入单元的二次开发建立在单元层次上，因此需要对不同入射边界的单元节点荷载进行推导。

对于入射边界 B-B 上的单元有

$$
F_\mathrm{b}^\mathrm{e} = \int_{Sb^\mathrm{e}} N^\mathrm{T} \sigma_\mathrm{I0} n \mathrm{d}s + \int_{Sb^\mathrm{e}} N^\mathrm{T} S_\mathrm{R} (u - u_\mathrm{I0}) \mathrm{d}s \qquad (5-16)
$$

对于黏性输入边界有

$$
\begin{aligned}
F_\mathrm{b}^\mathrm{e} &= \int_{Sb} N^\mathrm{T} \sigma_\mathrm{I0} n \mathrm{d}s + \int_{Sb} N^\mathrm{T} C \frac{\partial u_\mathrm{I0}(t)}{\partial t} \mathrm{d}s - \int_{Sb} N^\mathrm{T} C \frac{\partial u}{\partial t} \mathrm{d}s \\
&= \int_{Sb} N^\mathrm{T} \sigma_\mathrm{I0} n \mathrm{d}s + \int_{Sb} N^\mathrm{T} C \frac{\partial u_\mathrm{I0}(t)}{\partial t} \mathrm{d}s - \left(\int_{Sb} N^\mathrm{T} C N \mathrm{d}s \right) \frac{\partial a_\mathrm{b}^\mathrm{e}}{\partial t} \mathrm{d}s
\end{aligned} \qquad (5-17)
$$

对于黏弹性输入边界有

$$
\begin{aligned}
F_\mathrm{b}^\mathrm{e} &= \int_{Sb} N^\mathrm{T} \sigma_\mathrm{I0} n \mathrm{d}s + \int_{Sb} N^\mathrm{T} C \frac{\partial u_\mathrm{I0}(t)}{\partial t} \mathrm{d}s + \int_{Sb} N^\mathrm{T} C K u_\mathrm{I0}(t) \mathrm{d}s - \int_{Sb} N^\mathrm{T} C \frac{\partial u}{\partial t} \mathrm{d}s - \int_{Sb} N^\mathrm{T} K u \mathrm{d}s \\
&= \int_{Sb} N^\mathrm{T} \sigma_\mathrm{I0} n \mathrm{d}s + \int_{Sb} N^\mathrm{T} C \frac{\partial u_\mathrm{I0}(t)}{\partial t} \mathrm{d}s + \int_{Sb} N^\mathrm{T} C K u_\mathrm{I0}(t) \mathrm{d}s - \left(\int_{Sb} N^\mathrm{T} C N \mathrm{d}s \right) \frac{\partial a_\mathrm{b}^\mathrm{e}}{\partial t} \mathrm{d}s - \left(\int_{Sb} N^\mathrm{T} K N \mathrm{d}s \right) a_\mathrm{b}^\mathrm{e} \mathrm{d}s
\end{aligned}
$$

$$(5-18)$$

以上为输入边界上单元等效结点荷载的推导，通过对其进行集成，可得到相应的整体结点荷载表达式，施加在输入边界上，即可实现强震波的输入。

5.3　动力人工边界理论

5.3.1　黏性边界

黏性边界为最常见的吸收边界，是通过在人工截断边界上设置法向与切向粘壶来吸收外行波，其物理模型见图 5.2。黏性边界由 Lysmer[57] 于 1969 年提出，其数学定义为

$$\begin{cases} t_n = -\rho c_p v_n \\ t_s = -\rho c_s v_s \end{cases} \tag{5-19}$$

式中，ρ 为介质密度、c_p 为 P 波波速、c_s 为 S 波波速、t_n 为边界上法向黏壶所提供的吸收面力、t_s 为边界上切向黏壶所提供的吸收面力。

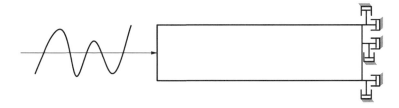

图 5.2 黏性边界示意图

通过设置在边界上的法向和切向黏壶来对外行波进行吸收，黏性吸收边界可以对垂直入射边界的体波进行完全吸收，对斜入射波和面波无法完全吸收。由于黏性边界简单，便于在数值计算中实施，是工程上广泛使用的边界，目前常用的商业岩土工程数值计算软件ITASCA 系列（PFC 除外）、midas/GTS 中都提供了黏性边界。黏性边界仅考虑了对散射波能量的吸收，从物理概念上理解，施加黏性边界后的力学模型为悬浮在空中的脱离体，在低频力作用下可能发生整体漂移；此外，黏性边界是基于一维波动理论提出的，简单地将其推广到多维情况将导致相当误差[60]。

5.3.2 黏弹性边界

黏弹性边界具有能同时模拟散射波辐射和半无限地基的弹性恢复能力的优点，且能克服黏性边界引起的低频漂移问题，稳定性好概念清晰，公式简单，具有较高的精度和良好的稳定性及鲁棒性。黏弹性动力人工边界可以方便地与有限元方法结合使用，只需在有限元模型中人工边界节点的法向和切向分别设置并联的弹簧单元和阻尼器单元，其计算模型图见图 5.3。人工边界上，弹簧-阻尼元件提供的法向与切向应力为

$$\begin{cases} \sigma_N = -(K_N u_N + C_N v_N) \\ \tau_T = -(K_T u_T + C_T v_T) \end{cases} \tag{5-20}$$

式中，K_N、K_T 分别为弹簧切向与法向刚度系数；C_N、C_T 为黏性系数；u_N、u_T 为边界结点的法向、切向位移；v_N、v_T 为边界结点的法向、切向振动速度。

二维黏弹性人工边界上相关参数为

$$\begin{cases} K_N = \dfrac{1}{(1+A) \cdot 2r} \dfrac{\lambda+2G}{2r}, \quad C_N = B\rho c_p \\ K_T = \dfrac{1}{(1+A) \cdot 2r} \dfrac{\lambda+2G}{2r}, \quad C_T = B\rho c_s \end{cases} \tag{5-21}$$

三维黏弹性人工边界上相关参数为

$$\begin{cases} K_{\mathrm{N}} = \dfrac{1}{1+A} \cdot \dfrac{\lambda + 2G}{r}, & C_{\mathrm{N}} = B\rho c_{\mathrm{p}} \\[2mm] K_{\mathrm{T}} = \dfrac{1}{1+A} \cdot \dfrac{G}{r}, & C_{\mathrm{T}} = B\rho c_{\mathrm{s}} \end{cases} \tag{5-22}$$

式中，参数 A 表示平面波与散射波的幅值含量比，反映人工边界外行散射波的传播特性；参数 B 表示物理波速与视波速的关系；尺寸 r 可简单取为近场结构几何中心到该人工边界所在边界线或面的距离。参数 A、B 的最优值建议为 0.8、1.1[53]。

最初的黏弹性边界元件参数取值为[154]

$$\begin{cases} K_{\mathrm{N}} = \alpha_{\mathrm{N}} \dfrac{G}{r}, & C_{\mathrm{N}} = \rho c_{\mathrm{p}} \\[2mm] K_{\mathrm{T}} = \alpha_{\mathrm{T}} \dfrac{G}{r}, & C_{\mathrm{T}} = \rho c_{\mathrm{s}} \end{cases} \tag{5-23}$$

式中，α_{N} 与 α_{T} 为法向与切向黏弹性人工边界的修正系数。在二维情况下，α_{N} 的经验取值范围为 0.8~1.2，α_{T} 的经验取值范围为 0.35~0.65；在三维情况下，α_{N} 的经验取值范围为 1.0~2.0，α_{T} 的经验取值范围为 0.5~1.0。式（5-21）与式（5-22）是对式（5-23）的修正。

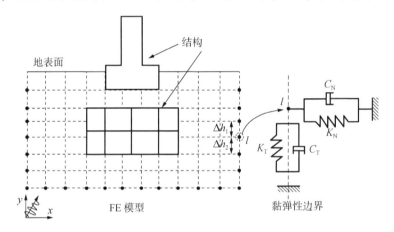

图 5.3　黏弹性边界示意图[153]

5.3.3　自由场边界

黏性边界及黏弹性边界对于内源波动问题特别有效，对于外源波动问题，却在模型左右侧人工边界上使得上行波会产生扭曲，需要采用更适合的边界。对于如图 5.4 所示的结构-地基完整系统模型进行强震动力时程分析时，需要对左右侧及底部无限域进行截断。对于如图 5.5 所示的有限域模型，当在底部人工边界上输入向上传播的强震波时，在地基模型的左右两侧边界上，即使施加了黏性边界或黏弹性边界，上行波仍然会扭曲，因为实际中左右两侧边界外为水平无限延伸的地基，它们在强震波作用下同样会产生振动，会给左右两侧人工边界上施加动应力。因此，为了正确模拟上行波的传播过程，必须将该力强制施加到左右两侧人工边界上，这样就可避免上行波扭曲效应，计算结果才可靠。满足这样要求的动力人工边界为自由场人工边界，模型如图 5.6 所示。自由场边界只适用于计算模型基底边界垂直入射强震波的情况，由设置在模型四周的自由场土柱和黏性边界或黏弹性边界的组合来构成。下面以自由场土柱和黏性边界构成的二维自由场边界进行探讨。采用自由场边界时，模型侧边界上的面力由粘壶提供的黏性力和自由场土柱自由场运动提供的面力组成。边界上的法向面力 σ_n 和切向面力 σ_s 计算为

$$\begin{cases} \sigma_n = -\rho c_p \left(\dfrac{\partial u}{\partial t} - \dfrac{\partial u^f}{\partial t} \right) + l_x \sigma_x^f + \sigma_R \\[2mm] \sigma_s = -\rho c_s \left(\dfrac{\partial v}{\partial t} - \dfrac{\partial v^f}{\partial t} \right) + l_x \tau_{xy}^f + \tau_R \end{cases} \tag{5-24}$$

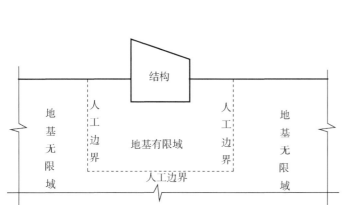

图 5.4　结构-地基系统完整模型

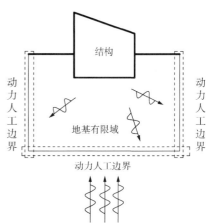

图 5.5　结构-地基系统有限域模型
（动力力计算阶段）

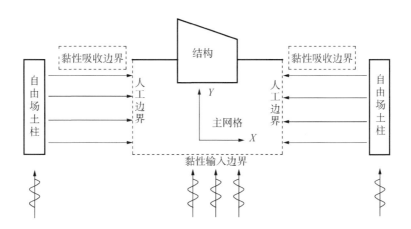

图 5.6　强震动力计算自由场边界模型

式中，上角标 f 表示自由场计算量。

当边界外法向与 x 轴正方向一致时，$l_x = 1$；当边界外法向与 x 轴负方向一致时，$l_x = 1$；等式右侧第一项为粘壶提供的面力，第二项为自由场单元节点由于自由场波动提供的

面力，第三项为动力计算前的初始应力场导致的模型边界静反力。

5.3.4　无限元边界

ABAQUS 有限元分析软件为用户提供了无限元边界来吸收外行散射波。无限元边界不仅在静力平衡阶段可以提供位移约束，还可以在动力阶段作为入射边界和吸收边界，其对强震波的吸收在实质上是将 Lysmer 与 Kuhlemeyer 的黏性边界理论加入到传统无限元边界中，对强震波的吸收与黏性边界效果完全一样，但是可以在静动力计算阶段通用，避免了从静力阶段转入动力计算阶段解除位移约束—施加结点反力这一烦琐的步骤，从这个角度来说，它比黏性边界好。

建立如图 5.7 所示的一维映射关系，一维无限单元由 x_1、x_2、x_3 三点组成，其中 x_3 点位于无限远处，x_0 点为极点，x_1 位于 x_0、x_2 中间。将无限域 x_1、x_2、x_3 映射到有限域 ξ_1、ξ_2、ξ_3 上，其中，$\xi_1 = -1$、$\xi_2 = 0$、$\xi_3 = 1$。则 x 与 x_0、x_2 之间的插值关系为

$$x = N_0 (\xi) x_0 + N_2 (\xi) x_2 \qquad (5-25)$$

式中

$$N_0 (\xi) = \frac{-\xi}{1-\xi}$$

$$N_2 (\xi) = 1 + \frac{\xi}{1-\xi}$$

由式（5-25）可得，在 $\xi_1 = -1$ 处，$x = (x_0 + x_2)/2 = x_1$；在 $\xi_1 = 0$ 处，$x = x_2$；在 $\xi_1 = 1$ 处，$x = x_3 = \infty$。设 ξ 服从如下的多项式函数关系：

$$P = \alpha_0 + \alpha_1 \xi + \alpha_2 \xi^2 + \alpha_3 \xi^3 + \cdots\cdots \qquad (5-26)$$

式（5-25）可以重新表达为

$$x = x_0 + \frac{2a}{(1-\xi)} \qquad (5-27)$$

其中，$a = x_2 - x_1 = x_1 - x_0$。式（5-27）的逆形式为

$$\xi = 1 - \frac{2a}{(x-x_0)} \qquad (5-28)$$

令 $r = x - x_0$，则式（5-27）与式（5-28）可以重新表达为

$$r = \frac{2a}{(1-\xi)} , \quad \xi = 1 - \frac{2a}{r} \qquad (5-29)$$

将式（5-29）代入式（5-26），可得

$$P = \beta_0 + \frac{\beta_1}{r} + \frac{\beta_2}{r^2} + \frac{\beta_3}{r^3} + \cdots\cdots \qquad (5-30)$$

式中，β_i 值可以根据 α_i 和 a 的值进行计算。

当以 x_1、x_2 点来表达 x 的插值函数时，式（5-25）可表达为

$$r = -\frac{2\xi}{1-\xi}r_1 + \frac{1+\xi}{1-\xi}r_2 \qquad (5-31)$$

当单元位移插值函数为二阶时

$$u = \frac{1}{2}\xi\ (\xi - 1)\ u_1 + \ (1 - \xi^2)\ u_2 \tag{5-32}$$

将式（5-29）第二式代入式（5-32）可得

$$u = \ (-u_1 + 4u_2)\ \frac{a}{r} + \ (2u_1 - 4u_2)\ (\frac{a}{r})^2 \tag{5-33}$$

式（5-33）定义了如图5.7所示一维无限元的位移模式。当用无限元于动力分析时，相当于在无限元与实体网格之间设置了粘壶，本质上与黏性边界一样。

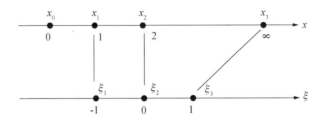

图5.7 一维无限元映射关系

ABAQUS中提供了如图5.8所示的四种常用无限单元：用于平面应变分析的CINPE4、CINPE5R，用于三维分析的CIN3D8、CIN3D12R。注意图5.8中底面实线部分才是与有限元连接的面，虚线部分为无穷远点。

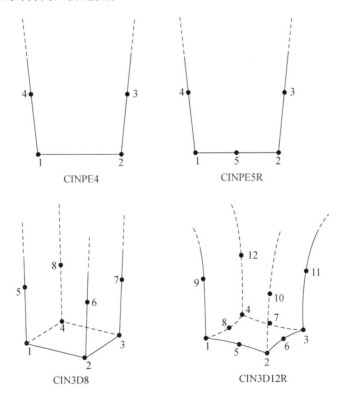

图5.8 ABAQUS中无限元类型[194]

5.4 颗粒离散单元法动力人工边界设置方法研究

　　岩体中存在大量断层、岩脉、软弱夹层、节理等非连续结构。由孙广忠的"岩体结构控制论"[155]可知，岩体的力学性质不仅决定于岩体材料的力学性质，而且受控于岩体结构力学效应。岩体中不同尺寸和规模的结构面是地下隧洞围岩强震动力稳定性分析中至关重要的因素。在强震荷载的作用下，节理面可能滑移、张开；在有临空面时，节理岩体将表现出显著的几何非线性和大变形。目前，对节理岩体的模拟方法主要分连续与非连续两大类。连续介质模拟方法采用等效岩体的思路，主要有有限元、有限差分法，可部分反映岩体力学性质的各向异性，已成为岩土工程静动力分析中最重要的分析方法之一。但是，连续介质模拟法大都基于小变形的假设，无法描述强震荷载的作用下节理岩体的剪切滑移、离层脱落、失稳垮塌等大变形现象。非连续介质模拟法可以很好刻画岩体的非连续本质特性，通过对节理和岩块分别进行力学表征，可以有效描述岩块之间的开裂、滑动、转动、等运动形式。目前常用的非连续模拟方法可以分为块体离散单元法和颗粒离散单元法。块体离散单元法主要程序有 UDEC/3DEC、DDA，颗粒离散单元法法主要有 Yade、PFC。UDEC/3DEC 用于处理节理岩体力学问题时，要求块体被完整切割，孤立节理和非贯通节理在前处理时就会被删去，该方法不能直接用来模拟块体本身的破坏，也即无法对裂纹扩展进行模拟；DDA 程序该方法结合了有限元与离散元的优点，可以解决块体的运动和简单的变形问题，适合模拟硬岩中的动力学问题，但对较大的变形还不适用，单元之间的相互作用依靠假设的弹簧，并用罚函数控制相邻单元的侵入，因此很难描述节理的破坏过程[156]。Cundall 和 Strack[157] 提出了颗粒离散元方法，并开发了颗粒流程序 PFC^{2D}/PFC^{3D}，该方法被广泛应用于研究岩土体的工程力学性质及其大变形失稳机制。由于每个颗粒单元受牛顿第二定律影响，在接触位置应用力—位移定律并不断更新，颗粒单元运动不受变形量的限制，在研究岩土体失稳大变形问题时优越性显著。在 PFC 模型中，当颗粒单元之间不存在胶结时，该法可以用来研究砂等散粒体的宏细观力学特性[158-159]；当在颗粒单元间的接触上设置一定的胶结模型时，该法可以用来有效模拟岩石及岩体的损伤破坏过程[160-164]。

　　本节基于 PFC^{2D} 软件，对颗粒离散单元法黏性人工边界条件设置机制进行了系统研究，提出了比值迭代法，以快速确定微调系数的最优值，使得基于黏性边界的垂直入射体波输入和吸收具有高精度；建立了颗粒离散单元数值模型的黏弹性边界条件设置方法；提出了基于黏性边界和自由场的颗粒离散单元法自由场人工边界设置机制。

5.4.1　黏性边界条件研究

5.4.1.1　黏性吸收边界的实现

Lysmer 和 Kuhlemeyer[57] 提出了具有重要工程应用价值的黏性吸收边界条件。通过设置在边界上的法向和切向粘壶来对外行波进行吸收。黏性吸收边界可以对垂直入射边界的体波进行完全吸收，对斜入射体波和面波无法完全吸收。由于黏性边界简单，概念清晰，便于在数值计算中实施，是工程上广泛使用的动力吸收边界。对于连续介质力学模型，在一个人工边界上安装法向和切向阻尼器后，则可得到法、切向黏性面力与质点振动速率之间存在如下关系。

边界法向：

$$\sigma = -c_{\mathrm{p}}\rho \frac{\mathrm{d}u_{\mathrm{n}}}{\mathrm{d}t} \tag{5-34}$$

边界切向：

$$\tau = -c_{\mathrm{s}}\rho \frac{\mathrm{d}u_{\mathrm{s}}}{\mathrm{d}t} \tag{5-35}$$

式中，σ 为施加于人工边界上的法向黏性面力；c_{p} 为连续介质 p 波波速；u_{n} 为边界上质点法向振动位移；t 为质点振动时间；τ 为施加于人工边界上的切向黏性面力；c_{s} 为连续介质 s 波波速；u_{s} 为边界质点切向振动位移；ρ 为介质密度。

PFC 2D 计算模型由圆盘颗粒单元构成，不存在连续介质应力概念；人工截断边界由半径大小不一的圆盘颗粒单元构成，边界面凹凸不平。为了能在人工边界上施加黏性边界条件，必须将连续介质黏性边界条件表达式（5-34）和（5-35）进行等效离散，将应力等效为接触力。对于完全规则排列的颗粒单元分布模式，可以建立颗粒单元间接触力与连续介质等效应力间的关系。等粒径二维矩形规则排列颗粒单元集合边界上的单元具有相同半径，且排列规则，则其在单轴均匀受压条件下（见图 5.9）的轴向应力与轴向接触力合力间的关系为

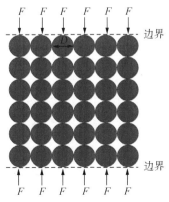

图 5.9　等粒径二维矩形规则排列单元分布模式

$$\sigma_a = \frac{\sum F_{ai}}{\sum D_i \times 1} = \frac{F}{D} \tag{5-36}$$

式中，σ_a 为单元体内部等效的轴向应力；$\sum F_{ai}$ 为单元边界所受的轴向接触力合力；$\sum D_i$ 为边界单元直径总和；1 表示圆盘单元垂直纸面方向的长度为 1 m；F 为单个圆盘颗粒单元所受的接触力；D 为单个圆盘颗粒单元的直径。

将式（5-36）代入式（5-34）、式（5-35），得到等粒径二维矩形规则排列圆盘颗粒单元集合人工边界上离散形式的黏性边界条件为

$$\left. \begin{array}{l} F_n = -Dc_p\rho \dfrac{du_n}{dt} \\[2mm] F_s = -Dc_s\rho \dfrac{du_s}{dt} \end{array} \right\} \tag{5-37}$$

式中：F_n 为人工边界上颗粒单元所受外力在边界法向上分量；F_s 为人工边界上颗粒单元所受外力在边界切向上分量。

式（5-37）只适用于等粒径二维矩形规则排列颗粒单元集合的黏性边界设置。由于一般的 PFC 2D 数值计算模型人工边界上颗粒半径大小不一、随机分布，为了保证黏性边界对强震波的最佳吸收，需引入微调系数：

$$\left. \begin{array}{l} F_n = -\beta_{2p}Dc_n\rho \dfrac{du_n}{dt} \\[2mm] F_s = -\beta_{2s}Dc_s\rho \dfrac{du_s}{dt} \end{array} \right\} \tag{5-38}$$

式中，β_{2p} 为 p 波无量纲微调系数；β_{2s} 为 s 波无量纲微调系数。在等粒径二维矩形规则排列颗粒单元分布模式下，$\beta_{2p} = \beta_{2s} = 1$；当单元为其它分布模式时，$\beta_{2p}$ 与 β_{2s} 不等于 1。从式（5-38）可看出 β_{2p} 与 β_{2s} 的取值可对人工边界上法向和切向黏性面力产生影响。

进行隧洞强震动力时程计算时，一般首先建立如图 5.10（a）所示的隧洞-地基系统完整力学模型；然后从中截取出如图 5.10（b）所示的隧洞-地基系统有限域模型，在左右侧人工边界上施加水平向位移约束，产生水平向反力，模型底部人工边界上施加水平向和竖向位移约束，产生水平向和竖直向约束反力，进行初始地应力场计算；初始地应力场计算完成后，解除人工边界上的静力约束，在人工边界上设置如图 5.10（c）所示的动力边界条件，进行动力时程计算。为了减少或消除外行波在人工边界处的反射效应，需要：①把图 5.10（b）中人工边界处的位移约束移除；②在人工边界处施加数值上等于约束反力大小且方向相同的支撑力来保证模型的初始地应力场平衡；③在人工边界处设置动力界条件。以此来实现静、动力边界的统一，使得动力计算以初始地应力场为基础，与实际情况相一致。

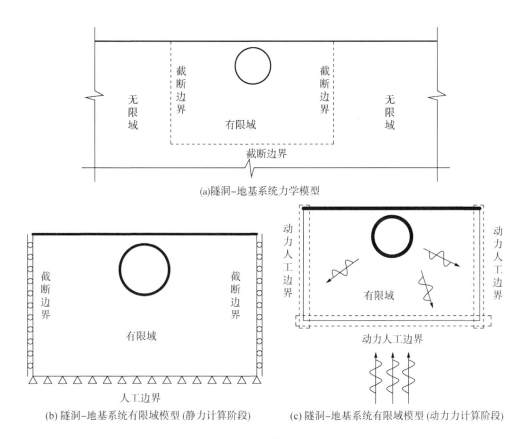

(a)隧洞–地基系统力学模型

(b) 隧洞–地基系统有限域模型 (静力计算阶段)　　　(c) 隧洞–地基系统有限域模型 (动力力计算阶段)

图 5.10　隧洞动力时程计算静动力统一人工边界

对于非输入边界，边界上每一个圆盘单元所需施加的总力为

$$\left.\begin{array}{l} F_{\mathrm{n}}^{*} = -F_{\mathrm{eqn}} - \beta_{2\mathrm{p}} D c_{\mathrm{p}} \rho v_{\mathrm{n}} \\ F_{\mathrm{s}}^{*} = -F_{\mathrm{eqs}} - \beta_{2\mathrm{s}} D c_{\mathrm{s}} \rho v_{\mathrm{s}} \end{array}\right\} \qquad (5-39)$$

对于输入边界，采用波场分解法和等效节点力法可得边界上每一个圆盘单元所需施加的总力为

$$\left.\begin{array}{l} F_{\mathrm{n}}^{*} = -F_{\mathrm{eqn}} - \beta_{2\mathrm{p}} D c_{\mathrm{p}} \rho v_{\mathrm{n}} + 2\beta_{2\mathrm{p}} D c_{\mathrm{p}} \rho v_{\mathrm{ni}} \\ F_{\mathrm{s}}^{*} = -F_{\mathrm{eqs}} - \beta_{2\mathrm{s}} D c_{\mathrm{s}} \rho v_{\mathrm{s}} + 2\beta_{2\mathrm{s}} D c_{\mathrm{s}} \rho v_{\mathrm{si}} \end{array}\right\} \qquad (5-40)$$

式（5-39）、式（5-40）中，F_{n}^{*} 为给每个边界圆盘单元施加的法向外力总和；F_{s}^{*} 为给每个边界圆盘单元施加的切向外力总和；F_{eqn} 为去掉位移约束后每个边界圆盘单元所受到法向不平衡力；F_{eqs} 为去掉位移约束后每个边界圆盘单元所受到切向不平衡力；v_{n} 为边界上每个圆盘单元法向振动速率；v_{s} 为边界上每个圆盘单元切向振动速率；v_{ni} 为在入射边界所施加入射波的法向速度时程；v_{si} 为在入射边界所施加入射波的切向速度时程。

5.4.1.2　微调系数最优值的确定方法——比值迭代法

由式（5-37）可知，当圆盘颗粒单元具有相同半径且矩形规则排列时，微调系数 $\beta_{2\mathrm{p}}$、$\beta_{2\mathrm{s}}$ 都取 1，此时黏性边界对垂直入射体波理论上可完全吸收，人工边界上无反射波；

由式（5-38）可知，当圆盘颗粒单元具有不同半径且随机排列时，若微调系数 β_{2p}、β_{2s} 都取 1，则由于人工边界上颗粒分布随机性及粒径非一致性，该边界上会存在反射波。为了对垂直入射的体波进行充分吸收，微调系数 β_{2p}、β_{2s} 的取值方法需要进行研究。

建立如图 5.11 所示长 1 000 m，宽 50 m 的长杆状数值计算模型，图 5.11（a）中模型左、右侧都采用固定边界（简称 LF-RF），图 5.11（b）中模型左侧采用固定边界，模型右侧采用黏性边界（简称 LF-RV），图 5.11（a）、图 5.11（b）中所有颗粒单元 Y 向位移进行固定约束。图 5.11（a）、图 5.11（b）都采用两种类型颗粒单元分布模式：①颗粒半径相等且矩形排列 [见图 5.12（a），简称模式 PatternA]；②颗粒半径服从均匀分布且随机排列，最大颗粒径是最小颗粒径的 1.5 倍 [见图 5.12（b），简称模式 PatternB]。

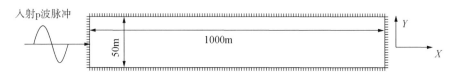

(a) 左、右端都固定(简称LF-RF)

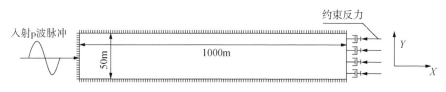

(b) 左端固定、右端粘性边界(简称LF-RV)

图 5.11　长杆状计算模型及其边界设置

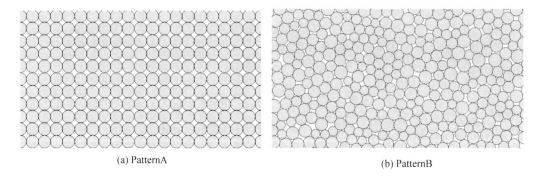

(a) PatternA　　　　　　　　　　(b) PatternB

图 5.12　两种类型颗粒单元分布模式

对于如图 5.12（a）所示的颗粒半径相等且矩形排列颗粒集合，由于只有 X 向运动存在，则可以建立颗粒细观参数与波速之间的定量关系。设颗粒集合由单位厚度（垂直纸面）圆盘组成，则可得

$$\left.\begin{array}{l} E_c = k^n = \dfrac{1}{2}k_n \\[2mm] \overline{E}_c = 2R\,\overline{k}^n \end{array}\right\} \qquad (5-41)$$

式中，E_c 为接触弹性模量；$\overline{E}_c$ 为平行黏结弹性模量；k^n 为接触刚度；k_n 为颗粒刚度；$\overline{k}^n$ 为平行黏结刚度；R 为颗粒半径。

当图 5.12（a）中颗粒集合受到沿 X 向 ΔF 增量力作用时，可得

$$\left.\begin{array}{l} \Delta\sigma = \dfrac{\Delta F}{(2R)\,(1)} \\[3mm] \Delta\varepsilon = \dfrac{\Delta u}{2R} \\[3mm] E = \dfrac{\Delta\sigma}{\Delta\varepsilon} \end{array}\right\} \qquad (5-42)$$

式中，$\Delta\sigma$ 为 ΔF 产生的 X 向应力增量；$\Delta\varepsilon$ 为 ΔF 产生的 X 向应变增量；Δu 为 ΔF 产生的 X 向位移增量；1 表示圆盘颗粒单元垂直纸面方向尺寸为一个单位；E 为颗粒集合弹性模量。

由式（5-42）进一步可得

$$\left.\begin{array}{l} E = \dfrac{\Delta F}{\Delta u} = K = \alpha_c K + \alpha_p K = \alpha_c E + \alpha_p E \\[2mm] \alpha_c K = k^n \\[2mm] \alpha_p K = A_P\,\overline{k}^n \\[2mm] \alpha_c + \alpha_p = 1 \\[2mm] A_p = 2\lambda R \times 1 \end{array}\right\} \qquad (5-43)$$

式中，K 为颗粒集合总刚度；α_c 为颗粒接触刚度占总刚度的比值；α_p 为平行黏结刚度占总刚度的比值；A_p 为平行黏结面积；λ 为平行黏结半径乘子。

由式（5-41）、式（5-43）可得

$$\left.\begin{array}{l} E_c = \alpha_c E \\[2mm] \overline{E}_c = \dfrac{\alpha_p E}{\lambda} \end{array}\right\} \qquad (5-44)$$

当一维 p 波沿 X 正向传播时，波速与弹性常数和密度间的关系为

$$c_p = \sqrt{\dfrac{E}{\rho}} \qquad (5-45)$$

由式（5-44）、（5-45）可得

$$\left.\begin{array}{l} E_c = \alpha_c\rho\,(c_p)^2 \\[2mm] \overline{E}_c = \dfrac{\alpha_p\rho\,(c_p)^2}{\lambda} \end{array}\right\} \qquad (5-46)$$

由式（5-46）可看出，颗粒半径相等且矩形排列颗粒集合的宏观波速 c_p 受弹性模量

E_c、$\bar{E}_\text{c}$ 及颗粒集合的宏观等效密度 ρ 所控制。对于颗粒半径服从均匀分布且随机排列的颗粒集合,其宏观波速 c_p 还与颗粒分布模式有关。

在图 5.11 中模型左侧输入沿 X 正向传播的简谐 p 波脉冲,其表达式为

$$\text{vel} = \begin{cases} 0.5M \ (1 - \cos \ (2\pi t/T) & t \leqslant T \\ 0 & t > T \end{cases} \tag{5-47}$$

式中,vel 为输入 p 波脉冲时程;M 为输入 p 波脉冲振幅,取 0.5 m/s;T 为输入 p 波脉冲持时,取 0.5 s;当时间 t 大于 T 时,输入波形为 0。

从左侧边界面开始,在中轴线上沿着 X 方向每隔 250 m 设置一个速率监测点,记录波传播过程中模型内各点沿 X 向的振动速率,共 5 个点,从左到右编号依次为 P1、P2、P3、P4、P5。模型局部阻尼系数设置为 0,颗粒间平行黏结法向强度和切向强度设置为高值,以防止计算过程中黏结破裂,颗粒集合相关参数取值见表 5.1。采用式(5-46)及表 5.1 中 p 波波速 $c_\text{p} = 1\,000$ m/s 和其它参数反算出颗粒接触间的弹性模量 $E_\text{c} = \bar{E}_\text{c} = 1.25 \times 10^9$ Pa。

如图 5.13 所示为左、右侧都固定情况下,采用半径相等且矩形排列颗粒分布模式及半径服从均匀分布且随机排列模式,在模型左侧输入 p 波脉冲后,各监测点 X 向速率时程。图中 LF-RF-PatternA-P1 表示"计算模型左、右侧边界采用固定约束,颗粒集合采用半径相等且矩形排列颗粒分布模式,监测点 P1",其它类似表达的含义依此类推。由图可,随着入射 p 波脉冲从左侧向右侧传播,监测点 P1~P5 依次开始振动,监测点 P6 位于右侧固定端边界,其速率始终为 0,p 波脉冲在右侧固定端产生完全反射。由图 5.13 可发现颗粒单元分布模式对弹性 p 波波速具有明显影响,两种颗粒分布模式都采用同样的接触力学参数、同样的边界条件,唯一不同的是颗粒分布;p 波首达模式 PatternA 各监测点的时间要大于模式 PatternB 各监测点,说明模式 PatternA 的弹性 p 波波速要小于模式 PatternB,由图发现 PatternA 的 p 波波速精确等于 1\,000 m/s,与表 5.1 所给的 c_p 值一致,说明式(5-46)对颗粒半径相等且矩形排列模式 PatternA 完全成立,而对颗粒半径服从均匀分布且随机排列模式 PatternB 近似成立。颗粒分布模式对颗粒离散单元法计算模型的弹性波速具有明显影响,这种影响可能是由于不同分布模式下,颗粒单元间初始相互半径重叠量大小不同所致。

表 5.1 数值计算模型细观参数

颗粒集合密度 ρ / (kg/m³)	P 波波速 c_p / (m/s)	α_c	α_p	平行黏结半径乘子	颗粒半径相等且矩形排列 半径 R/m	颗粒半径服从均匀分布且随机排列		颗粒刚度比	平行粘结刚度比	摩擦因数
						最小半径 R_min/m	比粒径 λ			
2 500	1 000	0.5	0.5	1.0	0.25	0.2	1.5	1	1	0

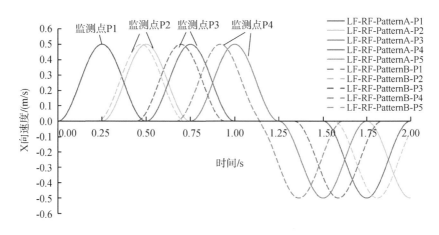

图 5.13 左、右侧都固定情况下各监测点 X 方向速率

如图 5.14 所示为左侧采用固定端、右侧采用黏性边界情况下，采用两种颗粒分布模式，在模型左侧输入 p 波脉冲后，各监测点 X 向速率时程。图中 LF – RV – PatternA – P1 表示"计算模型左侧采用固定端、右侧采用黏性边界，颗粒集合采用半径相等且矩形排列颗粒分布模式，监测点 P1"，其它类似表达含义依此类推。由图可知，对于颗粒分布模式 PatternA，行波到达右侧黏性边界后无反射波存在，说明采用式（5 – 37）建立的黏性边界可对垂直入射的 p 波进行完全吸收；对于颗粒分布模式 PatternB，行波到达右侧黏性边界后有反射波存在（见蓝色点画线框内），说明采用式（5 – 37）建立的黏性边界对垂直入射 p 波无法完全吸收。因此，对于一般颗粒分布模式，需要采用式（5 – 38）来建立黏性吸收边界，通过引入微调系数 β_{2p}、β_{2s}，使得黏性边界对垂直入射体波的输入和吸收具有高精度，如何确定微调系数的最优值是关键。

设输入 p 波脉冲速度峰值为 M_{input}，图 5.11（b）右侧黏性吸收边界上颗粒单元的速度响应峰值为 M_{out}，对于颗粒分布模式 PatternB，应当存在一个最优值 β_{2p0}，使得 $M_{out} = M_{input}$，此时右侧黏性边界对垂直入射 p 波脉冲可完全吸收。然而，最优值 β_{2p0} 无法预知。图 5.15 为黏性吸收边界上微调系数 β_{2p} 取值范围示意图。由图 5.15 可看出，当 $\beta_{2p} = 0$ 时，式（5 – 38）中黏性力 $F_n = 0$，此时，黏性边界实际上为无约束自由端，入射 p 波脉冲在此反射，边界颗粒单元振动速度峰值加倍，$M_{out} = 2M_{input}$；当 $\beta_{2p} = \beta_{2p0}$ 时，黏性边界可对垂直入射 p 波脉冲完全吸收，边界颗粒单元振动速度峰值等于入射 p 波脉冲峰值，$M_{out} = M_{input}$；当 $\beta_{2p} = +\infty$ 时，式（5 – 38）中黏性力 $F_n = +\infty$，此时，黏性边界实际上为固定端，入射 p 波脉冲在此反射，边界颗粒单元振动速度始终为 0，$M_{out} = 0$；当 $0 < \beta_{2p} < \beta_{2p0}$ 时，黏性边界对入射 p 波欠吸收，导致 $1 < (M_{out}/M_{input}) < 2$，此时需要提高 β_{2p} 的值来减小 M_{out}，可以通过将 β_{2p} 乘上（M_{out}/M_{input}）来实现 β_{2p} 提高；当 $\beta_{2p} > \beta_{2p0}$ 时，黏性边界对入射 p 波过吸收，导致 $0 < (M_{out}/M_{input}) < 1$，此时需要折减 β_{2p} 值来增大 M_{out}，可以通过将 β_{2p} 乘上（M_{out}/M_{input}）来实现 β_{2p} 折减。因此，无需事先知道最优值 β_{2p0}，可以通过将原 β_{2p} 不断乘上（M_{out}/M_{input}）来进行连续迭代计算，逐渐逼近最优值 β_{2p0}，此法可称为比值迭代法，具体实施流程见图 5.16，图 5.16 中 ε 为迭代终止条件。

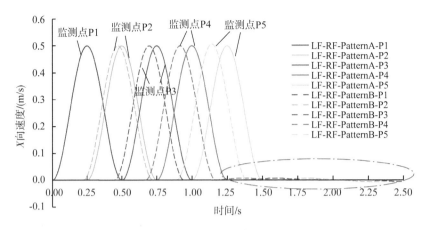

图 5.14　左侧固定端、右侧黏性情况下各监测点 X 方向速率

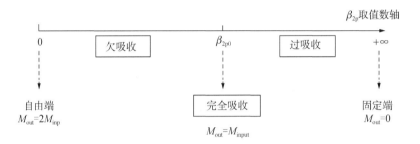

图 5.15　黏性吸收边界微调系数 $\beta_{2\mathrm{p}}$ 取值范围

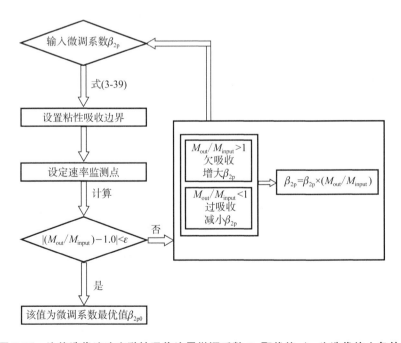

图 5.16　比值迭代法确定黏性吸收边界微调系数 $\beta_{2\mathrm{p}}$ 取优值（ε 为迭代终止条件）

现分别取 β_{2p} 初值为 0.5、2.0，采用如图 5.16 所示流程对 β_{2p} 进行优化。图 5.17 为右侧黏性边界上监测点 P5 的振动速度峰值 M_{out} 随迭代步变化。图 5.18 为 β_{2p} 初值为 0.5 时，不同迭代阶段右侧黏性边界上监测点 P4 的振动速度时程。图 5.19 为 β_{2p} 初值为 2.0 时，不同迭代阶段右侧黏性边界上监测点 P4 的振动速度时程。

由图 5.17 可知，当 β_{2p} 的初值为 0.5 时，监测点 P5 振动速度峰值 $M_{out}>$ 输入波振动速度峰值 M_{input}，说明 β_{2p} 最优值大于 0.5，处于欠吸收状态，该初值需要乘上（M_{out}/M_{input}）来进行增大；由图 5.17 可看出随着迭代步的增加，P5 振动速度峰值 M_{out} 不断减小，且逐渐向 M_{input} 收敛，经过 10 次迭代后，满足迭代终止条件 $\varepsilon=0.001$。图 5.18 为 β_{2p} 取 0.5 初值时，不同迭代次数下监测点 P4 振动速度时程，由图 5.18 可看出，迭代次数为 1 时，由于右侧黏性边界对入射 p 波脉冲吸收效果差，入射 p 波脉冲在右侧边界产生部分反射，导致 P4 振动速度时程存在明显的二次峰值现象，迭代次数越大，二次峰值现象越弱，当迭代次数为 11 时，二次峰值现象几乎消失，说明此时右侧黏性边界可对入射 p 波脉冲进行完全吸收。对于 β_{2p} 初值为 2.0 的情况，可得到与 β_{2p} 初值为 0.5 类似结论，只不过此时处于过吸收状态，监测点 P5 振动速度峰值 $M_{out}<$ 输入波振动速度峰值 M_{input}，随着迭代步的增加，P5 振动速度峰值 M_{out} 从下向上且逐渐收敛于 M_{input}，不同迭代次数下监测点 P4 振动速度时程（见图 5.19）也存在明显二次峰值现象，迭代次数越大，二次峰值现象越弱，当迭代次数为 11 时，二次峰值现象几乎消失，说明此时右侧黏性边界可对入射 p 波脉冲进行完全吸收。

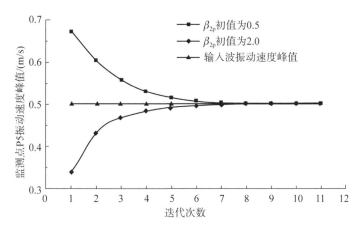

图 5.17　β_{2p} 取不同初值条件下，右侧黏性边界监测点 P5
振动速度峰值随迭代次数变化

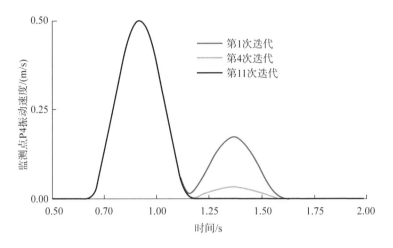

图 5.18 β_{2p} 取 0.5 初值条件下，监测点 P4 振动速度时程

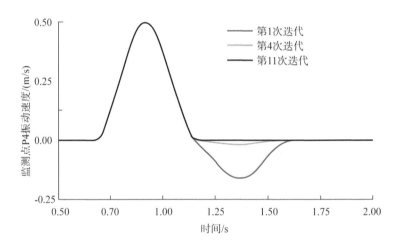

图 5.19 β_{2p} 取 2.0 初值条件下，监测点 P4 振动速度时程

当黏性边界作为入射波输入边界时，由式（5-40）可知，若 $\beta_{2p}=0$，则入射边界颗粒单元只受到静态平衡力作用，会一直处于静止状态；随着 β_{2p} 增大，入射边界颗粒单元振动速度峰值会越来越大；存在某一最优值 β_{2p0}，使得此时入射边界颗粒单元振动速度与输入 p 波脉冲时程一致。但是，最优值 β_{2p0} 预先不知，同样可以采用比值迭代法逐步逼近。设输入 p 波脉冲速度峰值为 M_{input}，入射边界上颗粒单元速度响应峰值为 M_{out}，当 $0<\beta_{2p}<\beta_{2p0}$ 时，$M_{\text{out}}<M_{\text{input}}$，处于欠输入状态，此时需要增大 β_{2p}，可以通过将 β_{2p} 乘上（$M_{\text{input}}/M_{\text{out}}$）来实现 β_{2p} 提高；当 $\beta_{2p}>\beta_{2p0}$ 时，$M_{\text{out}}>M_{\text{input}}$，处于过输入状态，此时需要折减 β_{2p}，可以通过将 β_{2p} 乘上（$M_{\text{input}}/M_{\text{out}}$）来实现 β_{2p} 减小。因此，可以采用如图 5.20 所示迭代流程来获得入射边界上最优值 β_{2p0}，实现黏性边界上垂直入射波完全输入。

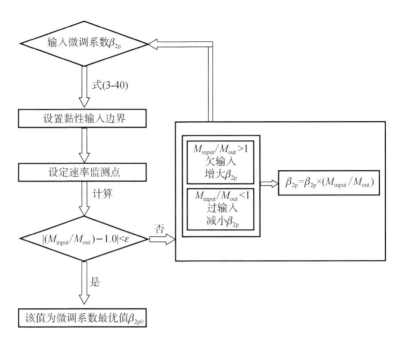

图 5.20　比值迭代法确定黏性输入边界微调系数 β_{2p} 最优值

5.4.1.3　颗粒集合分布模式对黏性边界的影响

颗粒离散单元法计算模型边界上颗粒单元半径一般大小不一、边界面凸凹不平，式（5-39）和式（5-40）是针对黏性人工边界上某一个颗粒单元而建立。针对某个颗粒单元，采用比值迭代法获得 β_{2p} 的最优值是否也适用于该边界上其它颗粒单元黏性边界条件设置呢？如果适用，则当该边界上颗粒单元数目很多时，只需要选取边界上某个颗粒单元进行比值迭代计算，确定该颗粒单元 β_{2p} 的最优值，然后将该值用于该边界上每一个颗粒单元黏性人工边界条件设置，可节约大量计算时间。由式（5-38）可知，边界上每一个颗粒单元所需施加的黏性力正比于颗粒直径与振动速率的乘积。因此，首先需要研究颗粒分布模式对边界上颗粒单元半径和颗粒单元振动速度分布的影响。然后，进一步探讨颗粒分布模式对比值迭代法迭代过程的影响。

由于要系统探讨颗粒集合分布模式对黏性边界的影响，因此需要选择合适的 PFC 数值模型生成方法，以快速高效生成不同分布模式的颗粒集合。本节采用 PFC 2D 中内置的周期空间（periodic space）建模方法[165]以快速生成各向同性、性质均匀颗粒集合。周期空间建模方法原理及过程如下：首先，将要生成 PFC 模型的几何空间划分成若干个大小一样的小矩形边框；其次，选择小矩形边框的尺寸，在其内部生成密实、胶结、内力平衡的颗粒集合，将该颗粒集合做为基块（pbrick），用于构建大规模复杂模型。一个基块（见图5.21）由边界控子 [图 5.21 (a) 中蓝色颗粒]、边界从子 [图 5.21 (a) 中红色颗粒]、内部颗粒 [图 5.21 (a) 中黄色颗粒]，边界控子与矩形边框边界相交，但是其圆心位于矩形边框内部，每一个边界控子都会在与其相对的另一个矩形边界外侧生成一个完全一样的从子，从子也与矩形边框边界相交，但是其圆心位于其相交边界外侧，这样就保证了矩形边框各相对边界具有完全互补的颗粒排列（见图5.21中粉红色虚线框内基块1的右侧边界与基块2的左侧边界完全互补），当把各个基块在边界上拼装起来时，"天衣无缝"。内部颗粒指与矩形边界完全不相交的颗粒。最后，将生成的基块进行复制拼装，以快速生成各向同性、性质均匀颗粒集合。

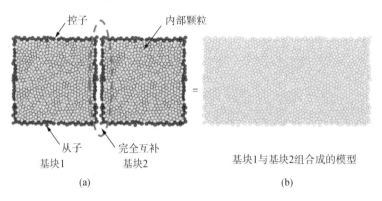

控子　　内部颗粒

从子　　完全互补
基块1　　基块2　　　　　　　　基块1与基块2组合成的模型
(a)　　　　　　　　　　　　　　　　(b)

图5.21　采用基块（pbrick）算法快速构建各向同性、性质均匀颗粒集合

本节采用三种颗粒分布模式：等粒径二维矩形规则排列颗粒单元集合［图5.22（a）］，简称模式PatternA；颗粒半径服从均匀分布且随机排列颗粒单元集合［图5.22（b）］，简称模式PatternB；模型内部由颗粒半径服从均匀分布且随机排列的单元组成，模型边界由等粒径规则排列颗粒单元构成的颗粒集合［图5.22（c）］，简称模式PatternC，该模式在模型外部边界上具有模式PatternA的颗粒半径一致且规则排列的优势，在模型内部具有模式B颗粒半径服从均匀分布且随机排列的优势，该类分布模式定义为一致粒径边界模式。模式PatternA直接通过fish语言编程生成，模式PatternB与模式PatternC需要通过基块（pbrick）算法生成，其中模式PatternC的基块［图5.22（c）］边界由两排等粒径颗粒组成（内部一排为控子、外面一排为从子），当采用基块组合成完整模型后，需要将完整模型四周边界上的最外一排颗粒删除。模式PatternB的颗粒粒径服从均匀分布，计算过程保持平均粒径为0.5 m不变，不断改变最大粒径与最小粒径的比值——粒径比 λ，以研究颗粒集合半径分布对黏性边界影响。模式PatternC内部颗粒的平均粒径为0.5 m，粒径比为1.5，四周边界颗粒粒径为0.52 m。三种颗粒集合分布模式都采用表5.1的细观参数，但是模式PatternB的最小颗粒半径随着粒径比 λ 而变化。采用三种模式生成如图5.11（b）所示计算模型，模型右侧黏性边界上颗粒分布特征见图5.22，模型内颗粒监测点布置与5.4.1.2节中一样，模型局部阻尼系数设置为0，颗粒间平行黏结法向强度和切向强度设置为高值，以防止计算过程中黏结破裂，在模型左侧施加如式（5-47）所定义的 p 波脉冲，进行动力时程计算。

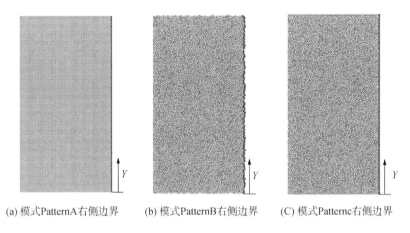

(a) 模式PatternA右侧边界　　(b) 模式PatternB右侧边界　　(C) 模式Patternc右侧边界

图5.22　计算模型右侧边界颗粒单元分布（蓝色线条）

如图5.23所示为不同颗粒分布模式下计算模型右侧黏性边界上颗粒单元粒径沿边界分布。由图5.23可见，模式PatternA与模式PatternC右侧黏性边界上颗粒单元粒径不随颗粒位置变化而变，各颗粒单元粒径一样；模式PatternB右侧黏性边界上颗粒单元粒径随颗粒位置变化而变化，粒径服从均匀分布，其平均值与模式PatternA的粒径值一样。

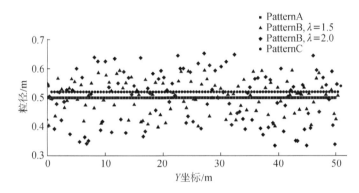

图5.23　不同模式下计算模型右侧边界上颗粒单元粒径分布特征

如图5.24所示为不同颗粒分布模式下计算模型右侧边界上颗粒单元振动速度峰值沿边界分布。由图5.24可看出，模式PatternA的各颗粒单元振动速度峰值与输入p波脉冲的峰值一样；模式PatternC的各颗粒单元振动速度峰值比输入p波脉冲的峰值要大，但是其不随颗粒位置变化而变化；模式PatternB且粒径比 $\lambda = 1.5$ 的右侧黏性边界上颗粒单元振动速度峰值大于输入p波脉冲的峰值，颗粒位置变动而使其值改变幅度很小；模式PatternB且粒径比 $\lambda = 2.0$ 的右侧黏性边界上颗粒单元振动速度峰值大于输入p波脉冲的峰值，颗粒位置变动而使其值改变幅度很小。模式PatternC右侧黏性边界上颗粒单元振动速度峰值＞模式PatternB且粒径比 $\lambda = 1.5$ 的右侧黏性边界上颗粒单元振动速度峰值＞模式PatternB且粒径比 $\lambda = 2.0$ 的右侧黏性边界上颗粒单元振动速度峰值＞模式PatternA右侧黏性边界上颗粒单元振动速度峰值。因此可以得出，颗粒分布模式对人工边界上颗粒振动速度的峰值有影响，同一直线人工边界上各颗粒单元的速度峰值差别很小，只需要选取该边界上某个颗粒单元进行比值迭代计算，确定其 β_{2p} 的最优值 β_{2p0}，然后将该值用于该边界上每一个颗粒单元黏性人工边界条件的设置，无需对边界上每一个颗粒单元进行比值迭代。

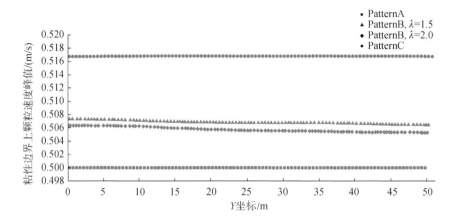

图 5.24　不同模式下计算模型右侧边界上颗粒单元速度峰值分布特征

颗粒分布模式对确定右侧黏性吸收边界 β_{2p} 最优值的比值迭代过程影响见图 5.25，图中各种颗粒分布模式下的 β_{2p} 初始值都取 1.0。由图 5.25 可看出，不同颗粒分布模式下右侧黏性吸收边界颗粒单元的振动速度峰值迭代收敛曲线不同，但收敛趋势一样，经过 9 次迭代后，各曲线都收敛于输入 p 波脉冲的峰值（0.5 m/s）。

颗粒分布模式对确定左侧黏性入射边界 β_{2p} 最优值的比值迭代过程的影响见图 5.26，图中各种颗粒分布模式下 β_{2p} 初始值都取 1.0。由图 5.26 可看出，不同颗粒分布模式下左侧黏性入射边界颗粒单元的振动速度峰值迭代收敛曲线不同，但收敛趋势一样，经过 7 次迭代后，各曲线都收敛于输入 p 波脉冲的峰值（0.5 m/s）。由图 5.25 和图 5.26 对比可发现，黏性吸收边界和黏性入射边界颗粒单元振动速度峰值迭代收敛曲线不同，黏性吸收边界迭代收敛曲线为下凸型，黏性入射边界迭代收敛曲线为上凸型，要针对黏性边界的使用目选用正确的比值迭代设置方法。

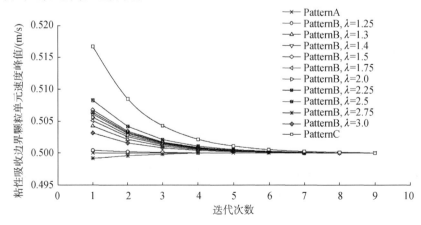

图 5.25　颗粒分布模式对右侧黏性吸收边界比值迭代过程影响

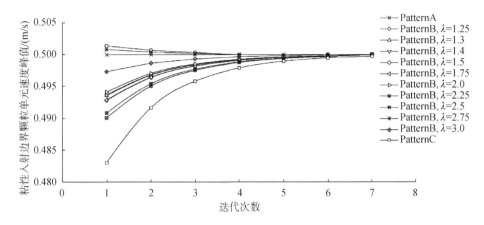

图 5.26 颗粒分布模式对左侧黏性输入边界比值迭代过程影响

5.4.2 黏弹性边界条件研究

黏弹性人工边界相当于在人工边界的法向和切向上设置一系列由线性弹簧与黏滞阻尼器并联的弹簧-阻尼物理元件,二维黏弹性边界提供的面力分量如下。

边界法向:

$$\sigma = -K_n u_n - C_n v_n \tag{5-48}$$

边界切向:

$$\tau = -K_s u_s - C_s v_s \tag{5-49}$$

式(5-48)、式(5-49)中:K_n、K_s 为线性弹簧法向与切向刚度,C_n、C_s 为法向与切向阻尼系数,u_n、u_s 为边界质点法向与切向位移,v_n、v_s 为边界质点法向与切向速度。

K_n、K_s、C_n、C_s 可由下面两式计算:

$$\begin{cases} K_n = \alpha_n \dfrac{E}{2R(1+\nu)} \\ K_s = \alpha_s \dfrac{E}{2R(1+\nu)} \end{cases} \tag{5-50}$$

$$\begin{cases} C_n = \rho c_p \\ C_s = \rho c_s \end{cases} \tag{5-51}$$

式(5-50)、式(5-51)中:E 为弹性模量,ν 为泊松比,R 为波源到人工边界点的距离,α_n、α_s 为法向与切向黏弹性人工边界系数,ρ 为介质密度,c_p 为 p 波波速,c_s 为 s 波波速。

PFC2D 计算模型由圆盘颗粒单元构成,不存在连续介质应力概念;人工截断边界由半径大小不一的圆盘颗粒单元构成,边界面凹凸不平。为了能在人工边界上施加黏弹性边界条件,必须将连续介质黏弹性边界条件表达式(5-48)和式(5-49)进行等效离散,将应力等效为接触力。在等粒径二维矩形规则排列模式下,采用式(5-36)可将式

（5-38）、式（5-39）离散为

$$
\left.
\begin{aligned}
F_n &= -K_n u_n D - C_n v_n D \\
F_s &= -K_s u_s D - C_s v_s D
\end{aligned}
\right\}
\tag{5-52}
$$

式中，F_n 为黏弹性人工边界给边界上颗粒单元所提供的法向外力；F_s 为黏弹性人工边界给边界上颗粒单元所提供的切向外力；D 为边界上颗粒单元直径。

式（5-52）只适用于等粒径二维矩形规则排列颗粒单元集合的黏弹性边界设置，式（5-52）中与速率相关的第二项即为黏性边界条件表达式，因此根据前述黏性边界条件设置思路，对于一般颗粒分布模式，为了保证黏弹性边界对强震波的最佳吸收，同样需引入微调系数

$$
\left.
\begin{aligned}
F_n &= -K_n u_n D - \beta_{2p} C_n v_n D - \\
F_s &= -K_s u_s D - \beta_{2s} C_s v_s D
\end{aligned}
\right\}
\tag{5-53}
$$

式中，β_{2p} 为 p 波无量纲微调系数；β_{2s} 为 s 波无量纲微调系数。β_{2p}、β_{2s} 最优值获取方法与黏性边界一样。

对于非输入边界，边界上每一个圆盘颗粒单元所需施加的总力为

$$
\left.
\begin{aligned}
F_n^* &= -F_{eqn} - \beta_{2p} D c_p \rho v_n - K_n D u_n \\
F_s^* &= -F_{eqs} - \beta_{2s} D c_s \rho v_s - K_s D u_s
\end{aligned}
\right\}
\tag{5-54}
$$

对于输入边界，采用波场分解法和等效节点力法可得边界上每一个圆盘颗粒单元所需施加的总力为

$$
\left.
\begin{aligned}
F_n^* &= -F_{eqn} - \beta_{2p} D c_p \rho v_n - K_n D u_n + 2\beta_{2p} D c_p \rho v_{ni} + K_n D u_{ni} \\
F_s^* &= -F_{eqs} - \beta_{2s} D c_s \rho v_s - K_s D u_s + 2\beta_{2s} D c_s \rho v_{si} + K_s D u_{si}
\end{aligned}
\right\}
\tag{5-55}
$$

式（5-54）、式（5-55）中：F_n^* 为给每个边界圆盘单元施加的法向外力总和；F_s^* 为给每个边界圆盘单元施加的切向外力总和；F_{eqn} 为去掉位移约束后每个边界圆盘单元所受到法向不平衡力；F_{eqs} 为去掉位移约束后每个边界圆盘单元所受到切向不平衡力；v_n 为边界上每个圆盘单元法向振动速率；v_s 为边界上每个圆盘单元切向振动速率；v_{ni} 为在入射边界所施加入射波的法向速度时程；v_{si} 为在入射边界所施加入射波的切向速度时程；u_{ni} 为在入射边界所施加入射波的法向位移时程；u_{si} 为在入射边界所施加入射波的切向位移时程。

5.4.2.1 外源波动算例

为了验证所提出黏弹性边界条件设置方法的正确性，建立如图 5.27 所示的长 1 000 m × 宽 50 m 的长杆状数值计算模型。模型左侧采用黏性边界作为输入边界，模型右侧采用黏弹性吸收边界，所有颗粒单元 Y 向位移进行固定约束，模型颗粒单元半径服从均匀分布且随机排列，粒径比 $\lambda = 1.5$，颗粒集合细观参数见表 5.1，在模型左侧输入沿 X 正向传播的简谐 p 波脉冲，其表达式见式（5-47）。从左侧边界面开始，在中轴线上沿着 X 方向每隔 250 m 设置一个速率监测点，记录波传播过程中模型内各点沿 X 向的振动速率，共 5 个点，从左到右编号依次为 P1、P2、P3、P4、P5。理论上，式（5-50）中颗粒集合的弹性

模量 E、泊松比 ν 需要通过双轴数值试验来获得，实际上为了简化计算，可将颗粒集合弹性模量 E 取为接触模量 E_c，泊松比 ν 设置为0，由此引起的偏差可以通过选取合适的黏弹性人工边界系数 α_n 来进行修正。本算例属于一维波动问题，通过研究发现　α_n 取2.5时，黏弹性边界的位移恢复性能就很好，式（5-50）中 R 取左侧入射边界到右侧黏弹性边界距离1 000 m。

如图5.28所示为各监测点位移时程。由图5.28可知，入射 p 波依次到达各监测点，由于各监测点间距相等，则各监测点开始振动的时间间隔相同；各监测点位移的最大值与理论计算结果一致，说明左侧黏性边界设置正确；各监测点的永久位移为0，说明右侧黏弹性边界设置正确。

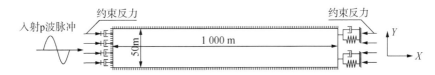

图5.27　左侧黏性入射边界、右侧黏弹性边界

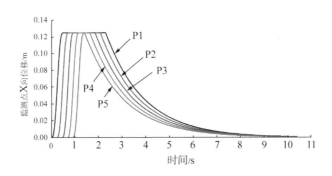

图5.28　各监测点 X 向位移时程

5.4.2.2　内源波动算例

考虑经典二维 Lamb 问题[62]：均匀、各向同性半空间，在地表受竖向集中垂直荷载 F (t) 作用下的弹性地基变形问题。由于待研究问题具有对称性，截取 100 m × 100 m 的一半有限区域进行计算，见图5.29。图中模型左侧为对称边界，施加水平位移约束；模型底部、右侧为人工边界，分别施加黏性边界和黏弹性边界。同时以 500 m × 500 m 有限区域的固定边界模型的解作为扩展解。地表集中荷载作用于 PFC 模型的地表中心处（左上角处），在距集中荷载作用点 10 m 处设置一位移监测点。输入集中荷载为一单脉冲波荷载，F (t) $= P_0 f$ (t)，其中 $P_0 = 450$ kN，f (t) 的表达式为

$$f(t) = 16\left[G\left(\frac{t}{T}\right) - 4G\left(\frac{t}{T} - \frac{1}{4}\right) + 6G\left(\frac{t}{T} - \frac{1}{2}\right) - 4G\left(\frac{t}{T} - \frac{3}{4}\right) \right.$$

$$\left. + G\left(\frac{t}{T} - 1\right)\right] \tag{5-56}$$

式中, $G(x) = (x)^3 H(x)$, $H(x)$ 为 Heaviside 阶梯函数；T 为集中荷载持续时间，取 0.5 s。

图 5.29 中颗粒单元采用等粒径且矩形排列分布模式。为了保证扩展解的可靠性，进行扩展解计算时，需要将模型边界设置的足够远，以防止边界反射波对监测点的干扰，由于模型尺寸为 500 m×500 m，因此将 p 波波速设置为 300 m/s，采用式（5-46）及 p 波波速值可反算出颗粒接触弹性模量 E_c、$\bar{E}_c$，其他细观参数见表 5.1。

如图 5.30 所示为不同边界条件下监测点竖向位移时程。由图可看出，黏性边界存在明显的永久位移，黏弹性边界永久位移很小，黏弹性边界与扩展解吻合较好，说明黏弹性人工边界可以较好地反应无限地基的弹性恢复性能。

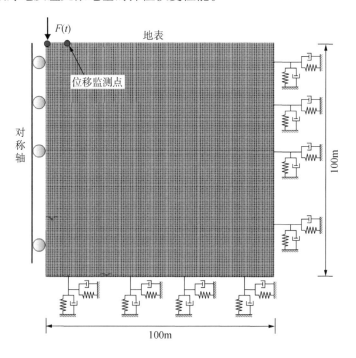

图 5.29 二维 Lamb 问题颗粒离散单元模型

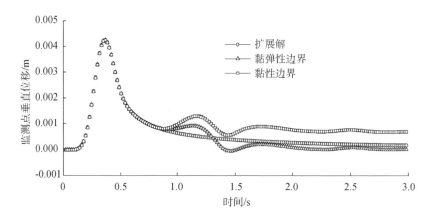

图 5.30 监测点竖向位移时程

5.4.3 自由场边界条件研究

5.4.3.1 自由场边界设置方法

强震动力计算属于外源波动问题，强震波一般从模型底部边界垂直向上输入，此时模型两侧边界外的地基无限域存在自由场运动。为了真实反映强震波在模型左右两侧人工边界附近的传播规律，需要在黏性边界或黏弹性边界的基础上，强制模型左右两侧人工边界产生自由场运动。自由场边界条件计算模型由主网格和设置在主网格两侧的自由场土柱共同组成（见图 5.31），两侧土柱通过黏性边界或黏弹性边界与主网格耦合，两者在边界上的节点分布具有一一对应关系，两侧土柱和主网格同时进行求解，在每一计算步，将计算得到的两侧土柱网格点上的速度和网格点动应力施加给主网格相对应边界上的节点，两侧土柱与主网格之间的信息传递是单向的，计算信息只能从两侧土柱传向主网格，而主网格的计算不对土柱自由场求解产生任何干扰，以保证土柱自由场求解的正确性，二维自由场计算模型两侧土柱自由场求解属于一维波动问题。下面以自由场土柱和主网格之间采用黏性边界构成的二维自由场边界进行探讨。

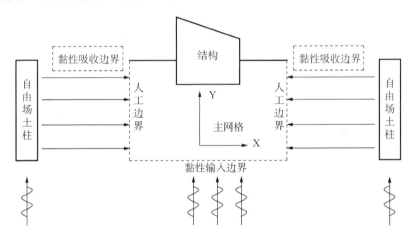

图 5.31 强震动力计算自由场边界模型

采用自由场边界时，主网格侧边界上的面力由黏壶提供的黏性力和自由场土柱自由场运动提供的面力组成。边界上的法向面力 f_x 和切向面力 f_y 计算为

$$\left.\begin{aligned} f_x &= -\rho c_p \left(v_x^m - v_x^{ff} \right) + l_x \sigma_x^{ff} \\ f_y &= -\rho c_s \left(v_y^m - v_y^{ff} \right) + l_x \tau_{xy}^{ff} \end{aligned}\right\} \tag{5-57}$$

式中，f_x、f_y 为主网格两侧网格点所需施加的 X、Y 方向外力；v_x^m、v_y^m 为主网格网格点 X、Y 向速度；v_x^{ff}、v_y^{ff} 为自由场网格网格点 X、Y 向速度；σ_x^{ff} 为自由场土柱侧边 X 向正应力；τ_{xy}^{ff} 为自由场土柱侧边剪应力；当边界外法向与 X 轴正方向一致时，$l_x = 1$；当边界外法向与 X 轴负方向一致时，$l_x = -1$。等式右侧第一项为黏壶提供的面力，第二项为自由场单元网格点由于自由场波动提供的面力。

PFC^{2D}计算模型由圆盘颗粒单元构成，不存在连续介质应力概念；为了能在人工边界上施加自由场边界条件，必须将连续介质自由场边界条件表达式（5-57）进行等效离散，将应力等效为接触力，因此可得

$$\left.\begin{array}{l} F_x = -\beta_{2p}\rho c_p D \ (v_x^m - v_x^{ff}) \ + F_x^{ff} \\ F_y = -\beta 2s\rho c_s D \ (v_y^m - v_y^{ff}) \ + F_y^{ff} \end{array}\right\} \quad (5-58)$$

式中，F_x、F_y 为自由场边界所给主网格两侧边界上颗粒单元所提供的法向、切向外力；β_{2p} 为 p 波无量纲微调系数；β_{2s} 为 s 波无量纲微调系数。β_{2p}、β_{2s} 最优值获取方法与黏性边界一样；D 为颗粒单元直径。F_x^{ff}、F_y^{ff} 为两侧土柱单元节点由于自由场波动而提供给主网格节点的 X、Y 向外力。

考虑到动力计算一般在初始地应力场静力计算阶段之后，边界上每一个圆盘颗粒单元所需施加的总力为

$$\left.\begin{array}{l} F_x^* = -F_{eqx} -\beta_{2p}\rho c_p D \ (v_x^m - v_x^{ff}) \ + F_x^{ff} \\ F_y^* = -F_{eqy} -\beta 2s\rho c_s D \ (v_y^m - v_y^{ff}) \ + F_y^{ff} \end{array}\right\} \quad (5-59)$$

式中：F_x^* 为给每个边界圆盘单元施加的 X（法）向外力总和；F_y^* 为给每个边界圆盘单元施加的 Y（切）向外力总和；F_{eqx} 为去掉位移约束后每个边界圆盘单元所受到的 X 向不平衡力；F_{eqy} 为去掉位移约束后每个边界圆盘单元所受到的 Y 向不平衡力。

5.4.3.2　二维均匀弹性半空间算例

建立如图 5.32 所示的 PFC2D 自由场计算模型，主网格尺寸为宽 200 m × 高 400 m，两侧土柱尺寸为宽 50 m × 高 400 m，颗粒分布采用等粒径二维矩形规则排列颗粒单元集合［见图 5.22（a）］，将 p 波波速设置为 400 m/s，采用式（5-46）及 p 波波速值可反算出颗粒接触弹性模量 E_c、$\overline{E}_c$，其它细观参数见表 5.1。在模型底部输入沿 Y 向传播的简谐 SV 波脉冲，其表达式见式（5-47），在主网格中线上设置三个速率监测点 P_1、P_2、P_3（见图 5.32）。

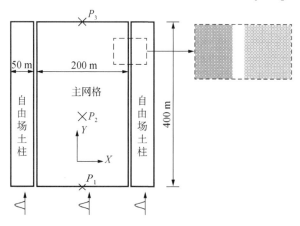

图 5.32　二维均匀弹性半空间自由场计算模型

如图 5.33 所示为监测点 P1、P2、P3 水平速率时程。由图可见，P1 和 P2 的速度幅值与入

射 SV 波幅值一样，P3 的速度幅值是入射 SV 波幅值的两倍，与理论结果一致，三个监测点速率时程也与理论一致，说明了本书提出的颗粒离散单元法自由场边界设置方法的正确性。

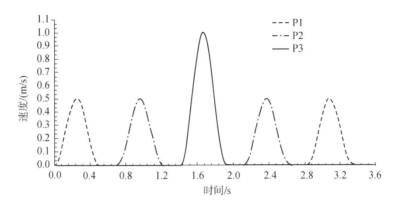

图 5.33 算例 1 各监测点速率时程

5.4.3.3 隧洞算例

建立如图 5.34 所示的自由场边界隧洞计算模型，模型底边宽 300 m、高 300 m，圆形隧洞半径 20 m，在模型底部垂直入射如式（5-47）所示的 SV 波，在左边墙中心、拱顶分别布设水平速率监测点 P1、P2。整个模型采用 5.4.1.3 节所述建模方法生成，即首先生成尺寸为 100 m×100 m 的基块（pbrick），进行初始平衡；然后，将各基块进行组装拼接，以快速生成隧洞模型。隧洞两侧自由场土柱同样由基块拼接而成，计算时将两侧土柱 Y 向位移进行约束，进行一维自由场运动计算，土柱和主网格之间采用黏性边界条件，采用比值迭代法分别获得左、右、底三条人工边界上微调系数 β_{2p}、β_{2s} 的最优值，以保证波的最佳吸收。通过计算发现基块颗粒分布采用模式 PatternC（图 5.22）可以很好实现自由场边界的设置；若采用 PatternB，则边界上的部分颗粒由于只具有一个接触，其在振动过程中会产生摆动，使得人工边界上产生次生波。基块颗粒最小半径为 0.4 m，粒径比 $\lambda = 1.5$，其他细观参数见表 5.1。为了对计算结果进行验证，同时采用 FLAC 建立同样的自由场边界边坡模型，在模型底部输入同样的 SV 波，进行动力计算，FLAC 模型的弹性模量直接采用 PFC 模型接触模量 E_c，为了简化，将泊松比设置为 0。

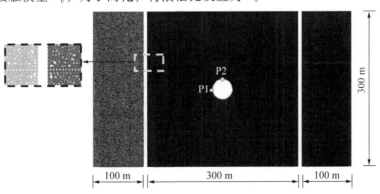

图 5.34 算例 2 隧洞计算模型

图 5.35 为监测点 P1、P2 水平速率时程，由图可见，PFC 计算结果与 FLAC 计算结果吻合较好，说明了本书提出的颗粒离散单元法自由场边界设置方法的正确性。

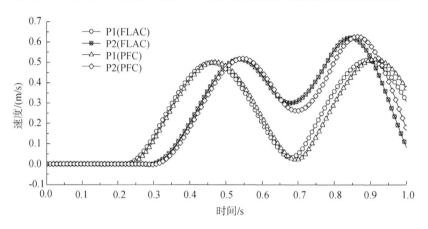

图 5.35　算例 2 各监测点速度

5.5　动力人工边界在有限元中实施方法

本节以大型商业通用有限元软件 ABAQUS 为例，探讨动力人工边界在有限元中的实施方法。ABAQUS 为用户提供了自定义单元开发接口，通过该接口，用户可以施加随时空变化的边界条件，为动力吸收边界的施加提供了有效途径。ABAQUS / Standard 中的开发接口为用户子例行程序 UEL、UELMAT；ABAQUS /Explicit 中开发接口为用户子例行程序 VUEL。UEL 与 VUEL 中需要用户自定义弹塑性本构矩阵，并指定定材料性质，而 UEL-MAT 无需用户定义弹塑性本构矩阵，可以直接调用 ABAQUS 内部材料本构。现对自定义单元开发基础理论及开发流程进行深入探究，为岩石隧洞强震响应分析，打下坚实基础。

5.5.1　理论基础

单元的节点力矢量 $\boldsymbol{F}^{N}$ 为结点位移 u^{M}、状态变量 H^{α}、几何尺寸的函数：

$$\boldsymbol{F}^{N} = \boldsymbol{F}^{N}（u^{M},\quad H^{\alpha}, 几何尺寸，场变量，分布荷载）\qquad(5-60)$$

单元结点力的普遍计算式为

$$\boldsymbol{F}^{N} = \int_{S} \boldsymbol{N}^{N} \cdot t\mathrm{d}S + \int_{V} \boldsymbol{N}^{N} \cdot f\mathrm{d}V - \int_{V} \boldsymbol{\beta}^{N} : \sigma\mathrm{d}V \qquad(5-61)$$

式中，$\boldsymbol{N}^{N}$ 为形函数矩阵、$\boldsymbol{\beta}^{N}$ 为应变矩阵、S 为面力 t 作用面、V 为单元体积、f 为体积力、σ 为应力。

有限元总体平衡方程为

$$\begin{cases} K^{NM}c^M = R^M \\ u^N = u^N + c^N \end{cases} \tag{5-62}$$

式中，c^N 为结点位移修正值、R^M 为迭代残差力。

由式（5-62）可得

$$K^{NM} = -\frac{\mathrm{d}R^N}{\mathrm{d}u^M} \tag{5-63}$$

式（5-63）中，迭代残差力计算为

$$R^N = \boldsymbol{Q}^N - \boldsymbol{F}^N \tag{5-64}$$

式中，$\boldsymbol{Q}^N$ 为等效结点荷载矢量（常量）、$\boldsymbol{F}^N$ 是结点力矢量。

将式（5-64）代入式（5-63），可得

$$K^{NM} = -\frac{\mathrm{d}\boldsymbol{F}^N}{\mathrm{d}u^M} \tag{5-65}$$

由式（5-60）可知，式（5-65）为全导数形式。

对于直接隐式动力积分算法，式（5-65）应写为

$$K^{NM} = -\frac{\partial\,\boldsymbol{F}^N}{\partial\,u^M} - \frac{\partial\,\boldsymbol{F}^N}{\partial\,\dot{u}^M}\,\left(\frac{\mathrm{d}\dot{u}}{\mathrm{d}u}\right)_{t+\Delta t} - \frac{\partial\,\boldsymbol{F}^N}{\partial\,\ddot{u}^M}\,\left(\frac{\mathrm{d}\ddot{u}}{\mathrm{d}u}\right)_{t+\Delta T} \tag{5-66}$$

有限元动力平衡方程为

$$\boldsymbol{M}^{NM}\ddot{u}^M + \boldsymbol{I}^N - \boldsymbol{P}^N = 0 \tag{5-67}$$

式中，$\boldsymbol{M}^{NM}$ 为质量矩阵、$\boldsymbol{I}^N$ 为内力矢量、$\boldsymbol{P}^N$ 为外力矢量。它们计算方法为

$$\boldsymbol{M}^{NM} = \int_{V_0} \rho_0 N^N \cdot N^M \mathrm{d}V_0 \tag{5-68}$$

$$\boldsymbol{I}^N = \int_{V_0} \boldsymbol{\beta}^N : \sigma \mathrm{d}V_0 \tag{5-69}$$

$$\boldsymbol{P}^N = \int_S N^N \cdot t \mathrm{d}S + \int_V N^N \cdot F \mathrm{d}V \tag{5-70}$$

ABAQUS 中对动力平衡方程（5-67）隐式求解时间积分采用 Hilber-Hughes-Taylor 算子，可将式（3-67）离散为

$$\boldsymbol{M}^{NM}\ddot{u}\,|_{t+\Delta t} + (1+\alpha)(\boldsymbol{I}^N|_{t+\Delta t} - \boldsymbol{P}^N|_{t+\Delta t}) - \alpha(\boldsymbol{I}^N|_t - \boldsymbol{P}^N|_{t+\Delta t}) - \alpha(\boldsymbol{I}^N|_t - \boldsymbol{P}^N|_t) + L^N|_{t+\Delta t} = 0$$
$$\tag{5-71}$$

对式（5-71）关于时间积分，可得

$$u\,|_{t+\Delta t} = u\,|_t + \Delta t \dot{u}\,|_t + \Delta t^2 \left(\left(\frac{1}{2}-\beta\right)\ddot{u}\,|_t + \beta\ddot{u}\,|_{t+\Delta t}\right) \tag{5-72}$$

$$\dot{u}\,|_{t+\Delta t} = \dot{u}\,|_t + \Delta t \left((1-\gamma)\ddot{u}\,|_t + \gamma\ddot{u}\,|_{t+\Delta t}\right) \tag{5-73}$$

式中，$\beta = \frac{1}{4}(1-\alpha)^2$，$\gamma = \frac{1}{2}-\alpha$，$-\frac{1}{2} \leqslant \alpha \leqslant 0$，$\alpha$ 为数值阻尼控制参数，一般情况下 $\alpha = -0.05$。

在每一时步 Δt 需要进行残差力计算，用于检验求解是否收敛。

在时步开始时，残差力为

$$R^{\mathrm{N}}\big|_{t} = \boldsymbol{M}^{\mathrm{NM}}\ddot{u}^{\mathrm{M}}\big|_{t} + (1+\alpha)\,(\boldsymbol{I}^{\mathrm{N}}\big|_{t} - \boldsymbol{P}^{\mathrm{N}}\big|_{t}) - \alpha\,(\boldsymbol{I}^{\mathrm{N}}\big|_{t-} - \boldsymbol{P}^{\mathrm{N}}\big|_{t-}) + L^{\mathrm{N}}\big|_{t} \quad (5-74)$$

在时步中间时，残差力为

$$R^{\mathrm{N}}\big|_{t+\Delta t/2} = \boldsymbol{M}^{\mathrm{NM}}\ddot{u}^{\mathrm{M}}\big|_{t+\Delta t/2} + (1+\alpha)\,(\boldsymbol{I}\big|_{t+\Delta t/2} - \boldsymbol{P}\big|_{t+\Delta t/2}) - \frac{1}{2}\alpha\,(\boldsymbol{I}^{\mathrm{N}}\big|_{t} - \boldsymbol{P}^{\mathrm{N}}\big|_{t}$$
$$+ \boldsymbol{I}^{\mathrm{N}}\big|_{t-} - \boldsymbol{P}^{\mathrm{N}}\big|_{t-}) + L^{\mathrm{N}}\big|_{t+\Delta t/2} \quad\quad (5-75)$$

在时步结束时，残差力为

$$R^{\mathrm{N}}\big|_{t+\Delta t} = \boldsymbol{M}^{\mathrm{NM}}\ddot{u}^{\mathrm{M}}\big|_{t+\Delta t} + (1+\alpha)\,(\boldsymbol{I}^{\mathrm{N}}\big|_{t+\Delta t} - \boldsymbol{P}^{\mathrm{N}}\big|_{t+\Delta t}) - \alpha\,(\boldsymbol{I}^{\mathrm{N}}\big|_{t} - \boldsymbol{P}^{\mathrm{N}}\big|_{t}) + L^{\mathrm{N}}\big|_{t+\Delta t}$$
$$(5-76)$$

式（5-75）中半增量残差 $R^{\mathrm{N}}\big|_{t+\Delta t/2}$ 用于控制求解精度。

式（5-71）也通常简写为如下形式：

$$-\boldsymbol{M}^{\mathrm{NM}}\ddot{u}_{t+\Delta t} + (1+\alpha)\,\boldsymbol{G}^{\mathrm{N}}_{t+\Delta t} - \alpha\boldsymbol{G}^{\mathrm{N}}_{t} = 0 \quad (5-77)$$

式中，$\boldsymbol{G} = \boldsymbol{P} - \boldsymbol{I}$，为静态残差矢量。

以上探讨的为 ABAQUS/standard 的隐式 UEL 开发的理论基础。采用基于显示的 VUEL 进行开发时，需要深入了解 ABAQUS/Explicit 的理论基础。ABAQUS/Explicit 采用显示中心差分算子对动力平衡方程（5-67）进行积分，即有

$$\dot{u}^{(i+\frac{1}{2})} = \dot{u}^{(i-\frac{1}{2})} + \frac{\Delta t^{(i+1)} + \Delta t^{(i)}}{2}\ddot{u}^{(i)} \quad (5-78)$$

$$u^{(i+1)} = u^{(i)} + \Delta t^{(i+1)} u^{(i+\frac{1}{2})} \quad (5-79)$$

$$\ddot{u}^{(i)} = M^{-1} \cdot (F^{(i)} - I^{(i)}) \quad (5-80)$$

为了使得显式求解稳定，需要时步 Δt 足够小。

5.5.2　UEL 与 VUEL 结构

编写子例行程序 UEL 与 VUEL 常用编译器有 Compaq Visual Fortran 6 或者 Microsoft Visual C++6.0。本书中所有子例行代码都在 Microsoft Visual C++6.0 编译器下完成，然后导入 ABAQUS 中进行调用。为了编写正确合理的程序代码，需要对 UEL 与 VUEL 的结构及编写规则进行深入了解。

UEL 的基本结构如图 5.36 所示，由虚参定义、外部文件包含、虚参数组声明、用户自定义部分、程序结束标志共五部分组成，其中用户自定义部分为需要用户自己编写 FORTRAN 代码的部分，其它都不需要。现对程序中相关关键变量进行说明。

RHS（K1，K2）：右手系矢量数组，必须由用户定义，指该单元对总体残差矢量的贡献，由该单元的等效结点荷载列阵减去单元结点力列阵计算，一般情况下 K1 等于单元总自由度数，K2 等于 1。动力计算还要加上惯性力和阻尼力。

AMATRX（ndofel，ndofel）：单元刚度矩阵数组，必须由用户定义，用于组装到总刚度矩阵中。ndofel 为单元自由度总数。

图 5.36　UEL 结构

SVARS（NSVARS）：求解相关状态变量数组，必须由用户定义，可用于存储临时变量（比如应力、应变），NSVARS 是状态变量个数。该数组在增量步开始时传入 UEL，在增量步结束时需要被更新。

ENERGY（8）：单元能量数组，可选择定义。

PROPS（NPROPS）：单元实参数性质数组，参数个数为 NPROPS，由主程序传入，无需用户在 UEL 内部定义，但是需要在外部相关位置定义。

JPROPS（NJPROP）：单元整型参数性质数组，参数个数为 NJPROP，由主程序传入，无需用户在 UEL 内部定义，但是需要在外部相关位置定义。

COORDS（K1，K2）：单元结点坐标数组，K2 指单元结点编号，K1 指该结点的自由度编号。无需用户定义。

U（K1）：增量步结束时单元结点位移数组，无需用户定义。

DU（K1，1）：增量步结束时单元结点位移增量数组，无需用户定义。

V（K1）：增量步结束时单元结点速度数组，K1 为单元自由度编号，无需用户定义。

A（K1）：增量步结束时单元结点加速度数组，K1 为单元自由度编号，无需用户定义。

LFLAGS（*）：分析类型标志数组。lflags（2）＝0 定义小变形分析；lflags（2）＝1 定义大位移分析；lflags（3）＝1 定义隐式动力时程分析；lflags（3）＝2 定义目前单元刚度矩阵；lflags（3）＝3 定义目前单元阻尼矩阵。

UEL 编写一般先对右手系矢量数组 RHS（K1，1）和单元刚度矩阵 AMATRX（ndofel，ndofel）进行初始化，然后关于单元内每个 Gauss 积分点进行应力应变计算，最后将每个积分点对单元结点力和单元刚度矩阵的贡献进行累加，得到 RHS（K1，1）、AMATRX（ndofel，ndofel）。

VUEL 定义总体上与 UEL 定义类似，但是不需定义刚度矩阵 AMATRX，需要定义 RHS

（nblock，ndofel）数组，整个程序定义关于单元编号 nblock 产生循环，用户必须定义每一个单元的质量矩阵 AMASS（nblock，ndofel，ndofel），每一个单元稳定时步的上限值 dtimeStable（nblock）。由于 VUEL 必须定义每个单元的质量矩阵，而 UEL 不需要，因此隐式黏弹性边界在 UEL 内很容易实现，但是在 VUEL 内实施困难。

5.5.3　隐式黏性边界单元开发

以平面应变条件下黏性边界单元开发为对象，建立如图 5.37 所示的单元示意图。图中，结点 1′、2′为普通实体单元的边界，结点 1、2 构成自定义黏性边界单元，几何上结点 1、2 与结点 1′、2′完全重合，为了显示方便，将其分开。在结点 1、2 的中间建立如图 5.37 所示的局部坐标系 sn，整体坐标系为 xy，则自定义单元上任一点的位移为

$$\begin{cases} u = N_1 u_1 + N_2 u_2 \\ v = N_1 v_1 + N_2 v_2 \end{cases} \tag{5-81}$$

写成矩阵形式为

$$\boldsymbol{u} = \begin{Bmatrix} u \\ v \end{Bmatrix} = \begin{bmatrix} N_1 & 0 & N_2 & 0 \\ 0 & N_1 & 0 & N_2 \end{bmatrix} \begin{Bmatrix} u_1 \\ v_1 \\ u_2 \\ v_2 \end{Bmatrix} = \boldsymbol{N}\boldsymbol{a}^e \tag{5-82}$$

式中，N_1、N_2 为插值函数，$N_1 = \frac{1}{2} - \frac{s}{l}$，$N_2 = \frac{1}{2} + \frac{s}{l}$。

由 5.3.1 节黏性边界的理论公式可得，单元上所施加的应力为

$$\boldsymbol{\sigma} = \begin{Bmatrix} \tau \\ \sigma \end{Bmatrix} = \begin{bmatrix} c_s & 0 \\ 0 & c_n \end{bmatrix} \begin{Bmatrix} \dot{u} \\ \dot{v} \end{Bmatrix} = \boldsymbol{C}\dot{\boldsymbol{u}} \tag{5-83}$$

将式（5-82）代入式（5-83），可得

$$\boldsymbol{\sigma} = \boldsymbol{CN}\dot{\boldsymbol{a}}^e \tag{5-84}$$

则单元等效结点荷载为

$$\boldsymbol{P}^e = -\int_S \boldsymbol{N}^T \boldsymbol{\sigma} dS = -t \left(\int_{-\frac{l}{2}}^{\frac{l}{2}} \boldsymbol{N}^T \boldsymbol{CN} dl \right) \dot{\boldsymbol{a}}^e = -\boldsymbol{C}'\dot{\boldsymbol{a}}^e \tag{5-85}$$

式中，t 为单元厚度、l 为单元长度。

$$\boldsymbol{N}^T \boldsymbol{CN} = \begin{pmatrix} c_s \left(\frac{1}{2} - \frac{s}{l}\right)^2 & 0 & c_s \left(\frac{1}{4} - \frac{s^2}{l^2}\right) & 0 \\ 0 & c_n \left(\frac{1}{2} - \frac{s}{l}\right)^2 & 0 & c_n \left(\frac{1}{4} - \frac{s^2}{l^2}\right) \\ c_s \left(\frac{1}{4} - \frac{s^2}{l^2}\right) & 0 & c_s \left(\frac{1}{2} + \frac{s}{l}\right)^2 & 0 \\ 0 & c_n \left(\frac{1}{4} - \frac{s^2}{l^2}\right) & 0 & c_n \left(\frac{1}{2} + \frac{s}{l}\right)^2 \end{pmatrix} \tag{5-86}$$

$$C' = t \left(\int_{-\frac{l}{2}}^{\frac{l}{2}} N^{\mathrm{T}} C N dl \right) = tl \begin{pmatrix} \dfrac{c_{\mathrm{s}}}{3} & 0 & \dfrac{c_{\mathrm{s}}}{6} & 0 \\[2mm] 0 & \dfrac{c_{\mathrm{n}}}{3} & 0 & \dfrac{c_{\mathrm{n}}}{6} \\[2mm] \dfrac{c_{\mathrm{s}}}{6} & 0 & \dfrac{c_{\mathrm{s}}}{3} & 0 \\[2mm] 0 & \dfrac{c_{\mathrm{n}}}{6} & 0 & \dfrac{c_{\mathrm{n}}}{3} \end{pmatrix} \tag{5-87}$$

将式（5-87）代入式（5-85）就可求得单元等效结点荷载。由 Hilber - Hughes - Taylor 法对隐式动力平衡方程离散为

$$F_{t+\Delta t} = -M\ddot{u}_{t+\Delta t} + (1+\alpha) G_{t+\Delta t} - \alpha G_t \tag{5-88}$$

$$G = P - I \tag{5-89}$$

$$J = -\frac{dF}{du} \tag{5-90}$$

式中，P 为等效结点荷载、I 为结点力、J 为单元 Jacobian 刚度矩阵、M 为单元质量矩阵。

对于黏性单元来说，其质量矩阵 M 为 0，内部结点力也为 0，只有等效结点荷载 P^{e}，代入式（5-88）及式（5-90），可分别得到 RHS、AMATRX，就可进行编程。

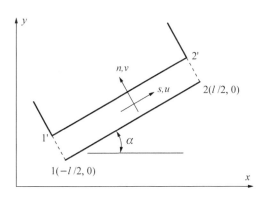

图 5.37 二维黏性边界单元定义

建立如图 5.38 所示的有限元计算模型，模型长为 500 m、高为 50 m，在模型右侧输入一正弦 SV 波速度脉冲，其幅值为 1 m/s，在模型左侧开发 UEL 黏性单元。从右向左依次布置 P1、P2、P3 三个速度监测点。模型密度为 2 000 kg/m³、弹性模量为 2 GPa、泊松比为 0。模型速度矢量如图 5.39 所示，三个监测点的速度时程如图 5.40 所示。由图 5.39 和图 5.40 可看出左侧黏性单元完全吸收入射 SV 波，无反射效应产生。

图 5.38 黏性边界单元验证

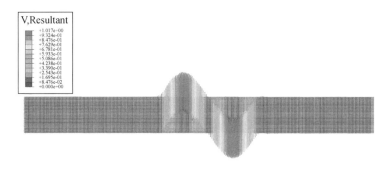

图 5.39   模型内部速度矢量

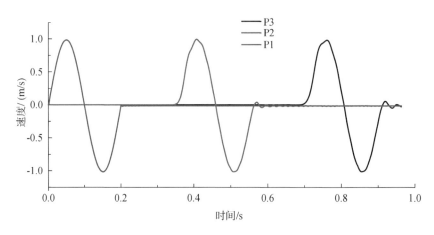

图 5.40   各监测点速度时程

5.5.4   显式黏弹性边界单元开发

由于 ABAQUS/standard 中提供了接地弹簧单元 SPRING1 和接地黏壶单元 DASHPOT1（见图 5.41），从而可以很方便地施加黏弹性边界。但是 ABAQUS/Explicit 模块无接地弹簧单元与黏壶单元，需要用户自己开发定义。

图 5.41   ABAQUS/Standard 中接地弹簧与黏壶单元[194]

建立如图 5.42 所示的三维显式黏弹性边界单元，其中结点 2、3、7、6 为主网格单元与黏弹性单元共同结点，结点 1、4、8、5 构成黏弹性边界面。对结点 1、4、8、5 有

$$
\begin{cases}
\sigma_\xi = k_n u + c_n \dot{u} \\
\tau_\eta = k_t v + c_t \dot{v} \\
\tau_\gamma = k_t w + c_t \dot{w}
\end{cases}
\tag{5-91}
$$

式中，k_n 为黏弹性边界弹簧刚度系数，$c_n = \rho c_p$、$c_t = \rho c_s$。

将式（5-91）写成矩阵形式，可得

$$\sigma = ku + C\dot{u} \qquad (5-92)$$

其中

$$u = \left\{ \begin{array}{c} u \\ v \\ w \end{array} \right\} = \begin{bmatrix} N_1 & & N_4 & & N_8 & & N_5 & \\ & N_1 & & N_4 & & N_8 & & N_5 \\ & & N_1 & & N_4 & & N_8 & & N_5 \end{bmatrix} \left\{ \begin{array}{c} a_1 \\ a_4 \\ a_8 \\ a_5 \end{array} \right\} \qquad (5-93)$$

$$\boldsymbol{a}_1 = \{u_1 v_1 w_1\}^T, \quad \boldsymbol{a}_4 = \{u_4 v_4 w_4\}^T, \quad \boldsymbol{a}_8 = \{u_8 v_8 w_8\}^T, \quad \boldsymbol{a}_5 = \{u_5 v_5 w_5\}^T$$

式中，N_1、N_4、N_5、N_8 为形函数。

式（5-93）可进一步写为

$$u = Na^e \qquad (5-94)$$

则式（5-92）可进一步写为

$$\sigma = kNa^e + CN\dot{a}^e \qquad (5-95)$$

则单元等效结点荷载为

$$\boldsymbol{P}^e = -\int_S N^T \sigma dS = -\left(\int_S N^T kN dS\right) a^e - \left(\int_S N^T CN dS\right) \dot{a}^e \qquad (5-96)$$

由式（5-96）可定义黏弹性边界单元的右手系矢量数组，由单元的密度可定义单元的质量矩阵 AMASS。

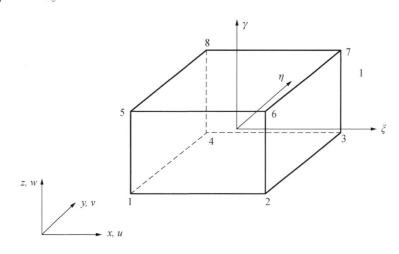

图5.42 三维显示黏弹性边界单元

以集中力垂直作用于弹性半空间的 Lamb 问题为算例，建立如图 5.43 所示的 1/4 对称三维模型，尺寸为 $500\,\text{m} \times 500\,\text{m} \times 500\,\text{m}$，顶面为地面，前面、左面为对称面，在其他各面设置显示黏弹性边界，在模型顶部左角点施加施加如图 5.44 所示的狄拉克脉冲 $F(t)$，其幅值 A 为 $5 \times 10^{10}\,\text{N}$。模型密度为 $2000\,\text{kg/m}^3$、弹性模量为 $2\,\text{GPa}$、泊松比为 0.25。在模型距离左角点 $40\,\text{m}$ 的水平边上设置一个竖向位移监测点，将位移解析解与数值解进行对比，如图 5.45 所示，则可看到两者吻合良好，且数值解最后趋于零，说明黏弹性边界设置的正确。

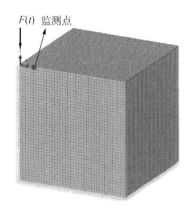

图 5.43 三维 Lamb 问题计算模型

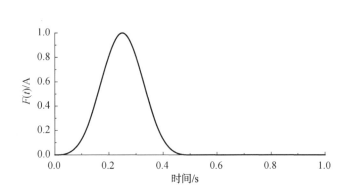

图 5.44 施加的荷载脉冲时程

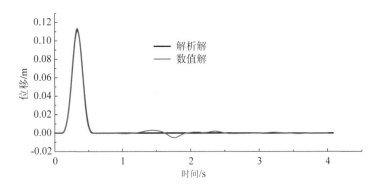

图 5.45 监测点竖向位移时程

5.5.5 隐式自由场边界单元开发

自由场单元由土柱单元与主网格单元的结点共同组成，如图 5.46 所示为左侧自由场单元示意图。土柱单元为一维单元，仅由两个结点组成，设土组单元的宽为 b、高为 h，其局部坐标系 y 建立在单元中点上。主网格左侧与土柱单元相对应的结点为 2、3，则结点 1、2、3、4 共同组成左侧自由场单元。设单元质量密度为 ρ、厚度为 t，则土柱单元质量 $m = \rho h b t$。

设土柱单元上任意点的位移为 $(u, v)^{\mathrm{T}}$，则由有限元插值理论可得

$$\begin{Bmatrix} u \\ v \end{Bmatrix} = \begin{bmatrix} N_1 & 0 & N_4 & 0 \\ 0 & N_1 & 0 & N_4 \end{bmatrix} \begin{Bmatrix} u_1 \\ v_1 \\ u_4 \\ v_4 \end{Bmatrix} \tag{5-97}$$

土柱单元的应变 ε 可表示为

$$\varepsilon = Lu = LNa^e = LN \begin{Bmatrix} a_1 \\ a_4 \end{Bmatrix} \quad (5-98)$$

式中：a_1、a_4 为结点 1、4 的位移矢量，L 为微分算子矩阵。

对式（5-98）变换可得

$$\varepsilon = Lu = L[\,\bar{N}_1\bar{N}_4\,]a^e = L[\,\bar{N}_1\bar{N}_4\,] \begin{Bmatrix} a_1 \\ a_4 \end{Bmatrix} = [\,L\bar{N}_1 L\bar{N}_4\,] \begin{Bmatrix} a_1 \\ a_4 \end{Bmatrix} = [\,\bar{B}_1\bar{B}_4\,] \begin{Bmatrix} a_1 \\ a_4 \end{Bmatrix} \quad (5-99)$$

$$\varepsilon = Ba^e$$

则可计算出

$$B = \begin{bmatrix} 0 & 0 & 0 & 0 \\ 0 & -\dfrac{1}{h} & 0 & \dfrac{1}{h} \\ -\dfrac{1}{h} & 0 & \dfrac{1}{h} & 0 \end{bmatrix} \quad (5-100)$$

则土柱单元刚度矩阵为

$$K' = \iint_S B^T DBt \mathrm{d}x\mathrm{d}y = bt \int_{-h/2}^{h/2} B^T DB \mathrm{d}y \quad (5-101)$$

式中，D 为弹性本构矩阵。

将式（5-100）代入式（5-101），可得

$$K' = \frac{bt}{h} \begin{bmatrix} \mu & 0 & -\mu & 0 \\ 0 & \lambda+2\mu & 0 & -(\lambda+2\mu) \\ -\mu & 0 & -\mu & 0 \\ 0 & -(\lambda+2\mu) & 0 & \lambda+2\mu \end{bmatrix} \quad (5-102)$$

式中，λ、μ 为 Lame 常数。

土柱单元质量矩阵为

$$M' = \frac{\rho m}{2} \begin{bmatrix} 1 & 0 & 0 & 0 \\ 0 & 1 & 0 & 0 \\ 0 & 0 & 1 & 0 \\ 0 & 0 & 0 & 1 \end{bmatrix} \quad (5-103)$$

土柱单元内应力为

$$\sigma = D\varepsilon = DBa^e = \frac{1}{h} \begin{bmatrix} \lambda\,(v_4-v_1) \\ (\lambda+2\mu)\,(v_4-v_1) \\ \mu\,(u_4-u_1) \end{bmatrix} \quad (5-104)$$

若单元采用瑞利阻尼，则

$$C' = \alpha_R M' + \beta_R K' \quad (5-105)$$

式中，α_R、β_R 为阻尼系数。

计算时土柱单元与主网格同时开始计算。为了使得左侧边界上的行波不产生扭曲，左侧土柱单元产生的动应力必须施加给主网格上相对应的结点。同时为了吸收向外的散射波，土柱单元结点必须与主网格单元结点之间必须采用黏壶进行耦合，如图 5.46 所示。为了使得土柱自由波场求解正确，柱网格结点的应力不能传给土柱单元，信息只能从土柱单元流向主网格单元，而不能反过来。则土柱结点 1 与 4 施加给主网格结点 2 与 3 的外力为

$$
\begin{cases}
P_x^{(2)} = \dfrac{t}{2}\left[h\rho c_p\ (\dot{u}_1 - \dot{u}_2)\ + l_x\lambda\ (v_4 - v_1) \right] \\[2mm]
P_y^{(2)} = \dfrac{t}{2}\left[h\rho c_s\ (\dot{v}_1 - \dot{v}_2)\ + l_x\mu\ (u_4 - u_1) \right] \\[2mm]
P_x^{(3)} = \dfrac{t}{2}\left[h\rho c_p\ (\dot{u}_4 - \dot{u}_3)\ + l_x\lambda\ (v_4 - v_1) \right] \\[2mm]
P_y^{(3)} = \dfrac{t}{2}\left[h\rho c_s\ (\dot{v}_4 - \dot{v}_3)\ + l_x\mu\ (u_4 - u_1) \right]
\end{cases}
\tag{5 - 106}
$$

式中，当为左侧边界时，$l_x = -1$；当为左侧边界时，$l_x = 1$。$P_K^{(n)}$ 表示给结点 n 施加沿 k 方向的力。

式（5 - 106）写成矩阵形式为

$$
\boldsymbol{P} = \boldsymbol{C}''\dot{u} + \boldsymbol{K}''u
\tag{5 - 107}
$$

则静态力残差 G 可计算为

$$
G = (\boldsymbol{C}'' - \boldsymbol{C}')\,u + (\boldsymbol{K}'' - \boldsymbol{K}')\,u = -\boldsymbol{C}\dot{u} - \boldsymbol{K}u
\tag{5 - 108}
$$

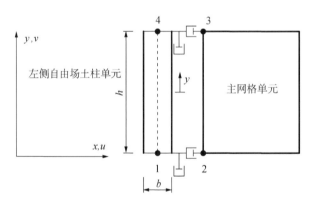

图 5.46　左侧自由场单元

进一步可通过式（5 - 88）～式（5 - 90）计算 RHS、AMATRX，就可进行编程。对于右侧自由场单元可以采取同样的方法建立。

为了验证所开发的自由场单元 UEL 的正确性，建立如图 5.47 所示的有限元分析模型。模型宽为 100 m、高为 200 m，密度为 2000 kg/m³，弹性模量为 2 GPa，泊松比为 0。模型左右两侧黑色边框内 "××" 代表开发的自由场用户单元。在模型底部输入垂直向上入射

的正弦 SV 波脉冲，模型内从下到上依次设置 3 个水平速度监测点，点 P1 位于底部输入边界上，点 P2 位于模型中间，点 P3 位于顶面，顶面为自由面。图 5.48 为模型内部速度矢量图，可清晰看到左右两侧边界上 SV 波波形没有产生扭曲，边界结点速度为水平。由图 5.49 可看到 P1、P2、P3 点水平速度时程与理论一致。

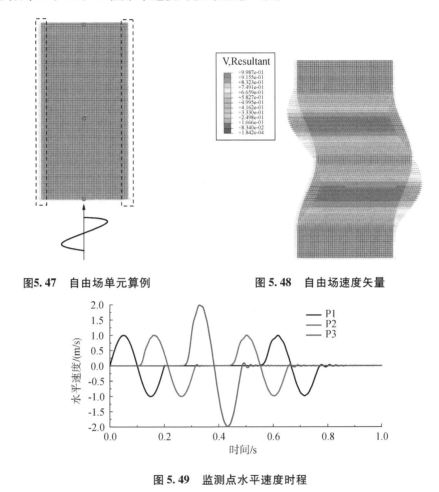

图5.47　自由场单元算例　　　　　　图 5.48　自由场速度矢量

图 5.49　监测点水平速度时程

5.6　一种新的静动力组合边界模型与有限元实施

动力分析一般建立在静力分析基础上，如图 5.50 所示。静力分析阶段用于建立初始应力场、模拟开挖等。静力阶段分析完后，要进行动力分析时必须将人工边界上的位移约束去掉，将结点反力施加到人工边界上。然后在底部入射边界输入强震波，进行动力时程分析。为了使方程散射波在人工边界上返回模型内部，需要在人工边界上设置吸收边界。当在左右两侧采用黏弹性边界时，施加结点反力进行强震动力分析过程中，由于法向弹簧可以使得模型产生弹性恢复，计算过程中模型不会产生漂移，但是左右两侧黏弹性边界对散射波吸收的功能是由其黏壶部分起作用的，上行波在左右两侧边界上仍然会产生扭曲，为了减小这种扭曲对动力分析成果的影响，必须将左右两侧边界取的很远，增加了动力计算的成本。黏弹性边界的主要优势在于内源波动问题，对于外源波动问题，虽然可以避免模型漂移，但是上行波在左右两侧仍然会扭曲。当在左右两侧采用黏性边界时，静力计算完成后，四周人工边界上施加结点反力，动力分析过程中，整个模型完全是处于漂浮状态，会产生很大的刚体位移，使得位移分析失真。而且左右两侧黏性边界会使得上行波扭曲，对动力计算成果产生干扰。为了减少干扰，必须将左右两侧模型取得很远。当四周人工边界采用无限元边界进行分析时，静力分析与动力分析都不需要改变边界条件，静力分析完成后，直接在底部入射边界上施加强震波进行动力分析，模型不会产生漂移。但是左右侧无限元边界对散射波吸收的主要机制与黏性边界一样，会使得上行波在左右两侧人工边界上产生扭曲，干扰动力分析成果。为了减少这种干扰，必须将左右两侧边界取得很远，增加动力计算成本。为了克服以上问题，笔者提出一种基于自由场和无限元组合动力分析模型。静力计算阶段，模型底部边界采用无限元边界，模型两侧采用位移约束，静力阶段计算完成后，将左右两侧位移约束去掉，施加结点反力，安装自由场边界，这样可以避免上行波在左右侧人工边界上扭曲，而底部无限元边界即可以吸收散射波，又可以防止整个模型产生漂移，使得位移计算不会失真。该模型如图 5.51 所示，具有良好应用前景。如图 5.52 所示为四周采用无限元边界、底部输入 SV 波的速度矢量图；如图 5.53 所示为采用自由场－无限元边组合边界、底部输入 SV 波的速度矢量图。图 5.52 与图 5.53 对比可看出无限元边界使得速度矢量在左右侧人工边界上产生扭曲，而新的边界模型不会产生这种扭曲。

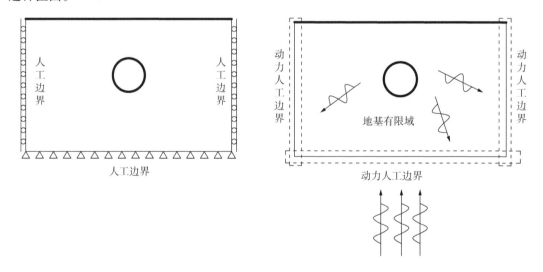

图 5.50　强震动力时程计算静动力统一人工边界

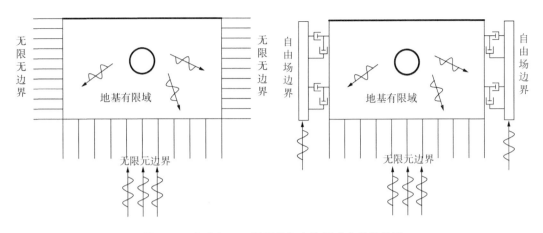

图5.51　自由场－无限元边组合边界动力分析模型

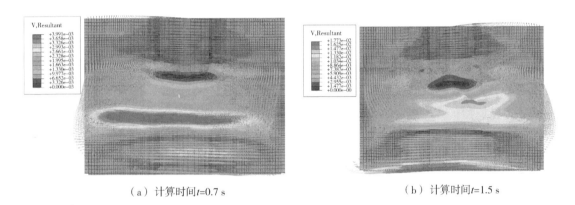

（a）计算时间t=0.7 s　　　　　　　　（b）计算时间t=1.5 s

图5.52　四周采用无限元边界的速度矢量图

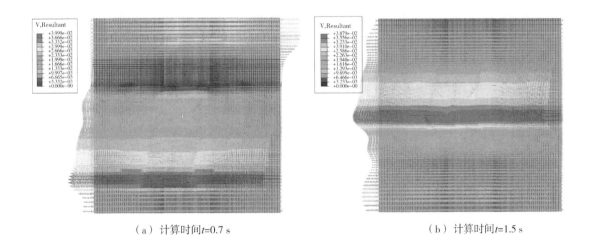

（a）计算时间t=0.7 s　　　　　　　　（b）计算时间t=1.5 s

图5.53　自由场－无限元边组合界的速度矢量图

5.7 深埋隧洞动力边界条件设置方法研究

岩体隧洞及洞室群一般位于山川河谷地形的侧面山体内，洞室埋深有浅有深。进行浅埋隧洞强震动力响应时程分析时，有限元模型顶面一般取到地面，二维模型包含的单元数目一般不超过 15 万，小型工作站即可进行计算，因此目前有关浅埋隧洞强震动力响应规律的文献较多。但是深埋隧洞由于埋深巨大，动力时程分析时，对单元尺寸大小有严格要求，为了获得正确的波场分布，有限元模型需要建到地表，但是这样会使得模型单元数目巨大，小型工作站无法完成计算任务。由于数值计算的困难，导致深埋隧洞强震动力响应的相关研究成果较少，其强震动力响应规律也不太明确。

5.7.1 理论基础

考虑到目前计算机的计算性能，地下洞室强震动力时程计算模型主要有两种：①包含地表的完整模型；②不包含地表的盒子模型，见图 5.54。完整模型适用于洞室埋深较浅的情况，此时模型单元划分数目在可以接受范围之内。当洞室埋深较深时，由于精确的工程波动计算对模型单元的尺寸大小有严格要求，此时单元数目巨大，完全超出计算能力，此时要采用盒子模型。完整模型的优点在于可以考虑地表地形反射效应，计算模型与实际情况一致，但是洞室埋深有限；盒子模型优点在于单元数目在计算能力之内，但是与实际情况差别很大。

国内深埋洞室强震动力时程计算模型统计表如表 5.2 所示。由表 5.2 可知，计算模型的垂直埋深一般在 600 m 以内，以二维完整计算模型为主。盒子模型主要用于研究单个洞室局部范围内的非线性因素对强震动力响应的影响。马莎等[171]针对动力时程分析中深埋地下洞室群有限元模型不便于建立到山顶地表的现实情况，在盒子模型基础上，采用解析法求解模型顶部至地表范围的波动场，并通过人工边界将求解的地表反射波入射到计算模型内。对于模型四周边界，采用波场分离技术，使模型四周边界仅透射外行散射波。张雨霆等[172]提出了大型地下洞室群强震响应分析的动力子模型法。该方法将大范围、粗网格的地下强震波动场计算与小范围、细网格的结构动力计算分开，分别建立粗网格和细网格模型分析，粗网格的强震波动场计算的结果可为细网格的结构计算模型提供边界条件。但是该方法过于复杂，不便于工程人员操作。实际上地表反射效应对洞室强震动力响应的影响主要与洞室的埋深、波速、强震波持时有关，需考虑地形反射效应对现有盒子模型进行修正，建立合适的深埋洞室强震动力有限元计算模型。

表 5.2 洞室强震动力时程计算模型统计

计算人员	计算模型	洞室埋深/m	洞室尺寸/m	计算软件
赵宝友等[40]	二维完整模型	400	32.0 × 75.0	ABAQUS
赵宝友等[166]	二维完整模型	200	30.0 × 40.0	ABAQUS
张志国等[167]	二维完整模型	140	24.00 × 37.25	自己开发的开发显式有限元分析软件
李海波等[168]	三维盒子模型	100 ~ 1000	10 × 40 × 10	FLAC3D
王如宾等[169]	三维完整模型	水平埋深 200 ~ 300，垂直埋深 300 ~ 650	246.0 × 25.3 × 65.8	FLAC3D
隋斌等[170]	二维盒子模型	水平埋深 310 ~ 530，垂直埋深 390 ~ 520	24.00 × 75.08	FLAC3D

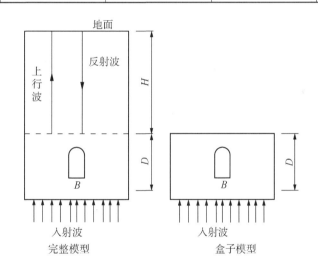

图 5.54 深埋洞室强震动力时程计算完整模型与盒子模型

要准确实现波动问题的输入，需要事先知道入射的自由波场在人工边界处的反应。因此要先求出自由波场中人工边界上的位移、速度和应力，进而得到人工边界上需要施加的自由场等效荷载，最终实现在黏性人工边界上的波动输入。

建立如图 5.55 所示的包含地表的倾斜地面完整模型（其内部包含盒子模型区域），强震波由模型底部人工边界处向上入射，假设洞室为深埋，洞室对盒子上部区域上行波的影响可忽略不计，即盒子上部区域的上行波仍然看做是下部的入射波，该波到达地面后将被反射。设地面倾角为 α，上行波在地面的入射角和反射角也为 α，盒子模型高度为 D，宽度为 B，盒子模型左上端点到地面的距离为 H。则盒子模型顶部的内行波为反射的自由波场，盒子顶面（虚线处）也为一入射面，因此需要在盒子顶面建立反射自由波场的入射机制（见图 5.56），下面对 SV 波入射情况进行研究。

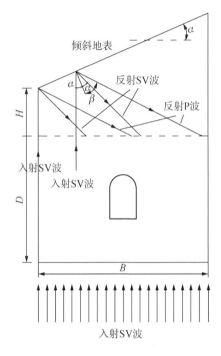

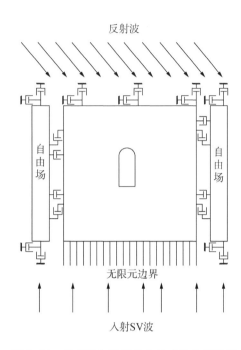

图 5.55 包含地表的倾斜地面完整模型　　**图 5.56 考虑地表反射效应的改进盒子模型**

由于平面 SV 波在自由面反射会产生波型转换，此时盒子顶部的反射波由反射 SV 波和反射 P 波构成。沿平面 SV 波的传播方向上建立局部正交直角坐标系 $\xi - \eta - \gamma$，ξ 方向为波矢量方向，η 垂直波矢量方向，γ 垂直纸面向外。盒子模型顶部边界的自由场位移为

$$u_{t0}(x, y, t) = B_1 u_{st0}(t - \Delta t_3)\cos(2\alpha) + B_2 u_{st0}(t - \Delta t_4)\sin(\alpha + \beta)$$
$$v_{t0}(x, y, t) = B_1 u_{st0}(t - \Delta t_3)\sin(2\alpha) - B_2 u_{st0}(t - \Delta t_4)\cos(\alpha + \beta)$$

$$(5-109)$$

式中，u_{t0} 为人工边界结点的自由场法向位移，v_{t0} 为人工边界结点的自由场切向位移，B_1 为反射 SV 波幅值与入射 SV 波幅值的比值，B_2 为反射 P 波幅值与入射 SV 波幅值的比值，Δt_3 为反射 SV 波从盒子底部到地面再到盒子顶部的耗时，Δt_4 为反射 P 波从盒子底部到地面再到盒子顶部的耗时，α 为入射 SV 波的入射角，β 为反射 P 波的反射角。B_1、B_2 计算方法如下。

$$B_1 = \frac{\text{反射 SV 波位移幅值}}{\text{入射 SV 波位移幅值}} = \frac{-c_s^2\sin(2\alpha)\sin(2\beta) + c_p^2\cos^2(2\alpha)}{c_s^2\sin(2\alpha)\sin(2\beta) + c_p^2\cos^2(2\alpha)} \quad (5-110)$$

$$B_2 = \frac{\text{反射 P 波位移幅值}}{\text{入射 SV 波位移幅值}} = \frac{c_s c_p\sin(4\alpha)}{c_s^2\sin(2\alpha)\sin(2\beta) + c_p^2\cos^2(2\alpha)} \quad (5-111)$$

$$\sin\beta = \frac{c_{\mathrm{p}}\sin\alpha}{c_{\mathrm{s}}} \tag{5-112}$$

$$\alpha \leqslant arc\sin\left(\frac{c_{\mathrm{s}}}{c_{\mathrm{p}}}\right) \tag{5-113}$$

式中，c_{p} 为 P 波波速、c_{s} 为 S 波波速。

盒子模型顶部边界面反射波产生的动应力为

（1）对于反射 SV 波有

$$\sigma_{y0} = 2\tau_{\xi\eta}\sin(2\alpha)\cos(2\alpha) = -B_1\rho c_{\mathrm{s}}\sin(4\alpha)\dot{u}_{\mathrm{sv}0}\ (t-\Delta t_3) \tag{5-114}$$

$$\tau_{xy0} = \tau_{\xi\eta}(\sin^2 2\alpha - \cos^2 2\alpha) = B_1\rho c_{\mathrm{s}}\cos(4\alpha)\dot{u}_{\mathrm{sv}0}(t-\Delta t_3) \tag{5-115}$$

（2）对于反射 P 波有

$$\sigma_{y0} = -\sigma_{\xi}\cos^2(\alpha+\beta) - \sigma_{\eta}\sin^2(\alpha+\beta) = B_2\frac{\lambda+2G\cos^2(\alpha+\beta)}{c_{\mathrm{p}}}\dot{u}_{\mathrm{sv}0}\ (t-\Delta t_4) \tag{5-116}$$

$$\tau_{xy0} = (\sigma_{\eta}-\sigma_{\xi})\cos(\alpha+\beta)\sin(\alpha+\beta) = \frac{B_2 G\sin 2(\alpha+\beta)}{c_{\mathrm{p}}}\dot{u}_{\mathrm{sv}0}\ (t-\Delta t_4) \tag{5-117}$$

式中，λ 和 G 为岩体拉梅常数。

顶边界的总自由场等效荷载为

$$\sigma_{y0} = -B_1\rho c_{\mathrm{s}}\sin(4\alpha)\dot{u}_{\mathrm{sv}0}\ (t-\Delta t_3)\ + B_2\frac{\lambda+2G\cos^2\ (\alpha+\beta)}{c_{\mathrm{p}}}\dot{u}_{\mathrm{sv}0}\ (t-\Delta t_4) \tag{5-118}$$

$$\tau_{xy0} = B_1\rho c_{\mathrm{s}}\cos(4\alpha)\dot{u}_{\mathrm{sv}0}\ (t-\Delta t_3)\ + \frac{B_2 G\sin 2\ (\alpha+\beta)}{c_{\mathrm{p}}}\dot{u}_{\mathrm{sv}0}\ (t-\Delta t_4) \tag{5-119}$$

式中，ρ 为岩体密度。

则在顶边界节点上要输入的结点外力为

$$F_{\mathrm{y}} = \left[-c_{\mathrm{p}}\frac{\partial v\ (P)}{\partial t} + c_{\mathrm{p}}\rho\frac{\partial v_{t0}\ (P)}{\partial t} + \sigma_{y0}\right]A \tag{5-120}$$

$$F_{\mathrm{x}} = \left[-c_{\mathrm{s}}\frac{\partial u\ (P)}{\partial t} + c_{\mathrm{s}}\rho\frac{\partial u_{t0}\ (P)}{\partial t} + \tau_{xy0}\right]A \tag{5-121}$$

式中，P 代表人工边界结点，σ_0（P）、τ_0（P）为边界结点施加的自由场等效法向和切向荷载，u_{t0}（P）、v_{t0}（P，t）为人工边界节点自由场法向位移和切向位移，u（P）、v（P）为人工边界结点法向位移和切向位移，A 为结点面积。此时顶边界外法向为正 y 向。

　　在盒子左侧采用自由场动力人工边界，底部采用无限元边界，顶部加上黏性边界，在盒子顶部边界上建立如上所述的反射自由场强震波入射机制，就得到如图 5.56 所示的改进盒子模型，该模型既能用于深埋洞室强震动力响应研究，又能考虑地面的反射效应（只能考虑直线地面）。

5.7.2　数值算例

　　建立如图 5.57 所示的完整模型与盒子模型数值算例。完整模型的宽为 15 m、高为

240 m；盒子模型的宽为 15 m、高为 160 m。盒子模型的顶部为完整模型内部实线的截断面。两种模型弹性模量为 4 GPa、泊松比为 0、密度为 2 600 kg/m³。在两个模型底部同时输入幅值为 0.5 m/s、持时为 0.5 s 的半正弦脉冲 SV 波，SV 波传播方向竖直向上。盒子模型顶部采用黏性吸收边界，完整模型顶部为自由面。由于此时 SV 波垂直入射，故反射波场只有反射 SV 波存在。为了考虑反射 SV 波的作用，在盒子模型顶部输入式（5 – 115）所示的动剪应力，以式（5 – 121）所示的结点力方式施加在盒子模型顶部结点上。由弹性动力学理论可算出 SV 波从底部入射，到达完整模型的顶部自由面，再反射到盒子模型的顶部截断面需要 0.364 8 s。故盒子模型顶部动剪应力需要从 0.364 8 s 开始施加。在盒子模型顶部和完整模型内部与盒子模型顶面等高的地方布置速度监测点，二者的水平速度时程曲线见图 5.58。由图 5.58 可看出，盒子模型顶部监测点的水平速度时程与完整模型内部同高程点的速度时程曲线完全一样，说明了在盒子模型顶部设置黏性吸收边界，同时施加反射 SV 波的动应力时程，可以等效考虑地面的反射效应。采用这种方法既可以避免数值模型建到地表，又可以考虑地表反射效应，使得计算效率大为提高，为深埋洞室强震动力响应时程分析提供了切实可行的途径。

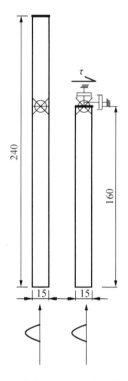

（a）完整模型　（b）盒子模型

图 5.57　完整模型与盒子模型数值算例（单位：m）

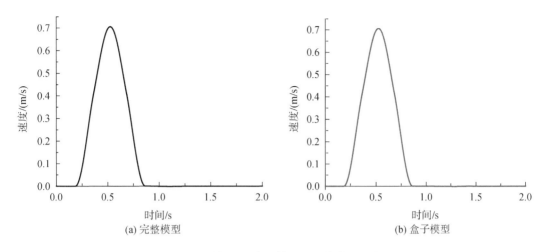

图 5.58　完整模型与盒子模型监测点水平速度时程

5.8　长隧洞抗震分析序列型地震动输入方法

5.8.1　串联输入法缺陷

强震观测记录表明，多数情况下每次主震过后通常伴随着多次余震的发生，且89%地震伴有强余震或较强余震，且大部分余震发生在主震过后较短的时间内，从而导致主震损伤结构未能得到及时修复而再次遭受余震的"二次损伤"。主震和余震形成时空群集，构成地震序列。实践证明，强余震将加剧工程结构的主震损伤效应，使其遭受更严重的破坏，开展长隧洞结构在地震序列作用下的抗震安全评估，具有重要意义。目前对工程结构开展考虑地震序列作用的有限元动力时程分析时，主要采用串联法构造输入的地震序列，即将主震地震动、余震地震动按时间先后直接串接，并且两者之间保持一定时间间隔，以形成序列型地震动，然后垂直输入。

串联法（见图 5.59）构造主余震序列主要存在两大难题：第一，主余震序列型地震动的选取及时间间隔的取值，缺乏有效的方法与标准。①通常主震过后存在着大量余震，跨断层破碎带长隧洞在主余震序列作用下的动力响应将受到主震和余震的频谱特性、峰值以及有效持时的综合影响，数值分析时采取什么方法与标准去选取相应的主余震地震动，以使所构造的地震序列最具破坏力，没有得到有效解决。②另外，针对具体的隧洞（道）工程，动力时程分析时如何构造主余震序列型地震动，以符合场地实际地震地质条件，至关重要。③同时，由于隧洞（道）地震动力响应受埋深、场地地形及不利地质结构的影响明显，不同埋深、场地地形及地质条件下，主震与余震地震动之间时间间隔如何取值，以反映主震作用结束后岩体与隧洞结构的弹性恢复效应，目前缺乏针对性研究。第二，近场条件下对基于串联法所构造的序列型地震动进行倾斜输入时，难以考虑主震地震动与余震地震动入射方向的差异性。长大隧洞（道）属于大尺度工程结构，其工程场地的地震动作用呈现强烈的空间非一致性，近场条件下主震与余震地震动都将倾斜入射且入射角度一般不同（见图 5.60）。

长隧洞属于大尺度工程结构，其工程场地的地震动作用呈现强烈的空间非一致性，开展近场条件下长隧洞结构遭受地震序列作用的抗震安全稳定性评估时，需考虑输入地震动的斜入射问题。近场条件下序列型地震动（地震序列）中，各子地震动的震源在空间上可能相隔一定距离，进行长隧洞抗震安全分析时，各子地震动都将倾斜入射且入射角度可能不同。对基于串联法所构造的序列型地震动进行倾斜输入时，无法考虑各子地震动斜入射角度的差异性。所以，亟需提出一种可以有效表征各子地震动斜入射角度差异性的地震序列构造方法，为长隧洞结构在近场地震序列作用下的有限元动力时程分析提供合理的输入地震序列。

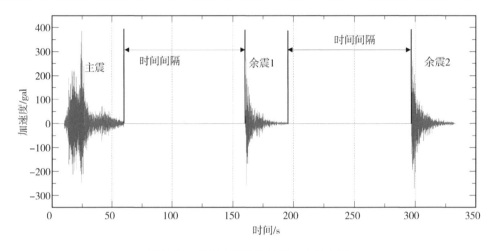

图 5.59　基于串联法构造的主余震序列

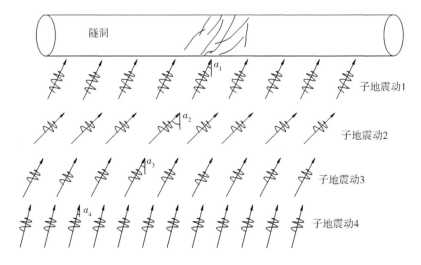

图 5.60　长隧道遭受近场序列型地震动作用

5.8.2　并联输入法构造

基于串联法构造的主余震序列型地震动近场倾斜输入时，为考虑主震与余震地震动入射方向的差异性，可通过将地震序列与矩形单位脉冲函数相乘，将其分别拓展为等时长的并联式时间序列，不同序列以各自的入射角度同时输入模型。

根据隧洞场址的地震地质条件及地震安全评价报告，从国家地震科学数据共享中心（http：//data. earthquake. cn/）、美国太平洋地震中心 PEER（Pacific Earthquake Engineering Research Center）NGA – West2 等强震数据库中选取主震地震动及对应余震地震动的加速度时程记录，形成子地震动数据库；子地震动加速度时程记录数据库包括主震地震动的加速度时程记录及对应余震地震动的加速度时程记录。获取子地震动加速度时程记录的准则为：主震地震动与对应的余震地震动来源于同一个地震监测台站，且记录方向相同。设共选取 N 条子地震动记录，N 条地震记录包括按照时间顺序排布的 1 条主震地震动及与主震地震动相对应的 N – 1 条余震地震动记录。

采用串联法将各子地震动的加速度时程记录按地震动发生时间先后首尾串接，生成初始地震序列，即，按地震动发生时间先后，将各子地震动的加速度时程记录首尾串接，生成初始地震序列。

初始地震序列中包括 1 条主震地震动的加速度时程记录及主震地震动对应的 N – 1 条余震地震动的加速度时程记录，见图 5.61。初始地震序列中主震地震动与相邻的余震地震动之间、以及相邻的余震地震动之间的时间间隔取为 2 倍的主震地震动加速度时程记录时长；这样保证上次地震动结束后围岩与衬砌结构的振动可以充分平息，以模拟实际地震中余震开始作用时地下结构处于静止状态。根据初始地震序列中各子地震动加速度时程记录的开始和结束时刻，构建与各子地震动相对应的矩形单位脉冲函数，见图 5.62。矩形单位脉冲函数公式为，

$$P_i(t) = \begin{cases} 0, 0 \le t \le t_{2i-1} \\ 1, t_{2i-1} \le t \le t_{2i} \\ 0, t_{2i} < t \le t_s \end{cases} \tag{5-122}$$

式中，$p_i(t)$ 为第 i 个子地震动对应的矩形单位脉冲函数，t 为时间，t_{2i-1} 为第 i 个子地震动加速度时程的开始时刻，t_{2i} 为第 i 个子地震动加速度时程的结束时刻，t_s 为初始地震序列的总时长。

将初始地震序列分别与各子地震动所对应的矩形单位脉冲函数相乘，获得与各子地震动所对应的加速度时间序列，见图 5.63，各加速度时间序列的时长与初始地震序列总时长 t_s 相等。所生成的多条等时长的加速度时间序列并联形成新的地震序列。然后，可根据各地震动震源位置与隧洞场址的空间几何关系，计算各子地震动的斜入射角度；将地震序列中的各加速度时间序列以相应的入射角度同时输入预先构建的三维非线性有限元地震动力分析实体模型，进行动力时程分析，对长隧洞结构在地震序列作用下的抗震安全稳定性进

行评估。

上述方法用加速度时间序列并联形成地震序列，克服了以往基于串联法所构造的序列型地震动倾斜输入时无法考虑各子地震动斜入射角度的差异性的缺陷，可以为近场条件下长隧洞遭受地震序列作用的抗震安全数值模拟研究提供合理的输入，尤其是可充分考虑近场脉冲序列型地震序列中各子地震动的入射角度对长隧洞的动力破坏过程的影响。

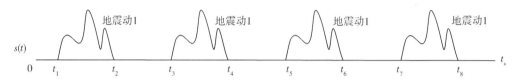

图 5.61 将各子地震动进行串联

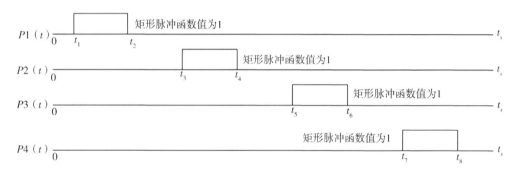

图 5.62 构造的矩形单位脉冲函数

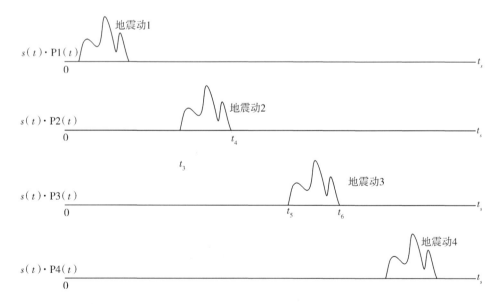

图 5.63 所构造的并连式地震序列

5.9　本章小结

本章基于动力人工边界理论基础，推导了适用于平面波斜入射、柱面波入射、Rayleigh 面波入射的通用强震动输入公式，提出了颗粒离散单元法动力人工边界设置方法，实现了三种常见的动力人工边界在有限元中的数值开发，提出了一种新的静动力组合边界模型，建立了深埋隧洞改进盒子模型动力人工边界设置方法，为后续研究打下坚实的基础，得出如下具体结论：

（1）推导了人工边界处通用的地震动等效结点荷载输入公式（5－12），该式对于空间平面波斜入射、柱面波入射、Rayleigh 面波入射都适用，具有普遍意义。

（2）对黏性边界、黏弹性边界、自由场边界及无限元边界的理论基础进行了深入剖析。基于大型商业有限元软件 ABAQUS，采用自定义单元二次开发 UEL 和 VUEL 模块，对黏性边界、黏弹性边界、自由场边界进行了二次开发，采用相关数值算例进行了验证。

（3）鉴于颗粒离散单元数值计算模型的人工边界上颗粒单元半径大小不一、边界面凸凹不平，在连续介质的黏性、黏弹性、自由场边界条件方程基础之上，推导出适用于离散介质的等效方程。在离散介质的黏性边界条件等效方程中引入微调系数，提出比值迭代法以快速确定其最优值，以实现对波的最佳吸收。采用二维颗粒离散单元计算软件 PFC2D 分别建立黏性、黏弹性、自由场边界条件相关数值分析模型，探讨颗粒分布模式对黏性边界上颗粒单元半径、速度分布及比值迭代过程的影响；采用外源波动算例及经典 Lamb 问题算例验证黏弹性边界设置方法的正确性；通过隧洞算例检验提出的自由场边界条件设置方法的正确性。

（4）提出了一种基于自由场与无限元组合的动力边界模型，可以克服无限元边界在模型侧边界上波形扭曲的缺陷，保留其可以避免位移约束释放后模型整体飘逸的优点。新的动力边界模型对散射波可进行有效吸收，尤其适用外源波动问题。

（5）针对深埋岩石隧洞动力计算建模到地表导致单元数目巨大、无法完成计算任务的难题，建立了一种考虑地表反射效应的改进盒子模型，该模型可以使得动力计算高效完成，且可考虑地表反射波的影响。

（6）提出面向跨断层隧洞动力响应分析的主余震序列型地震动构造与近场输入方法，以有效表征各子地震动斜入射角度差异性，为长隧洞结构在近场地震序列作用下的有限元动力时程分析提供合理的输入地震序列。

第6章 跨活动断层段隧洞抗震适应性研究

6.1 分析条件与建模

  地震作用造成的地下工程破坏也是主要的工程灾害之一。原有的以地震波传播理论为基础计算地下工程变形并进行工程设计的方法，没有全面考虑地下工程与围岩的相互作用以及地质情况的变化，分析得到的变形偏小。伴随着大规模数值分析方法的发展，应用有限差分、有限元、离散元等分析方法来系统研究岩体地下工程结构同围岩的相互作用，考虑复杂的地质变化等，通过大规模计算分析地下工程的复杂变形特征，成为目前的发展趋势。本章拟应用基于显示有限差分法的岩土工程数值模拟软件FLAC3D，建立滇中引水工程香炉山隧洞的三维数值计算模型，开展地震响应分析，为拟建工程的地震反应的预测及地震安全性评价提供理论依据和建议。

  数值计算中对动力的分析一般有两类方法，等价线性方法和全程非线性方法。等价线性方法首先对模型的不同区域给定阻尼率和剪切模量的初始值，然后通过每一迭代步的外加动力载荷作用，得到最大循环剪应变值，并以此来确定新的阻尼和剪切模量值。这个过程重复多次，直到获得"应变匹配"的阻尼和模量值，并且认为用该值所做的模拟代表该处真实的场地响应。在全程非线性方法里，这个过程只需进行一次，每个单元在求解路径上直接遵循非线性的应力－应变关系。该方法认为在所采用的非线性应力－应变关系合理情况下，程序自动模拟了阻尼和剪切模量对应变水平的依赖关系。等价线性方法比较容易操作，但在物理特性模拟上具有较大的随意性。FLAC3D软件在动力分析过程中采用的是全程非线性方法，该方法可以更准确地模拟材料的物理性质，同时该方法需用户介入，输入一个综合的应力－应变模型。

  采用基于显式有限差分法原理的FLAC3D软件数值模拟固体波在介质中的传播问题时，需要满足Kuhlemeyer与Lysmer提出的数值稳定性条件：

$$\Delta l \leqslant \frac{\lambda_l}{9 \sim 10} \tag{6-1}$$

式中，Δl 为数值模型中单元最大尺寸，λ_1 为与入射波最高频率相对应的波长，也即入射波中最短的波长。

动力分析中，单元最大尺寸需服从数值模拟波传播问题的数值稳定性条件式（6 - 1），而实际地震波频率在 0.4 ~ 10 Hz 这一范围，事实上在数值计算中，只要能够数值再现最高频率为 10 Hz（相应的周期为 0.1 s）这个水平的地震波作用即可。因此，首先由数值模型围岩的物理力学参数，根据式（6 - 2）、式（6 - 3）估算计算模型中传播的纵波波速 c_p = 784.65 m/s^2、横波波速 c_s = 386.33 m/s^2。然后，取波动卓越周期为 0.1 s，将以上数值代入式（6 - 1）即可求得最大单元尺寸为 4.8 m。因此数值模型中取单元最大尺寸为 4.5 m，洞周附近围岩计算单元最大尺寸为 0.5 m，满足数值稳定性要求。

$$c_p = \sqrt{\dfrac{E\ (1-\mu)}{\rho\ (1+\mu)\ (1-2\mu)}} \qquad (6-2)$$

$$c_s = \sqrt{\dfrac{E}{2\rho\ (1+\mu)}} \qquad (6-3)$$

式中，c_p 为弹性介质的纵波波速，c_s 为弹性介质的横波波速，E 为介质的弹性模量，μ 为介质的泊松比，ρ 为介质的密度。

在动力问题中，由于模型范围有限，边界上会产生波的反射，影响计算结果。为克服模型人工边界处的波动反射效应，将第 5.7 小节中所提出的深埋隧洞动力边界条件设计方法应用于本章数值计算中。第 4 章的静力开挖分析时考虑了动力分析中的这些要求，因此地震响应分析中分析模型直接采用第 4 章中静力开挖完成后的三维数值分析模型。根据静态开挖围岩稳定性分析的认识，隧洞过活动断层带部位衬砌内力较大的部位分别为断层带中心部位及断层带 - 上/下盘围岩接触部位。因此，地震动力响应中将着重考察这些部位。根据以上认识，动力计算中，分别设置了三个数值监测断面，如图 6.1（a）所示，三个监测断面分别位于断层带中心、断层带与上/下盘接触部位。在每个监测断面上分别设置四个响应监测点，即顶拱、底板、东/西侧边墙共四个监测点，如图 6.1（b）所示。

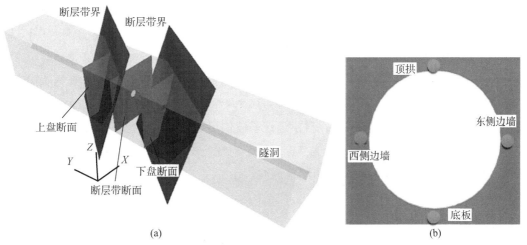

（a）　　　　　　　　　　　　　（b）

图 6.1　动力数值监测断面与监测点的布置

阻尼是动力分析中的重要参数，必须合理确定。对于动力分析而言，数值模拟的阻尼需要再现出自然系统中动荷载作用下能量的耗散。对于岩土体介质材料而言，其阻尼表现为与频率无关的特点。然而，数值再现这种特征的阻尼存在如下两个难点：其一，当几个波形重叠在一起时，许多简单的滞回函数无法对所有的成分实施同等的阻尼效应；其二，滞回函数导致计算阻尼与加载路径存在相关性，这使得计算结果难以解释。局部阻尼的工作机理是通过增加或减小单元节点的质量以达到提供阻尼的目的。在速度变号时增加质量，在速度达到最大值或最小值时减小质量。同时，要使计算模型的质量守恒，也即计算模型中增加的质量要等于减小的质量。局部阻尼与频率无关，这与岩土体介质的阻尼性质吻合。综上所述，在设置局部阻尼时无需对频率进行估计，使得应用非常简单。局部阻尼还具有计算速度快、计算精度较高的特点。综上所述，本章涉及跨断层隧洞的强震动力响应分析使用局部阻尼，经过文献调研与数值反演，局部阻尼系数取 0.15。

6.2　隧洞跨活断层段围岩的地震响应

本小结将在围岩开挖稳定性基础上，在无支护条件下，对隧洞过龙蟠—乔后断层（F10）的三条主断带部位进行设计地震动水平的三维地震响应分析。以期体现隧洞围岩的地震响应，并通过不同地震输入条件下的对比，确定最不利输入地震动。

6.2.1　F10-1 部位（DL∣12+000）

图 6.2 分别给出了隧洞跨 F10-1 部位在人工地震波、科伊纳地震波、汶川地震波作用下地震结束之后的地震位移云图（扣除开挖变形）。人工地震波和科伊纳地震波作用下，断层带围岩在震后的位移量值约为 7 cm；在汶川波作用下，洞室围岩在震后的位移量值约为 10 cm。由于地震位移中包含了部分岩土体整体刚体位移，因此讨论洞室各个测线的相对变形更具有意义。图 6.3、图 6.4 分别给出了三种地震波输入条件下隧洞跨 F10-1 段各数值监测断面（见图 6.1）在地震作用下围岩位移及相对变形时程曲线。各测线在人工地震波作用下震中最值约为 0.5～13 cm；在科伊纳地震波作用下震中最值约为 0.5～12.5 cm；在汶川地震波作用下震中最值约为 0.5～18.5 cm。各测线在人工地震波作用下震后相对变形约为 0.02～13 cm；在科伊纳地震波作用下震中最值约为 0.08～12.4 cm；在汶川地震波作用下震中最值约为 0.4～18.5 cm。对比三种地震波对隧洞造成的影响，结果表明汶川地震波 > 人工地震波 > 科伊纳地震波。

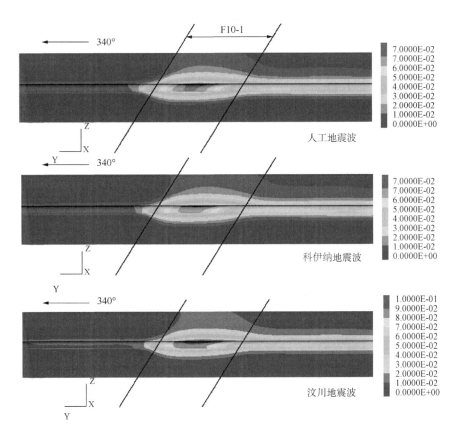

图 6.2 毛洞条件下 F10-1 部位地震后变形纵剖图（面朝西方）/m

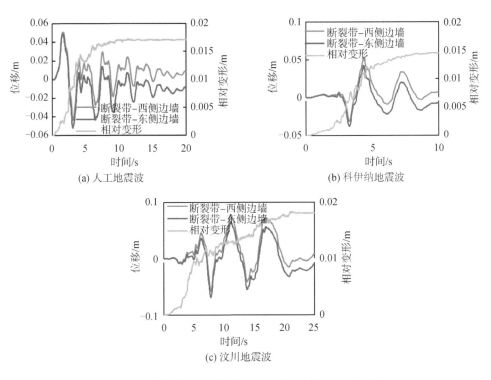

图 6.3 隧洞围岩断层带断面两侧边墙纵向变形时程

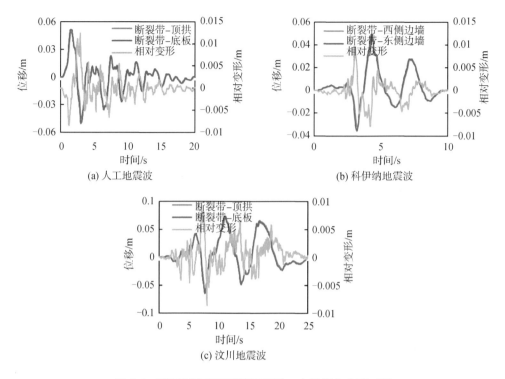

(a) 人工地震波

(b) 科伊纳地震波

(c) 汶川地震波

图6.4　隧洞围岩断层带断面顶拱—底板纵向变形时程

图6.5分别给出了隧洞跨F10-1部位在人工地震波、科伊纳地震波、汶川地震波作用下地震结束之后的大主应力云图。洞室围岩在地震作用后最大主应力分布特征基本不变，但是地震作用使围岩产生了一定的"应力松弛"现象。由于开挖应力释放，洞室围岩，尤其是边墙部位应力下降明显，因此在边墙附近形成了较为明显的应力松弛区。由于地震对围岩的振动作用，围岩开挖应力松弛区在震后有不同程度的扩大发展。三种地震波对开挖应力松弛区影响不大，影响较为类似。

图6.6～图6.11分别给出了隧洞跨F10-1部位在人工地震波、科伊纳地震波、汶川地震波作用下围岩关键部位的加速度响应时程曲线。结果表明：在相同的输入条件下，总体而言汶川波围岩地震响应最为强烈，而人工波和科伊纳波响应最小。这反应了不同频谱特性的地震动的影响差别。三种作用下隧洞横向加速度最大值为约2.7 m/s^2，发生在断层带底板部位；隧洞纵向加速度最大值为约2.4 m/s^2，发生在断层带顶拱和边墙；竖直向加速度最大值为3.7 m/s^2，发生在断层带边墙。从图6.6～图6.11可以发现岩体力学性质较弱的断层带部位在地震作用下受到的加速度最为剧烈。从图6.6～图6.11可以看出，加速度时程与变形时程变化规律基本相似。但洞室围岩附近均存在加速度放大效应，隧洞横向加速度放大效应较竖直向更为明显。顶拱与底板的两条曲线具有一定的相位差，但是总体上看具有相同的发展变化趋势。这说明在地震动作用下，隧洞围岩大体按照激振源的位移时程发生相应的受迫振动，地震作用所引发的围岩惯性效应很小；而相位差反映了激振源振动所产生的波动场抵达岩体介质点所需的时间。

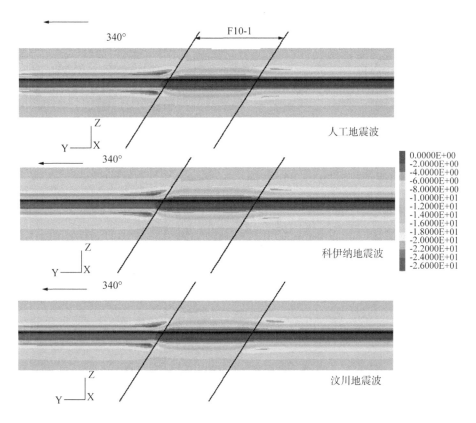

图 6.5　毛洞条件下 F10-1 部位地震后大主应力纵剖图（面朝西方）（MPa）

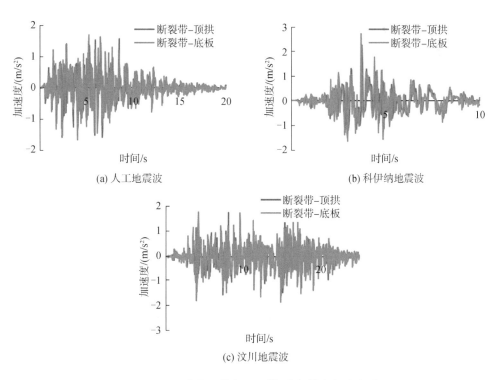

图 6.6　隧洞围岩断层带断面顶拱-底板横向加速度时程

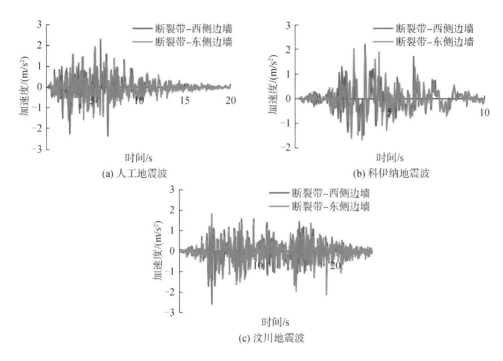

图 6.7　隧洞围岩断层带断面两侧边墙横向加速度时程

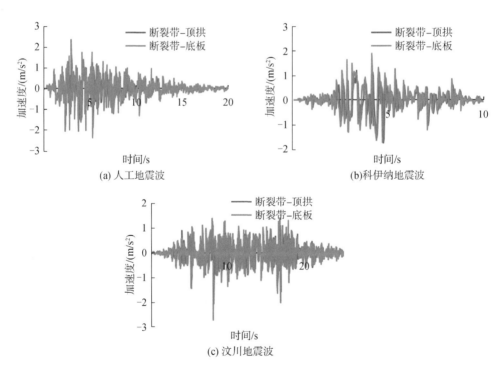

图 6.8　隧洞围岩断层带断面顶拱－底板纵向加速度时程

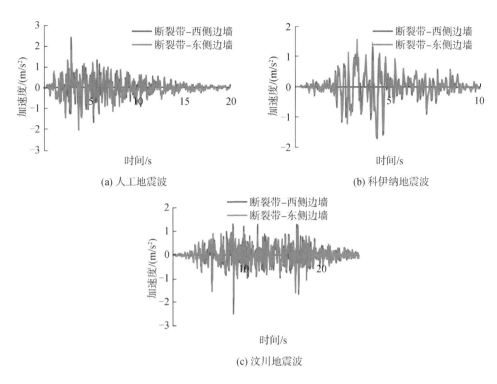

图6.9 隧洞围岩断层带断面两侧边墙纵向加速度时程

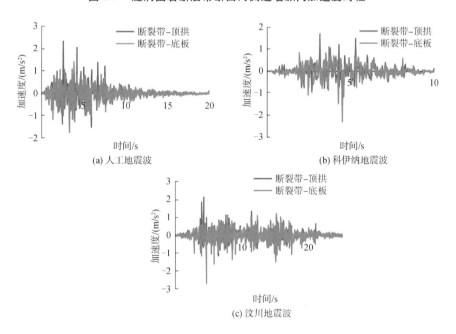

图6.10 隧洞围岩断层带断面顶拱－底板竖直向加速度时程

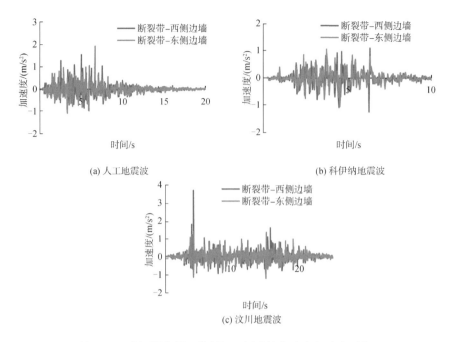

(a) 人工地震波   (b) 科伊纳地震波

(c) 汶川地震波

图 6.11　隧洞围岩断层带断面两侧边墙竖直向加速度时程

图 6.12 给出了在三种地震动作用下隧洞围岩震后塑性区。相比开挖完成后的情况，地震作用后，断层带部位塑性区最大深度达到 17~18 m 左右，相比开挖完成后增加了 4~5 m。从塑性区深度来看，三条地震波的影响较为接近；从不同地震动输入条件下断层带部位每延米塑性区体积统计来看，汶川地震波对洞室塑性区的影响较人工波和科伊纳波大，与前述各指标的研究成果相同吻合。

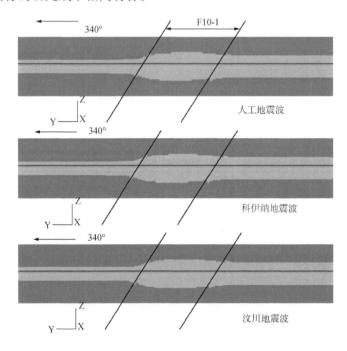

图 6.12　毛洞条件下 F10-1 部位地震后塑性区纵剖图（面朝西方）

6.2.2 F10-2 部位（DL I 12 + 900）

图 6.13 分别给出了隧洞跨 F10-2 部位在人工地震波、科伊纳地震波、汶川地震波作用下地震结束之后的地震位移云图（扣除开挖变形）。人工地震波和科伊纳地震波作用下，断层带围岩在震后的位移量值约为 7 cm；在汶川波作用下，隧洞围岩在震后的位移量值约为 10 cm。由于地震位移中包含了部分岩土体整体刚体位移，因此讨论洞室各个测线的相对变形更具有意义。图 6.4 ~ 图 6.16 分别给出了三种地震波输入条件下隧洞跨 F10-2 段各数值监测断面（见图 6.1）在地震作用下围岩位移及相对变形时程曲线。各测线在人工地震波作用下震中最值约为 0.1 ~ 12 cm；在科伊纳地震波作用下震中最值约为 0.5 ~ 11.4 cm；在汶川地震波作用下震中最值约为 0.5 ~ 17.7 cm。各测线在人工地震波作用下震后相对变形约为 0.03 ~ 12 cm；在科伊纳地震波作用下震中最值约为 0.01 ~ 11.3 cm；在汶川地震波作用下震中最值约为 0.1 ~ 17 cm。对比三种地震波对隧洞造成的影响，结果表明汶川地震波 > 科伊纳地震波 > 人工地震波。

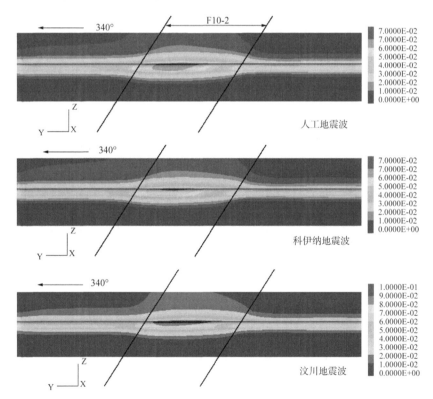

图 6.13 毛洞条件下 F10-2 部位地震后变形纵剖图（面朝西方）（m）

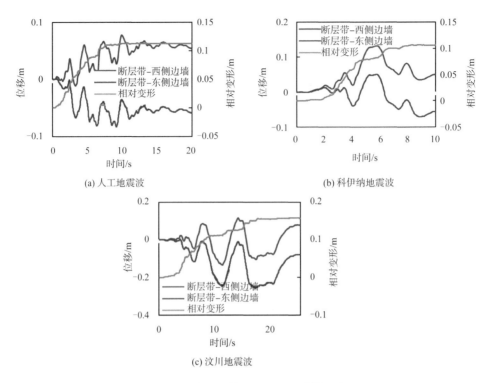

图 6.14　隧洞围岩断层带断面两侧边墙横向变形时程

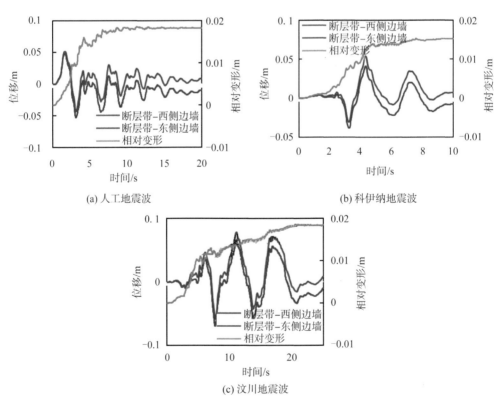

图 6.15　隧洞围岩断层带断面两侧边墙纵向变形时程

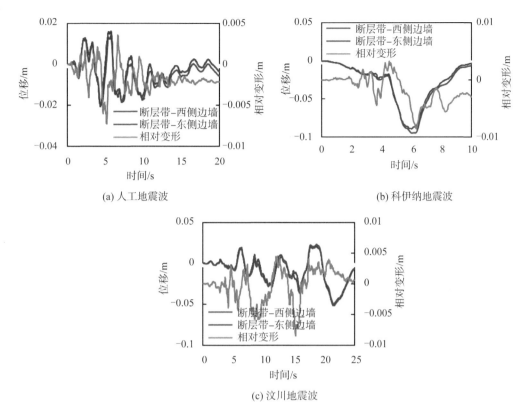

(a) 人工地震波　　　　　　　　　　　　(b) 科伊纳地震波

(c) 汶川地震波

图6.16　隧洞围岩断层带断面两侧边墙竖直向变形时程

图6.17分别给出了隧洞跨F10-2部位在人工地震波、科伊纳地震波、汶川地震波作用下地震结束之后的大主应力云图。洞室围岩在地震作用后最大主应力分布特征基本不变，但是地震作用使围岩产生了一定的"应力松弛"现象。由于开挖应力释放，洞室围岩，尤其是边墙部位应力下降明显，因此在边墙附近形成了较为明显的应力松弛区。由于地震对围岩的振动作用，围岩开挖应力松弛区在震后有不同程度的扩大发展。三种地震波对开挖应力松弛区影响不大，影响程度较为类似。

图6.18～图6.20分别给出了隧洞跨F10-1部位在人工地震波、科伊纳地震波、汶川地震波作用下围岩关键部位的加速度响应时程曲线。结果表明：在相同的输入条件下，总体而言汶川波围岩地震响应最为强烈，而人工波和科伊纳波响应最小。这反应了不同频谱特性的地震动的影响差别。三种作用下隧洞横向加速度最大值为约$2.1\ m/s^2$，发生在断层带西侧边墙部位；隧洞纵向加速度最大值为约$2.3\ m/s^2$，发生在断层带边墙；竖直向加速度最大值为$1.7\ m/s^2$，发生在断层带底板。以上结果表明岩体力学性质较弱的断层带部位在地震作用下受到的加速度最为剧烈。从各方案的围岩关键部位加速度响应时程曲线可以看出，加速度时程与变形时程变化规律基本相似。但洞室围岩附近均存在加速度放大效应，隧洞横向加速度放大效应较竖直向更为明显。顶拱与底板的两条曲线具有一定的相位差，但是总体上看具有相同的发展变化趋势。这说明在地震动作用下，隧洞围岩大体按照

激振源的位移时程发生相应的受迫振动，地震作用所引发的围岩惯性效应很小；而相位差反映了激振源振动所产生的波动场抵达岩体介质点所需的时间。

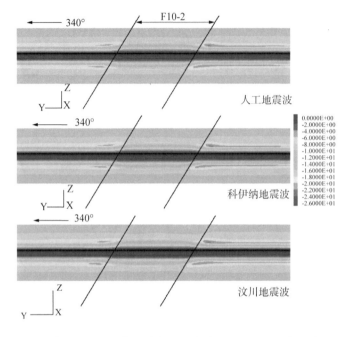

图 6.17　毛洞条件下 F10-2 部位地震后大主应力纵剖图（面朝西方）（MPa）

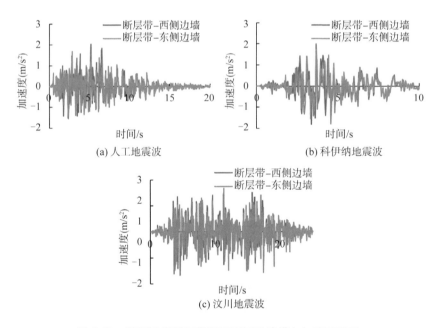

图 6.18　隧洞围岩断层带断面两侧边墙横向加速度时程

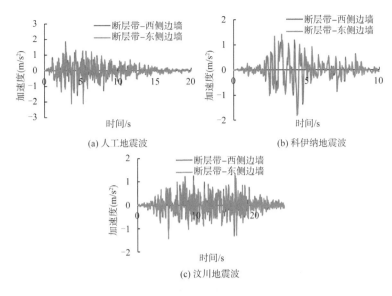

(a) 人工地震波　　　　　　　　(b) 科伊纳地震波

(c) 汶川地震波

图 6.19　隧洞围岩断层带断面两侧边墙纵向加速度时程

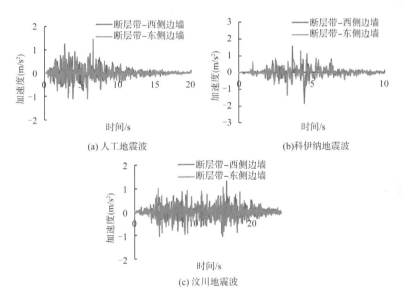

(a) 人工地震波　　　　　　　　(b)科伊纳地震波

(c) 汶川地震波

图 6.20　隧洞围岩断层带断面两侧边墙竖直向加速度时程

图 6.21 给出了在三种地震动作用下的隧洞围岩震后塑性区。相比开挖完成后的情况，地震作用后，断层带部位塑性区最大深度达到 17~18 m，相比开挖完成后增加了 4~5 m。从塑性区深度来看，三条地震波的影响较为接近；从不同地震动输入条件下断层带部位每延米塑性区体积来看，数据表明汶川地震波对洞室塑性区的影响较人工波和科伊纳波较大，与前述各指标的研究成果相同吻合。

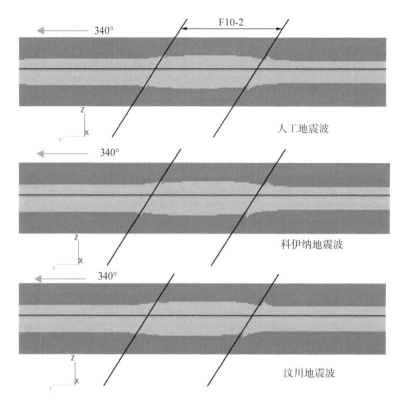

图6.21 毛洞条件下 F10-2 部位地震后塑性区纵剖图 (面朝西方)

6.2.3 F10-3 部位 (DL⏐15 + 200)

图 6.22 分别给出了隧洞跨 F10-3 部位在人工地震波、科伊纳地震波、汶川地震波作用下地震结束之后的地震位移云图 (扣除开挖变形)。人工地震波和科伊纳地震波作用下，断层带围岩在震后的位移量值约为 7~7.5 cm；在汶川波作用下，隧洞围岩在震后的位移量值约为 10 cm。由于地震位移中包含了部分岩土体整体刚体位移，因此讨论洞室各个测线的相对变形更具有意义。图 6.23~图 6.25 分别给出了三种地震波输入条件下隧洞跨 F10-3 段各数值监测断面 (见图 6.1) 在地震作用下围岩位移及相对变形时程曲线。各测线在人工地震波作用下震中最值约为 0.5~14 cm；在科伊纳地震波作用下震中最值约为 0.6~12.7 cm；在汶川地震波作用下震中最值约为 0.5~18.5 cm。各测线在人工地震波作用下震后相对变形约为 0.03~12.4 cm；在科伊纳地震波作用下震中最值约为 0.01~12.5 cm；在汶川地震波作用下震中最值约为 0.1~18.5 cm。对比三种地震波对隧洞造成的影响，表明汶川地震波 > 人工地震波 > 科伊纳地震波。

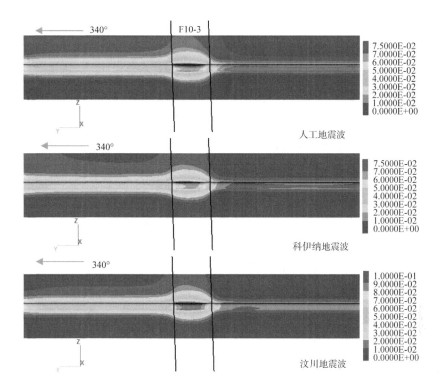

图 6.22 毛洞条件下 F10-3 部位地震后变形纵剖图 （面朝西方）（m）

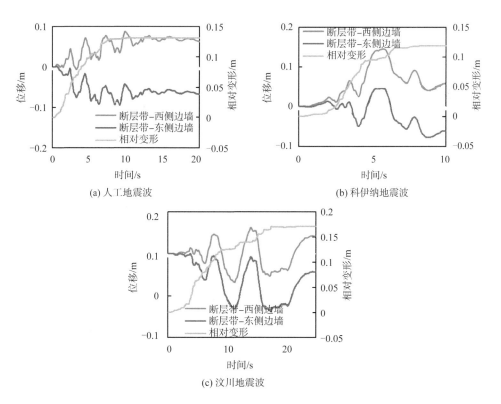

(a) 人工地震波

(b) 科伊纳地震波

(c) 汶川地震波

图 6.23 隧洞围岩断层带断面两侧边墙横向变形时程

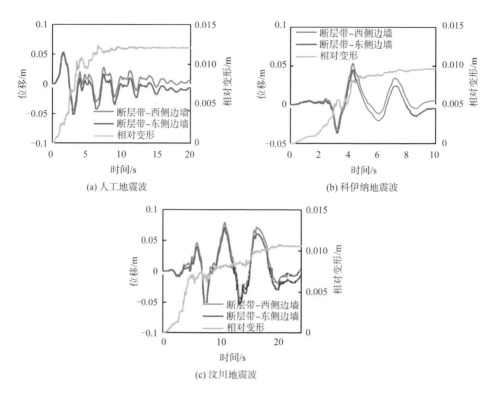

图 6.24　隧洞围岩断层带断面两侧边墙纵向变形时程

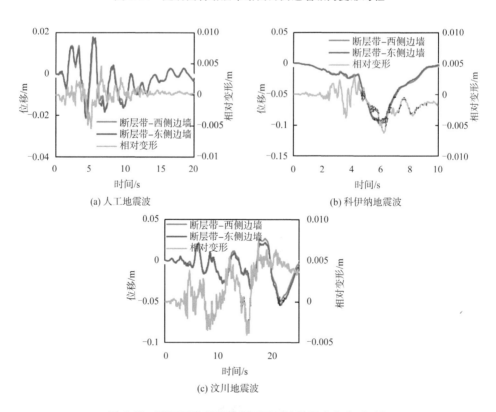

图 6.25　隧洞围岩断层带断面两侧边墙竖直向变形时程

图 6.26 分别给出了隧洞跨 F10-3 部位在人工地震波、科伊纳地震波、汶川地震波作用下地震结束之后的大主应力云图。洞室围岩在地震作用后最大主应力分布特征基本不变，但是地震作用使围岩产生了一定的"应力松弛"现象。由于开挖应力释放，洞室围岩，尤其是边墙部位应力下降明显，因此在边墙附近形成了较为明显的应力松弛区，由于地震对围岩的振动作用，围岩开挖应力松弛区在震后有不同程度的扩大发展。三种地震波对开挖应力松弛区影响不大，影响较为类似。

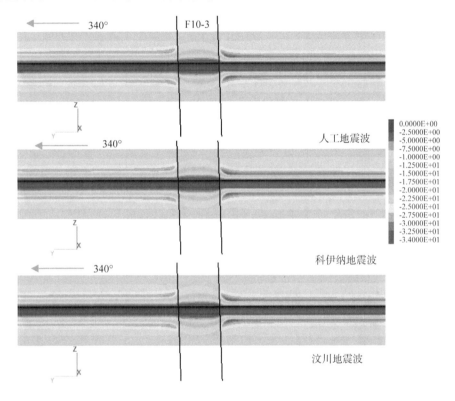

图 6.26　毛洞条件下 F10-3 部位地震后大主应力纵剖图（面朝西方）/MPa

图 6.27～图 6.29 分别给出了隧洞跨 F10-1 部位在人工地震波、科伊纳地震波、汶川地震波作用下围岩关键部位的加速度响应时程曲线。结果表明：在相同的输入条件下，总体而言汶川波围岩地震响应最为强烈，而人工波和科伊纳波响应最小。反应了不同频谱特性的地震动的影响差别。三种作用下隧洞横向加速度最大值为约 3.1 m/s²，发生在断层带边墙部位；隧洞纵向加速度最大值为约 3.5 m/s²，发生在断层带底板；竖直向加速度最大值为 2.2 m/s²，发生在断层带顶拱。以上结果表明，岩体力学性质较弱的断层带部位在在地震作用下得到的加速度最为剧烈。从各方案的围岩关键部位作加速度响应时程曲线可以看出，加速度时程与变形时程变化规律基本相似。但洞室围岩附近均存在加速度放大效应，隧洞横向加速度放大效应较竖直向更为明显。顶拱与底板的两条曲线具有一定的相位差，但是总体上看具有相同的发展变化趋势。这说明在地震动作用下，隧洞围岩大体按照激振源的位移时程发生相应的受迫振动，地震作用所引发的围岩惯性效应很小；而相位差

反映了激振源振动所产生的波动场抵达岩体介质点所需的时间。

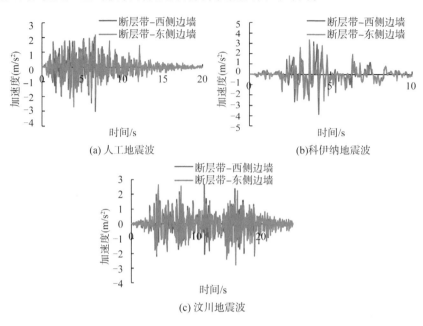

(a) 人工地震波   (b)科伊纳地震波

(c) 汶川地震波

图 6.27　隧洞围岩断层带断面两侧边墙横向加速度时程

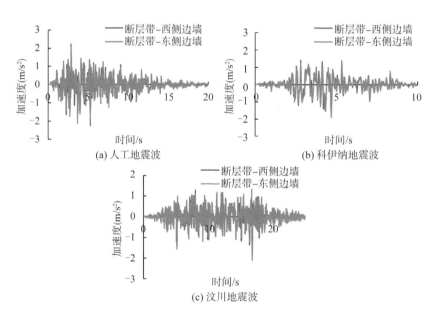

(a) 人工地震波   (b) 科伊纳地震波

(c) 汶川地震波

图 6.28　隧洞围岩断层带断面两侧边墙纵向加速度时程

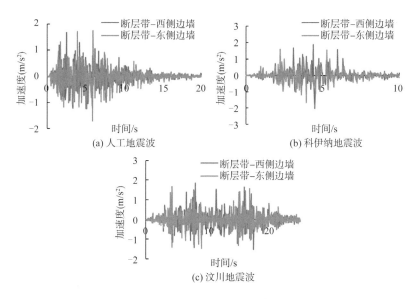

图 6.29 隧洞围岩断层带断面两侧边墙竖直向加速度时程

图 6.30 给出了在三种地震动作用下隧洞围岩的震后塑性区。相比开挖完成后的情况，地震作用后，断层带部位塑性区最大深度达到 23 m 左右，相比开挖完成后增加了 2~3 m。从塑性区深度来看，三条地震波的影响较为接近；从不同地震动输入条件下断层带部位每延米塑性区体积来看，数据表明汶川地震波对洞室塑性区的影响较人工波和科伊纳波较大，与前述各指标的研究成果相同吻合。

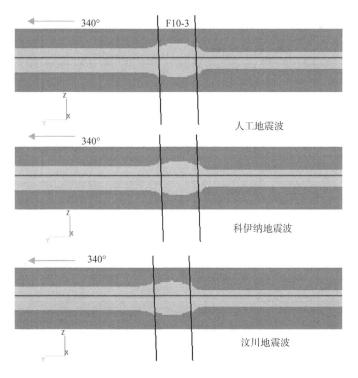

图 6.30 毛洞条件下 F10-3 部位地震后塑性区纵剖图 （面朝西方）

6.3 隧洞跨活动断层段围岩与结构地震稳定性

6.3.1 最不利地震动的确定

至上节分析结果中可见，人工地震波、科伊纳地震波、汶川地震波三种地震作用下，隧洞围岩响应规律基本接近，但量值有一定差异。在后续对支护结构安全性分析前，需要确定某一条地震波作为最不利地震动，在此基础上进行隧洞地震安全裕度的分析工作。SL203-97 和 DL5073-2000 的水工抗震规范缺乏对这一问题的规定，NB35047-2015 中仅提及"应对按不同地震加速度时程计算的结果进行综合分析，以确定设计采用的地震作用效应"。在缺少本行业规范指导的基础上，参照建筑抗规 GB50011-2010 中 5.1 节"当取三组加速度时程曲线输入时，计算结果宜取时程法的包络值和振型分解反应谱法的较大值；当取七组及七组以上的时程曲线时，计算结果可取时程法的平均值和振型分解反应谱法的较大值"，即对于三组加速度时程，计算结果取大值。参照以上条文，本书中使用了三组加速度时程记录，因此计算结果取三组加速度时程中对隧洞围岩响应较大的一组。图 6.31 ~ 图 6.33 给出了各断层带部位两侧边墙、顶拱-底板的相对位移时程曲线图。可见在本书中采用的汶川地震波计算结果最大，因此根据"对于三组加速度时程，计算结果取大值"原则，在后续研究中，将汶川地震动作为最不利输入地震动进行研究。

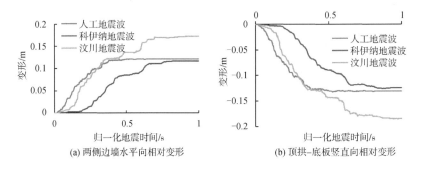

图 6.31　不同地震作用下 F10-1 断层带部位相对变形时程

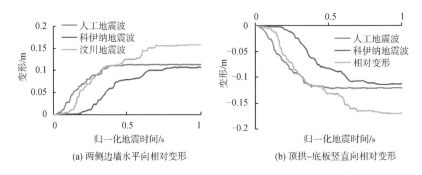

图 6.32　不同地震作用下 F10-2 断层带部位相对变形时程

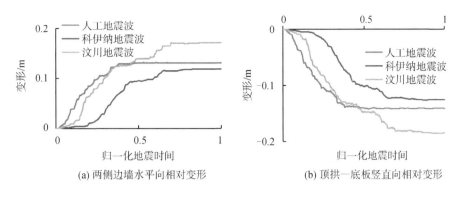

(a) 两侧边墙水平向相对变形　　　　　(b) 顶拱—底板竖直向相对变形

图 6.33　不同地震作用下 F10-3 断层带部位相对变形时程

6.3.2　设计地震动水平下隧洞稳定性

本小节在 4.3 节确定的支护条件与支护时机的基础上，对隧洞过龙蟠—乔后断层（F10）的三条主断带部位进行了设计地震动水平（50 年超越概率 10%）的三维地震响应分析，以分析围岩与结构的地震稳定性。

设计地震动水平（P50 = 10%）下，隧洞跨 F10-1 断层带部位的变形响应如 6.34 所示，地震后应力响应如图 6.35 所示，图 6.36 给出了隧洞地震后的塑性区，图 6.37 给出了隧洞支护结构的地震响应。分析结果表明，相比毛洞条件，以衬砌为主的支护结构极大减小了隧洞在设计地震动条件下的地震响应。围岩震后位移小于 2 mm，隧洞相对变形小于 1 mm，地震结束后围岩应力状态与开挖完成后相差不大，塑性区范围基本无增加。地震结束后衬砌结构内力相比开挖后变化不明显，但在地震过程中随地震作用的持续有所变化，对于错动带中央部位而言，衬砌每延米弯矩在地震过程中，瞬时最大值 0.54 MN，每延米轴力最大值 9.62 MN，每延米剪力最大值 0.483 MN。但根据衬砌承载力包络图，地震过程中衬砌内力均未超过衬砌承载力，并具有较多的安全裕度。

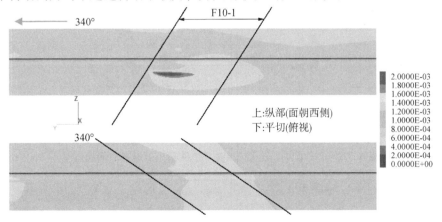

图 6.34　支护条件下 F10-1 部位设计地震后变形云图（m）

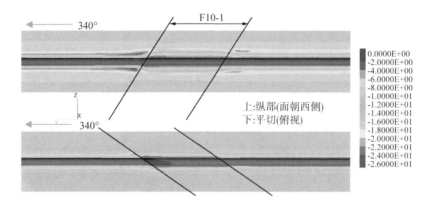

图 6.35　支护条件下 F10-1 部位设计地震后大主应力云图（MPa）

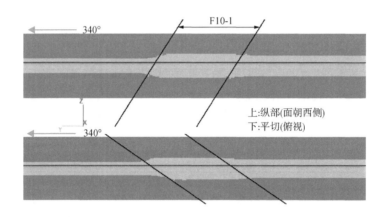

图 6.36　支护条件下 F10-1 部位设计地震后塑性区

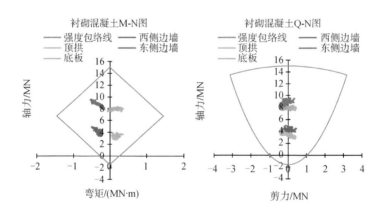

图 6.37　设计地震动隧洞衬砌各部位承载力随地震时间的演化

　　设计地震动水平下，隧洞跨 F10-2 断层带部位的变形响应如图 6.38 所示，地震后应力响应如图 6.39 所示，图 6.40 给出了隧洞地震后的塑性区，图 6.41 给出了隧洞支护结构的地震响应。分析结果表明：相比毛洞条件，以衬砌为主的支护结构极大减小了隧洞在设计地震动条件下的地震响应。围岩震后位移小于 2 mm，隧洞相对变形小于 1 mm，地震结束后围岩应力状态与开挖完成后相差不大，塑性区范围基本无增加。地震结束后衬砌结构内力相比开挖后变化不明显，但在地震过程中随地震作用的持续有所变化，对于错动带中央部位而言，衬砌每延米弯矩在地震过程中，瞬时最大值 0.40 MN，每延米轴力最大值 9.57 MN，每延米剪力最大值 0.43 MN。但根据衬砌承载力包络图，地震过程中衬砌内力均未超过衬砌承载力，并具有较多的安全裕度。

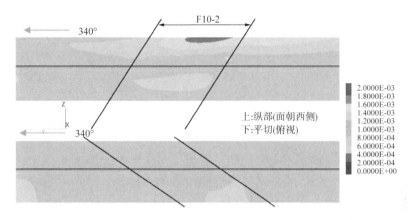

图 6.38　支护条件下 F10-2 部位设计地震后变形云图 （m）

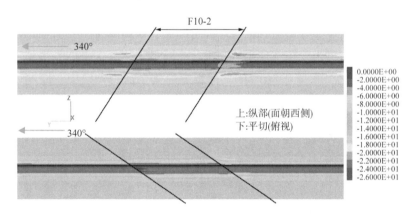

图 6.39　支护条件下 F10-2 部位设计地震后大主应力云图 （MPa）

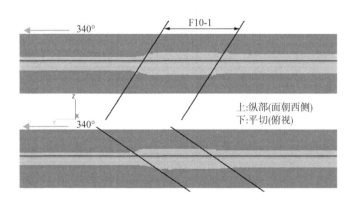

图 6.40　支护条件下 F10-2 部位设计地震后塑性区

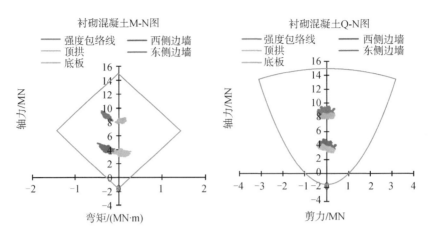

图 6.41　设计地震动隧洞衬砌各部位承载力随地震时间的演化

设计地震动水平下，隧洞跨 F10-3 断层带部位的变形响应如图 6.42 所示，地震后应力响应如图 6.43 所示，图 6.44 给出了隧洞地震后的塑性区，图 6.45 给出了隧洞支护结构的地震响应。分析结果表明：相比毛洞条件，以衬砌为主的支护结构极大减小了隧洞在设计地震动条件下的地震响应。围岩震后位移小于 2 mm，隧洞相对变形小于 1 mm，地震结束后围岩应力状态与开挖完成后相差不大，塑性区范围基本无增加。地震结束后衬砌结构内力相比开挖后变化不明显，但在地震过程中随地震作用的持续有所变化，对于错动带中央部位而言，衬砌每延米弯矩在地震过程中，瞬时最大值 0.53 MN，每延米轴力最大值 11.72 MN，每延米剪力最大值 0.365 MN。但根据衬砌承载力包络图，地震过程中衬砌内力均未超过衬砌承载力，但安全裕度储备不多。

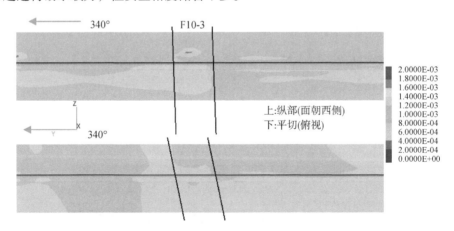

图 6.42　支护条件下 F10-3 部位设计地震后变形云图 （m）

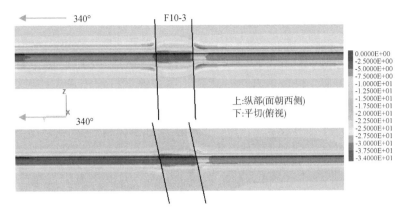

图 6.43 支护条件下 **F10-3** 部位设计地震后大主应力云图（**MPa**）

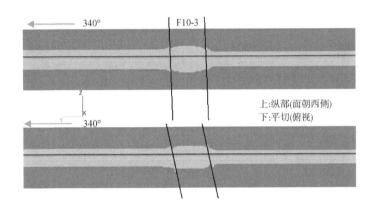

图 6.44 支护条件下 **F10-3** 部位设计地震后塑性区

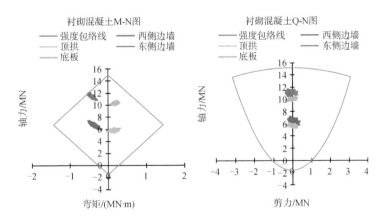

图 6.45 设计地震动隧洞衬砌各部位承载力随地震时间的演化

6.3.3 校核地震动水平下隧洞稳定性

本小节在 4.3 节确定的支护条件与支护时机的基础上，对隧洞过龙蟠—乔后断层（F10）的三条主断带部位进行了校核地震动水平（100 年超越概率 10%）的三维地震响应分析，以分析围岩与结构的地震稳定性。

校核地震动水平下，隧洞地震响应如图6.46、图6.47所示，校核地震动条件下断层带部位衬砌内力量值见表6.1。分析结果表明：校核地震动作用下隧洞围岩与结构的响应与设计地震动作用下类似，仅量值有少量增加，围岩地震过程中最大相对变形量值小于1 cm，震后相对变形量值小于1 mm。主要表现为两侧边墙的横向相对变形，地震结束后围岩应力状态与开挖完成后相差不大，塑性区范围增加约2 m。地震结束后衬砌结构内力相比开挖后有一定程度增加，且在地震过程中随地震作用的持续变化，变化量值大于设计地震动条件。对于错动带中央部位而言，衬砌每延米弯矩在地震过程中瞬时最大值0.74 MN，每延米轴力最大值12.71 MN，每延米剪力最大值0.776 MN，均发生在东侧边墙部位。根据衬砌承载力包络图，在校核地震动作用下，衬砌多数部位在地震过程中承载力可以得到保证，但东侧边墙部分衬砌地震过程中可能发生压弯破坏。

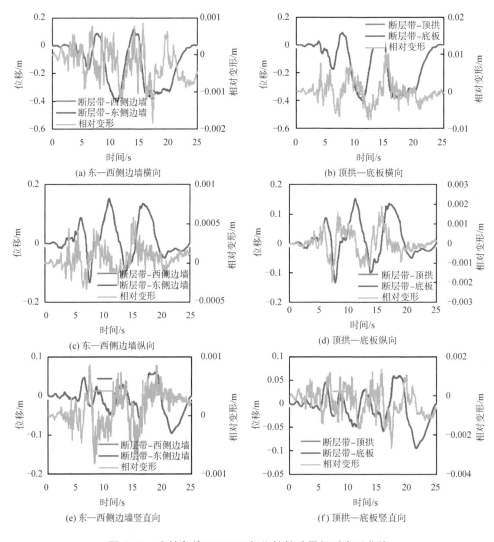

(a) 东—西侧边墙横向

(b) 顶拱—底板横向

(c) 东—西侧边墙纵向

(d) 顶拱—底板纵向

(e) 东—西侧边墙竖直向

(f) 顶拱—底板竖直向

图6.46　支护条件下F10-3部位校核地震相对变形曲线

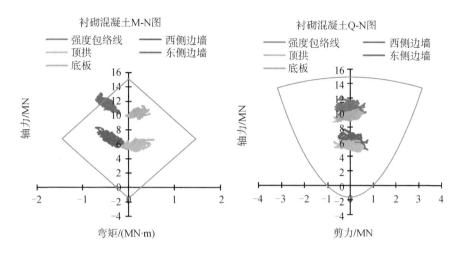

图 6.47　校核地震动隧洞衬砌各部位承载力随地震时间的演化

表 6.1　校核地震动条件下断层带部位衬砌内力量值

部位	内力	开挖后	震中最值	震后
西侧边墙	弯矩/（MN·m）	0.37	0.74	0.41
	轴力/（MN）	6.45	8.09	6.67
	剪力/（MN）	0.034	0.776	0.005
顶拱	弯矩/（MN·m）	0.15	0.55	0.24
	轴力/（MN）	5.65	6.63	5.82
	剪力/（MN）	0.005	0.724	0.08
东侧边墙	弯矩/（MN·m）	0.39	0.72	0.49
	轴力/（MN）	11.02	12.71	11.41
	剪力/（MN）	0.077 8	0.685 0	0.122 0
底板	弯矩/（MN·m）	0.165	0.470	0.210
	轴力/（MN）	10.00	11.01	10.11
	剪力/（MN）	0.006	0.746	0.018

6.4　本章小结

　　本章基于开挖稳定性分析结果，开展了隧洞过龙蟠—乔后断层（F10）的三条主断带的围岩与结构的地震响应与稳定性分析研究，有如下结论与建议。

（1）受地震作用影响，隧洞围岩主要变形形态为两侧边墙逐渐向临空面挤压、及顶拱逐渐下沉，顶拱下沉变形量值略大于两侧变形挤压收敛量值。最大量值发生在断层带中央部位，量值约为 17~18 cm。以 F10-1、F10-3 部位的影响大于 F10-2 部位。洞室围岩在地震作用后最大主应力分布特征基本不变，但是地震作用使围岩产生了一定的"应力松弛"现象。应力松弛范围在开挖形成拉应力区的基础上略有扩展，量值约为 2~3 m，但量值在震前震后相差不大。地震过程中，岩体力学性质较弱的断层带部位在在地震作用下受到的加速度最为剧烈，断层带边墙部位加速度响应量值最大，最大量值约 3 m/s²。边墙部位受隧洞横向加速度影响较大，顶拱底板部位受竖直向加速度影响较大。相比开挖完成后的情况，地震作用后，F10-1、F10-2 部位塑性区深度最大增加了约 5 m，F10-3 部位塑性区深度增加约 2 m。

（2）在缺少本行业规范指导的基础上，参照建筑抗规 GB50011—2010 中 5.1 节相应规定，对于三组加速度时程，计算结果取三组加速度时程中对隧洞围岩响应较大的一组作为最不利输入地震动。根据对比输入地震记录对隧洞相对变形的影响，将汶川地震动作确定为最不利输入地震动进行结构地震稳定性研究。

（3）根据动力分析结果，相比无支护条件，以衬砌为主的支护结构极大的减小了隧洞在地震动作用下的各类响应。对于隧洞穿越 F10-1、F10-2、F10-3 部位，围岩在设计地震动震后位移小于 2 mm，隧洞相对变形小于 1 mm，地震结束后围岩应力状态与开挖完成后相差不大，塑性区范围基本无增加。在校核地震动震后位移小于 5 mm，隧洞相对变形小于 2 mm，塑性区范围少量增加约 1~2 m。

（4）地震动作用下衬砌结构内力随地震时间的持续变化，地震结束后衬砌结构内力相比开挖后有一定程度增加。在设计地震作用（50 年超越概率 10%）下，隧洞跨断层带段各部位衬砌地震过程中衬砌内力均未超过衬砌承载力，并具有较多的安全裕度。在校核地震作用（100 年超越概率 2%）下，隧洞跨断层带段衬砌多数部位在地震过程中承载力可以得到保证，但 F10-1、F10-3 部位东侧边墙部分可能因地震作用，在地震过程中发生压弯破坏。

（5）综合分析隧洞结构地震动力稳定性结果，隧洞跨过龙蟠—乔后断层（F10）段，在设计地震动条件下，围岩变形量值较小，应力扰动微弱，衬砌内力未见超限，初步判断在当前计算条件下，隧洞过活动断层段在设计地震动作用下受到影响较小；在校核地震动作用下，虽有过断层带部分部位（以东侧边墙为主）衬砌内力在地震过程中内力超过迹线承载力，但考虑围岩变形、应力状态、塑性区增加程度不大，因此判断在校核地震动做下隧洞处于局部损伤、整体稳定的状态。

第7章　围岩与衬砌接触面强震响应研究

7.1　引言

岩石工程中的接触问题，除了岩体中各种级别的结构面外，还有人工构筑物与岩体之间的接触面，最典型的就是隧道衬砌与围岩的接触面及大坝坝体与岩基的接触面，这类接触面与岩体中的节理面存在着明显的区别（见图 7.1）：

(a) 围岩与衬砌接触面　　　　　　　　　　　　(b) 岩体中节理面

图 7.1　围岩与衬砌之间的接触面与岩体中节理面的差异

（1）接触面两侧接触体物理力学性质明显不同。隧洞衬砌一般为喷射混凝土结构，宏观上物理力学性质比较单一、均匀，而周围的岩体可能为各类级别的围岩，物理力学性质差别很大。

（2）岩体中的各种结构面一般都含有充填物质，这些充填物质可能为松散岩土，有些可能是固结的岩石薄层[173]，但是一般充填物质与两侧岩体的物理力学性质不同；而衬砌与围岩之间的接触一般无充填，虽然具有胶结强度，但是基本可以看成无充填的接触面，与岩体中充填节理明显不同。

（3）目前大量学者采用刚度法对应力波穿过节理的问题进行了深入研究[174-177]，他们的研究基础是假定节理两侧岩体完全一样，他们的研究成果明显不适用于衬砌与围岩间的接触问题。

强震波要对衬砌结构产生力学作用，首先必须透过围岩与衬砌之间接触面。因此，强震动作用下围岩与衬砌接触面动力学特性研究对地下工程抗震极其重要。本章首先对围岩与衬砌接触面的数值模拟方法进行探讨，在此基础上采用 ABAQUS 中内置主从接触对算法模拟围岩与衬砌接触面，研究水平 SV 波垂直入射条件下浅埋与深埋隧洞围岩与衬砌接触面的强震响应特征及其影响因素。

7.2　围岩与衬砌接触面数值模拟方法

7.2.1　接触单元模拟法（刚度法）

世界上第一种用来模拟岩体中节理等非连续面的单元为著名的无厚度 Goodman 单元[95]，基于 Goodman 单元的理论框架，随后又有很多学者对其进行修正、发展。这类节理单元的典型特征就是无厚度、需法向刚度 k_n、剪切刚度 k_s，这类单元的节理切向性质一般采用基于试验数据的非线性模型，切向刚度一般取为切向应力与切向变形关系曲线斜率；在节理法向方向上，为了满足节理面两侧岩体互不嵌入约束条件，要求节理法向刚度 k_s 取值非常大，尤其是线性节理单元的 k_n 值，导致 k_n 选取具有随意性，缺少物理基础。为解决 Goodman 单元 k_n、k_s 取值问题，C. S. Desai[91] 于 1984 年提出薄层实体单元来模拟岩体中节理，建立薄层单元的单元刚度矩阵，并对该单元厚度进行参数研究，提出防止薄层两侧结点嵌入的算法。薄层单元很明显适合模拟断层、夹层、滑坡的滑带等充填软弱面，但是薄层单元相当于用连续变形的实体单元来模拟发生不连续变形的结构面，用连续变形描述不连续变形，单元尺度容易产生畸变，且无法充分考虑拉应力与剪应力的转移、释放过程及拉压情况下单元刚度矩阵的差异性[178]。

目前仍然广泛被使用的 Goodman 无厚度节理单元见图 7.2。在二维情况下，其单元本构矩阵可表达为

$$\sigma = \begin{Bmatrix} \sigma_n \\ \tau_s \end{Bmatrix} = \begin{bmatrix} k_n & 0 \\ 0 & k_s \end{bmatrix} \begin{Bmatrix} v_r \\ u_r \end{Bmatrix} = \boldsymbol{C}_i \Delta u \qquad (7-1)$$

式中，σ_n 为接触面上法向应力、τ_s 为接触面上切向应力、k_n 为节理法向刚度、k_s 为节理剪切刚度、u_r 为节理面相对法向位移、v_r 为节理面相对切向位移、$\boldsymbol{C}_i$ 为节理单元本构矩阵。

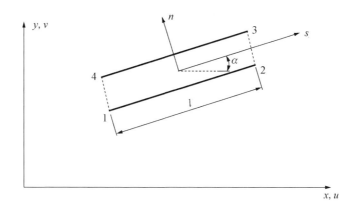

图 7.2　Goodman 无厚度节理单元

Goodman 无厚度节理单元的缺陷此前已经述及，为克服其缺陷，C. S. Desai 提出薄层单元来模拟节理及接触面，现对其核心部分进行归纳。

薄层单元就是将两实体的接触面当作一层有厚度的实体单元（见图 7.3），与普通实体单元形式相似，但是其单元本构矩阵 C_i 有特殊的计算方法。薄层单元的本构关系可表示为

$$d\sigma = C_i d\varepsilon \tag{7-2}$$

式中 C_i 可表达为

$$C_i = \begin{bmatrix} C_{nn} & C_{ns} \\ C_{sn} & C_{ss} \end{bmatrix} \tag{7-3}$$

式中，C_{nn} 为法向分量、C_{ss} 为切向分量、C_{sn} 与 C_{ns} 为耦合分量，一般不考虑法向与切向之间的耦合分量。

由于薄层单元的法向变形不仅受其本身物理力学性质的控制，还受到周围实体变形的制约，因此法向分量 C_{nn} 可以表达为

$$C_{nn} = \lambda_1 C_n^i + \lambda_2 C_n^g + \lambda_3 C_n^{st} \tag{7-4}$$

式中，λ_1、λ_2、λ_3 分别代表了薄层单元本身、周围地质实体单元、周围结构单元对薄层单元法向模量 C_{nn} 的贡献系数，其取值为 $0 \sim 1$。当接触面主要受压时，一般取 $\lambda_1 = 1$、$\lambda_2 = \lambda_3 = 0$；在接触面受拉条件下，$\lambda_2$、$\lambda_3$ 不能同时为 0。

剪切分量 C_{ss} 一般取为结构面的剪切模量 G_i，可以通过直剪试验获得。其计算为

$$G_i(\sigma_n, \tau, u_r) = \frac{\partial \tau}{\partial u_r} \times t \Big|_{\sigma_n} \tag{7-5}$$

式中，t 为薄层厚度、σ_n 为结构面直剪试验的法向压应力、u_r 为剪切相对位移。由式（7-5）可知剪切模量 G_i 取为直剪试验剪应力应变曲线的斜率。

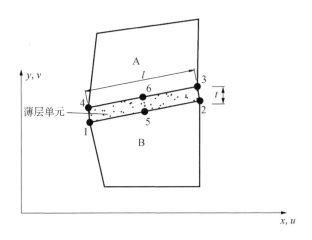

图7.3 Desai 薄层单元[91]

薄层单元的单元刚度矩阵计算方法与普通实体单元刚度矩阵的计算方法一样，为

$$k_i = \int_V \boldsymbol{B}^T \boldsymbol{C}_i \boldsymbol{B} \mathrm{d}V \tag{7-6}$$

式中，$\boldsymbol{B}$ 为应变转换矩阵，V 为薄层实体单元的体积，本构矩阵 $\boldsymbol{C}_i$ 可取线弹性、非线性弹性或弹塑性形式。

单元刚度方程可表达为

$$k_i \boldsymbol{a} = \boldsymbol{F} \tag{7-7}$$

式中：$\boldsymbol{a}$ 为单元结点位移矢量、$\boldsymbol{F}$ 为单元节点力矢量。

当 $\boldsymbol{C}_i$ 为线弹性时，二维平面应变条件下，

$$\boldsymbol{C}_i = \begin{bmatrix} C_1 & C_2 & 0 \\ C_2 & C_1 & 0 \\ 0 & 0 & G_i \end{bmatrix} = \begin{bmatrix} C_{nn} & 0 \\ 0 & C_{ss} \end{bmatrix}$$

$$C_1 = \frac{E(1-\nu)}{(1+\nu)(1-2\nu)}$$

$$C_2 = \frac{E\nu}{(1+\nu)(1-2\nu)}$$

式中，E 为薄层单元法向弹性模量、ν 为法向泊松比。对于普通实体单元来说，其剪切模量 G 与弹性模量 E、泊松比 ν 之间存在如下关系：

$$G = \frac{E}{2(1+\nu)} \tag{7-8}$$

而对于薄层实体单元来说，G_i 与 E、ν 之间不存在上述关系，需由式（7-5）来计算。根据接触面的不同接触状态，薄层单元定义了四种变形模式：黏结模式、滑移模式、张开模式、重合模式。在产生滑移之前，假定薄层单元处于图7.4（a）所示的黏结模式；当正应力为压应力或拉应力小于抗拉强度，但是剪应力大于抗剪强度时，发生如图7.4（b）所示的滑移模式；当拉应力大于抗拉强度时，薄层实体单元发生如图7.4（c）所示的张开

模式；在随后的加卸载中，经历了张开的薄层单元重新闭合，发生如图 7.4（d）所示的重合模式。滑移启动准则可以采用 Mohr-Coulomb 准则或者 Drucker-Prager 准则来进行判断。

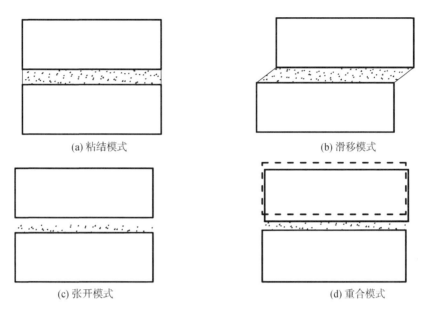

图 7.4　薄层单元的四种接触状态[91]

FLAC3D 中采用 interface 单元来模拟岩土工程中常见接触[179]。每一个 interface 单元为三角形，由三个结点组成，见图 7.5。在每一显式计算步，每一个 interface 单元结点上需要计算绝对法向嵌入量和相对剪切速率，然后由接触面上的法向嵌入量和相对剪切变形，采用接触单元本构模型来计算 interface 单元上的法向接触力和切向剪应力，见图 7.6。interface 单元在法向上需指定抗拉强度，切向上需采用线性 Coulomb 抗剪强度准则。

当 interface 单元处于弹性胶结状态时，其本构关系为

$$F_n^{(t+\Delta t)} = k_n u_n A + \sigma_n A$$
$$F_{si}^{(t+\Delta t)} = F_{si}^{(t)} + k_s \Delta u_{si}^{(t+(1/2)\Delta t)} A + \sigma_{si} A \qquad (7-9)$$

式中，$F_n^{(t+\Delta t)}$ 为 $t+\Delta t$ 时刻的法向力、$F_{si}^{(t+\Delta t)}$ 为 $t+\Delta t$ 时刻的剪切力、u_n 为 interface 单元结点法向嵌入量、Δu_{si} 为相对剪切位移增量、σ_n 为 interface 单元上初始法向应力、σ_{si} 为 interface 单元上初始切向应力、A 为 interface 单元结点的有效面积、k_n 为 interface 单元法向刚度、k_s 为 interface 单元切向刚度。

当 interface 单元处于滑动状态时，其切向本构关系为

$$F_{smax} = cA + \tan\varphi \left(F_n - pA \right) \qquad (7-10)$$

式中，c 为界面黏聚力、φ 为界面摩擦角、p 为界面孔隙水压力。

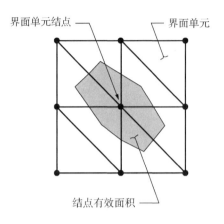

图 7.5　FLAC3D 中 interface 单元[179]

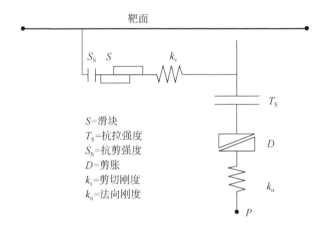

图 7.6　interface 单元本构关系[179]

7.2.2　接触力学模拟法（约束法）

接触力学模拟法是将接触面两侧的接触体看成独立的可变形体，通过施加无嵌入约束条件来保证两个变形体不发生重叠。接触力学模拟法的关键在于约束方程的数值求解，目前主要的求解方法有 Lagrange 乘子法、罚方法及修正的 Lagrange 乘子法，现对前两者的基本原理进行探讨。

对于如图 7.7 所示的弹簧-质点作用系统，一点质量 m 挂于刚度为 k 的弹簧末端，在重力作用下，点质量 m 将向下运动，其位移为 u，距质点 m 为 h 处存在一刚性支撑面，则系统势能可以表达为[180]

$$\Pi\ (u)\ =\frac{1}{2}ku^2-mgu \tag{7-11}$$

由于刚性支撑的约束，则点质量 m 的位移 u 要满足如下约束不等式：

$$c\ (u)\ =h-u\geqslant 0 \tag{7-12}$$

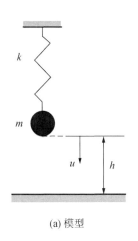
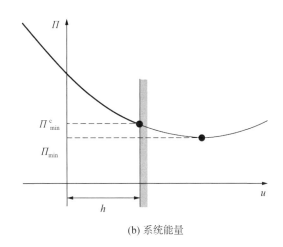

(a) 模型　　　　　　　　　　　　(b) 系统能量

图 7.7　弹簧-质点作用系统[180]

对式（7-11）进行变分可得

$$\delta\Pi\,(u) = ku\delta u - mg\delta u \tag{7-13}$$

对式（7-12）进行变分可得 $\delta u \leq 0$，代入式（7-13）产生如下变分不等式：

$$\delta\Pi\,(u) = ku\delta u - mg\delta u \geq 0 \tag{7-14}$$

对于图 7.7 所示有约束接触问题的求解，一般采用 Lagrange 乘子法和罚方法。

Lagrange 乘子法就是通过乘子 λ 将约束条件（7-12）加入势能式（7-11）中，即

$$\Pi\,(u,\lambda) = \frac{1}{2}ku^2 - mgu + \lambda c\,(u) \tag{7-15}$$

罚方法就是将约束条件（7-12）通过一刚度系数为 ε 的弹簧来等效，即将势能式（7-11）中表达为

$$\Pi\,(u,\lambda) = \frac{1}{2}ku^2 - mgu + \frac{1}{2}\varepsilon[c\,(u)]^2 \tag{7-16}$$

以上是 Lagrange 乘子法和罚方法的基本原理，对于更复杂的实体接触问题，在本质上是一样的。围岩与衬砌之间的相互作用是一个非常复杂的非线性动力接触问题，大型商业有限元软件 ABAQUS 在处理接触非线性问题上具有强大计算功能，对接触问题提供了功能强大的接触力学模拟法。其接触力学模拟法采用主从接触对（见图 7.8）模型来定义两个物体之间的接触，每一对接触对由主面和从面结点组成，可以采用结点-面方法来定义或者面-面方法来定义，一般来说后一种定义方法比前一种方法计算稳定性能更好。对于接触位置的追踪可以采用有限滑动或者小滑动理论。接触面性质的定义分为法向接触性质定义和切向接触性质定义：在接触法向，需要对接触压力与过盈量之间的本构关系进行定义，一般采用如图 7.9 所示的硬接触模型，其约束方程为式（7-17）[180]。由图 7.9 及式（7-17）可知：当两物体之间的间隙为 0，表示两物体接触，法向接触压力产生；当间隙大于 0，表示两物体分离，法向接触压力为 0。采用硬接触模型以刻画两接触体之间法向无嵌入的几何约束条件。在接触切向，需要对切向相对位移与法向接触力、切向相对滑移

速率等参数之间的本构关系进行定义，最经典的切向本构模型为 Coulomb 摩擦模型，其定义式见式（7-18）[180]，切向应力与切向滑移关系见图 7.10（实线）。由图 7.10 可知，当切向应力达到最大值 τ_{max} 时，两接触体开始产生相对滑动，经典 Coulomb 摩擦模型为刚塑性本构模型，由于在开始滑动点曲线具有数值奇异性，因此 ABAQUS 中实际上采用图 7.10 中虚线所示的理想弹塑性形式，允许开始滑动之前产生少量的弹性滑移。更加复杂的切向本构模型可以通过用户子程序进行定义，本书不做相关研究。

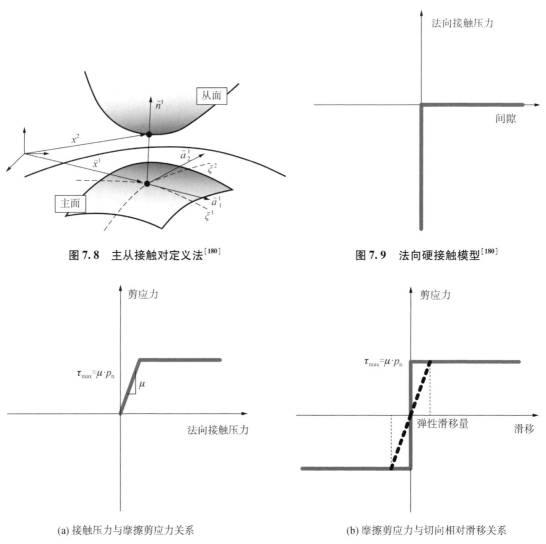

图 7.8　主从接触对定义法[180]　　　　图 7.9　法向硬接触模型[180]

(a) 接触压力与摩擦剪应力关系　　　　(b) 摩擦剪应力与切向相对滑移关系

图 7.10　Coulomb 摩擦模型[180]

$$g_n \geqslant 0, \quad p_n \leqslant 0, \quad p_n g_n = 0 \qquad (7-17)$$

式中，g_n 为法向间隙，大于 0 表示两物体分离；p_n 为法向接触压力，压为负，表示两物体接触。

$$\tau_{\mathrm{T}} = \begin{cases} 0, & \tau_{\mathrm{T}} < \mu |p_{\mathrm{n}}| \\ -\mu |p_{\mathrm{n}}| \dfrac{\dot{g}_{\mathrm{T}}}{\dot{g}_{\mathrm{T}}}, & \tau_{\mathrm{T}} < \mu |p_{\mathrm{n}}| \end{cases} \qquad (7-18)$$

式中，τ_{T} 为切向应力、μ 为摩擦系数、$\dot{g}_{T}$ 为切向相对滑移速率。

7.2.3 接触单元模拟法与接触力学模拟法对比

为了确定接触单元模拟法与接触力学模拟法哪个更适合于模拟围岩-衬砌接触面的动力响应，对二者进行对比计算。接触单元模拟法采用 FLAC3D 中 interface 单元，接触力学模拟法采用 ABAQUS 中主从接触对算法。建立如图 7.11 所示的 SV 波透射混凝土与岩石接触面数值计算模型，模型左侧部分弹性岩杆长度为 1 000 m，模型右侧部分弹性混凝土杆的长度为 500 m，模型宽度取为 10 m。

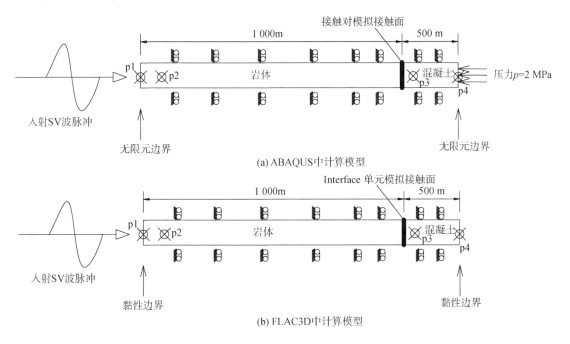

图 7.11 岩石与混凝土接触面对 SV 波的透反射效应计算模型

当采用 ABAQUS 进行计算时，整个计算模型采用平面应变减缩积分单元 CPE4R，单元尺寸为 1 m × 1 m，共 15 000 个单元，模型左侧采用无限元边界作为输入边界，模型右侧采用无限元边界作为吸收边界，以防止波的反射。左侧岩杆与右侧混凝土杆之间的接触采用基于面—面定义的接触对模拟，采用大滑移追踪接触位置更新，接触性质法向采用硬接触，以模拟无嵌入的几何约束条件，切向采用 Coulomb 摩擦模型，摩擦系数取为 0.5。为使得接触生效，需在模型右侧施加大小为 2 MPa 的接触压力，计算过程中保持不变，由于施加的 SV 波幅值小，计算过程中接触面处于无滑动状态。混凝土与岩石力学参数见表 7.1。

当采用 FLAC3D 进行计算时，整个计算模型采用六面体单元，单元尺寸为 1 m×1 m×1 m，共 15 000 个单元，为模拟平面应变受力状态，将模型 y 向位移进行约束，模型左侧采用黏性边界作为输入边界，模型右侧采用黏性边界作为吸收边界，以防止波的反射。为了防止 interface 单元产生滑移，将粘聚力和抗拉强度取高值。

模型上从左到右依次布置编号为 p1、p2、p3、p4 的四个监测点，p1 位于入射端，p2 距 p1 为 50 m，p3 距离接触面 100 m，p4 位于右侧边界。在模型左侧入射频率为 2 Hz 的正弦脉冲 SV 波，SV 正弦脉冲波的辐值取 0.1 m/s。为了模拟平面应变波的传播特征，在模型上下侧设置沿水平方向的位移约束。

表 7.1　岩石及混凝土物理力学参数

	弹性模量/GPa	泊松比	密度/（kg/m³）
岩石	0.5	0.2	2 500
混凝土	25	0.2	2 500

图 7.12 为采用接触力学模拟法计算的反射波与透射波。其中，黑线表示 p2 点速度时程，描述入射波和反射波。红线表示 p3 点速度时程，描述透射波。由图 7.12 可看出 SV 波脉冲到达接触面后，大部分能量被反射回来，只有小部分透过接触面，通过弹性动力学理论分析可知当 SV 波从波阻抗较小的介质进入较大的介质时，反射波存在半波损失，数值计算结果与理论解一致，说明接触力学模拟法可以有效模拟围岩与衬砌接触面。

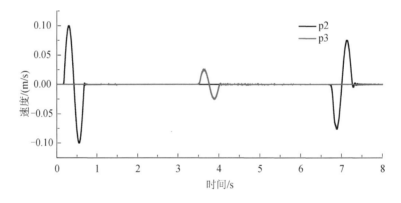

图 7.12　接触力学模拟法计算结果

图 7.13～图 7.17 为采用接触单元法计算的反射波与透射波。其中，黑线表示 p2 点速度时程，描述入射波和反射波。红线表示 p3 点速度时程，描述透射波。由图 7.13 可看出：当接触单元剪切刚度 $k_s = 1 \times 10^6$ Pa/m 时，透射波很少，反射波与入射波同相位，不存在半波损失，与弹性动力学理论解不一致。当接触单元剪切刚度 $k_s = 1 \times 10^7$ Pa/m 时，透射波幅值增大，反射波存在两个正波峰，与弹性动力学理论解不一致。当接触单元剪切刚度 $k_s = 1 \times 10^8$ Pa/m 时，透射波幅值继续增大，反射波存在半波损失，与弹性动力学理

论解基本一致。当接触单元剪切刚度 $k_s \geqslant 1 \times 10^9$ Pa/m 时，透射波幅值增加不明显，反射波存在半波损失，与弹性动力学理论解一致。上述结果说明接触单元模拟法对波的透反射效果与接触单元的刚度取值有关，也可以通过表 7.2 得到验证。接触力学分析法与理论解一致，而接触单元模拟法对强震波的透反射效应与单元刚度有很大关系，刚度很高时，数值解与理论解一致。因此，本书后续研究都采用接触力学法模拟围岩-衬砌接触面。

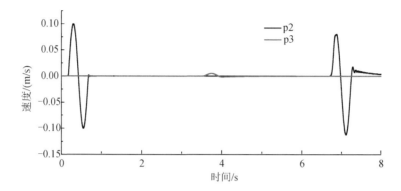

图 7.13　接触单元模拟法，$k_s = 1 \times 10^6$ Pa/m

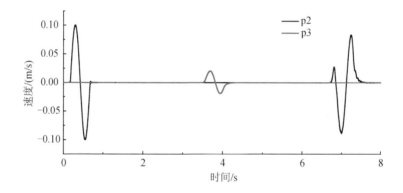

图 7.14　接触单元模拟法，$k_s = 1 \times 10^7$ Pa/m

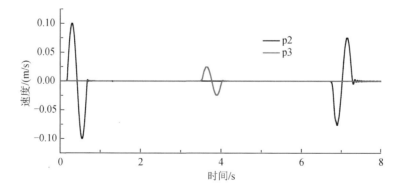

图 7.15　接触单元模拟法，$k_s = 1 \times 10^8$ Pa/m

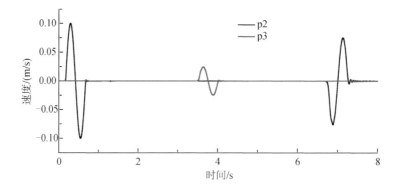

图 7.16 接触单元模拟法，$k_s = 1 \times 10^9$ Pa/m

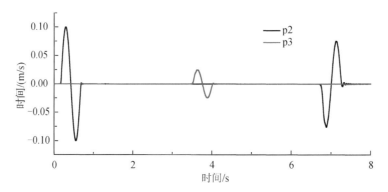

图 7.17 接触单元模拟法，$k_s = 1 \times 10^{10}$ Pa/m

表 7.2 接触面反射系数、透射系数计算结果

	反射系数		透射系数	
	理论解	数值解	理论解	数值解
接触力学模拟法	0.75240	0.7522	0.2475	0.2477
接触单元模拟法 $k_s = 1 \times 10^6$ Pa/m	0.80320	0.7522	0.0521	0.2477
接触单元模拟法 $k_s = 1 \times 10^7$ Pa/m	0.83160	0.7522	0.2011	0.2477
接触单元模拟法 $k_s = 1 \times 10^8$ Pa/m	0.77040	0.7522	0.2461	0.2477
接触单元模拟法 $k_s = 1 \times 10^9$ Pa/m	0.75070	0.7522	0.2474	0.2477
接触单元模拟法 $k_s = 1 \times 10^{10}$ Pa/m	0.75040	0.7522	0.2474	0.2477

7.3　围岩与衬砌接触面强震响应有限元模型

目前大量的地下结构强震动力响应解析解及数值解都对衬砌与围岩之间的界面接触效应进行了简化处理[181-184]：①有的完全不考虑衬砌与围岩之间的接触效应，在接触面上认为应力及位移完全连续；②有的部分考虑衬砌与围岩之间的接触效应，在接触法向认为衬砌与围岩之间完全黏结在一起，在接触切向做要么假定完全光滑、要么假定完全粗糙的无切向相对滑动。H. Sedarat 等[185]通过在衬砌与围岩之间设置接触面，基于拟静力法研究了接触面摩擦性能对衬砌内力分布的影响，得出接触摩擦系数对衬砌内力分布有不同程度的影响。目前，强震作用下岩体隧洞围岩衬砌之间的接触对衬砌结构的动力响应影响机制不太明确，已有结论不统一，其主要原因是由于对接触面的模拟方法不同所引起。

7.3.1　浅埋隧洞有限元计算模型

浅埋隧洞有限元计算几何模型见图 7.18，圆形隧洞外径为 12 m、埋深 50 m，模型左右侧边界到隧洞中心的距离为 100 m，模型底部截断边界到隧洞中心距离为 80 m，围岩网格采用平面应变四边形单元 CPE4，网格尺寸从隧洞中心向外逐渐变大，见图 7.19。衬砌厚度为 0.5 m、采用平面应变四边形单元 CPE4、网格尺寸均匀分布，见图 7.20，衬砌监测点布置见图 7.21。围岩采用 Mohr-Coulomb 塑性本构，衬砌采用线弹性本构。由现有研究成果可知，岩体隧洞衬砌破坏一般发生于软弱围岩中，故围岩采用 V 类与 IV 类围岩，其力学参数具体取值根据国标《工程岩体分级标准》（GB/T 50218—2014）来确定，同时采用一组 I 类围岩作为计算参照对象，岩体与衬砌相关力学参数取值见表 7.3。

衬砌与围岩之间的接触采用基于面-面定义的接触对算法进行模拟，接触位置的追踪采用有限滑动理论，以考虑强震过程中衬砌与围岩之间的大滑移，法向接触性质采用硬接触进行模拟，切向采用 Coulomb 摩擦模型，并且指定初始弹性滑移量为衬砌网格尺寸的 0.000 1 倍，以防止计算不收敛。摩擦系数分别取 0、0.2、0.4、0.8、∞ 五个值，以研究摩擦系数对接触面动力响应的影响规律，其中无穷大摩擦系数∞ 指接触切向完全粗糙，无相对滑移。监测点布置在衬砌外周边界上，主要用于监测接触面法向接触压力、切向摩擦剪应力、切向相对滑移、衬砌外周结点水平速度、衬砌结点水平位移五个响应指标。采用 ABAQUS/Standard 模块隐式动力分析算法进行计算。

为了防止模型左右两侧人工截断边界处上行波扭曲对计算结果产生干扰，在模型左右两侧施加基于用户子程序 UEL 开发的自由场边界单元（图 7.19 中左侧边缘绿色区域内部×形），在人工截断边界底部采用无限元边界，以克服黏性边界的漂移问题，动力边界设置见图 7.18。

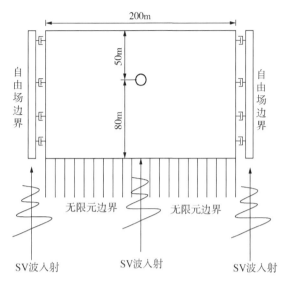

图 7.18 浅埋隧洞有限元计算几何模型

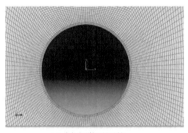

图 7.19 浅埋隧洞有限元计算网格

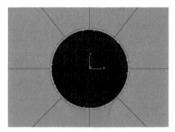

(a) 衬砌附近网格   (b) 衬砌与围岩之间接触对设置

图 7.20 浅埋隧洞局部区域网格及接触设置

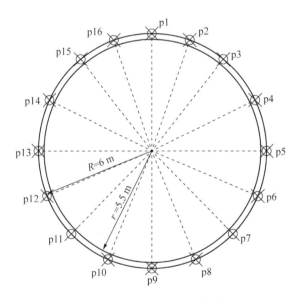

图 7.21 浅埋隧洞围岩与衬砌接触面监测点布置

表7.3　浅埋隧洞围岩及衬砌物理力学参数[186]

围岩级别	密度/（kg/m³）	弹性模量/GPa	泊松比	黏聚力/MPa	摩擦角/°
V	2100	0.5	0.33	0.1	22
IV	2300	3.0	0.30	0.5	30
I	2700	30	0.20	4	60
衬砌	2500	25	0.20	弹性	弹性

在模型底部输入竖直向上传播的SV波，强震波采用EI-Centro的南北向强震加速度时程，其原始加速度时程见图7.22（a）。EI-Centro波为1940年美国Imperial山谷强震时记录的强震强震波，具有明显的中远场强震波特征，该强震波原始峰值加速度为0.349g，强震部分持续时间约为26 s，其傅里叶谱见图7.22（b）。考虑到非线性动力有限元计算的耗时性，截取前20 s进行滤波基线校正，滤波截止频率设为15 Hz，以过滤掉高频成分。滤波基线校正后的加速度及速度时程见图7.23，原始强震记录加速度峰值为0.349g、滤波基线校正后的加速度峰值为0.333g，降低4.6%，可再现原波形的动力效应。

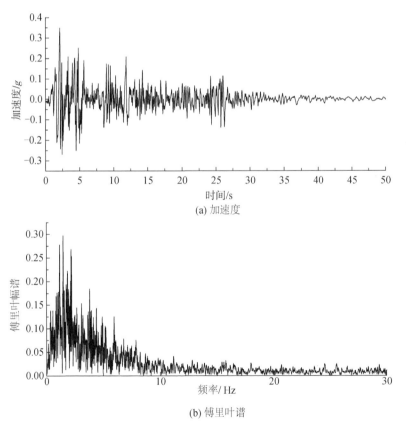

(a) 加速度

(b) 傅里叶谱

图7.22　EI-Centro波原始加速度时程及其加速度反应谱

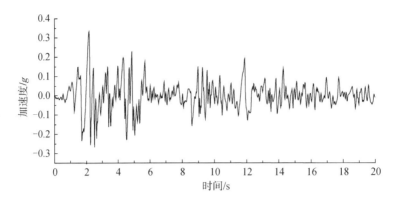

图 7.23　滤波基线校正后的 EI – Centro 波加速度及速度时程

动力计算建立在静力计算基础之上。首先进行初始地应力场平衡计算，然后进行开挖计算，开挖方法采用收敛约束法，为了使得后续衬砌与围岩之间有良好初始接触状态，开挖阶段隧洞周边支护结点力释放 50%，然后进行衬砌激活，且同时定义衬砌与围岩之间的接触，注意衬砌激活之前要进行位移清零处理，再将隧洞周边结点支护力完全释放，衬砌开始受力。静力计算完成后，释放模型两侧及底部的位移约束，在左右人工边界结点上施加结点反力。然后进入动力时程计算，计算完成后输出计算结果，整个计算过程流程见图 7.24。

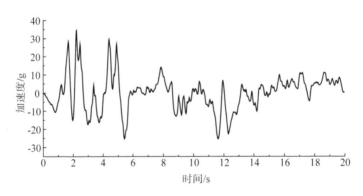

图 7.24　浅埋隧洞整个静动力有限元计算过程

7.3.2　深埋隧洞有限元计算模型

从静力学角度看，深埋隧洞指埋深超过 5 倍洞径的隧洞[187]，本节讨论的深埋隧洞指埋深为 500 m 的隧洞。为了对深埋隧洞强震动力响应特征进行分析，建立如图 7.25 所示的深埋隧洞强震响应有限元计算改进盒子模型。假定岩体内存在一均匀分布的初始地应力场 $\sigma_0 = 14$ MPa，其侧压力系数为 1，其受力特征见图 7.26，该力学模型被广泛用于深埋隧洞开挖弹塑性问题研究[188-190]。深埋隧洞直径为 12 m，衬砌厚度为 0.5 m，模型尺寸为宽 196 m × 高 200 m，模型顶面距离地表 500 m，假定地表为水平面。衬砌为采用线弹性本构，其弹性模量为 25 GPa、泊松比为 0.2、密度 2 500 kg/m³；围岩采用 Mohr-Coulomb 塑性本构，衬砌与围岩相关力学参数见表 7.4，依据国标《工程岩体分级标准》（GB/T 50218—2014）选取。衬砌与围岩都采用平面应变四边形单元 CPE4，模型有限元网格见图 7.27。为了考虑围岩级别对深埋隧洞围压与衬砌接触面强震响应指标的影响，考虑了 Ⅳ、Ⅴ 共两类围岩级别。考虑衬砌与围岩之间相互作用，衬砌与围岩之间的接触采用基于面—面定义的接触对算法进行模拟，接触位置的追踪采用有限滑动理论，以考虑强震过程中衬砌与围岩之间的大滑移，法向接触性质采用硬接触进行模拟，切向采用 Coulomb 摩擦模型，并且指定初始弹性滑移量为衬砌网格尺寸的 0.000 1 倍，以防止计算不收敛，摩擦系数分别取 0.2、0.4、0.8。

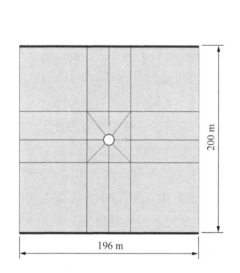

图 7.25　深埋隧洞有限元计算改进盒子模型

（埋深 500 m）

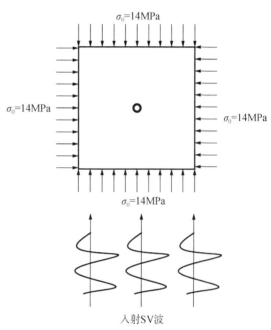

图 7.26　深埋隧洞受力特征

表 7.4　深埋隧洞围岩及衬砌物理力学参数[186]

围岩别	密度 / (kg/m³)	内摩擦角 /°	黏聚力/MPa	弹性模量 /GPa	泊松比
V	2 100	22	0.1	0.5	0.33
IV	2 300	30	0.5	3.0	0.3.0
衬砌	2 500	弹性	弹性	25.0	0.20

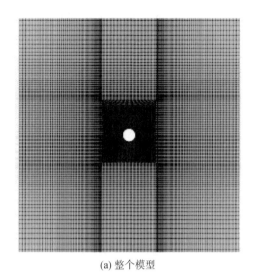
(a) 整个模型

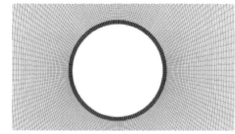
(b) 衬砌附近网格

图 7.27　有限元网格

　　动力计算之前要先进行开挖支护模拟。首先进行初始地应力场平衡计算，然后进行开挖计算，开挖方法采用收敛约束法，为了使得后续衬砌与围岩之间有良好初始接触状态，开挖阶段隧洞周边支护结点力释放 70%，然后进行衬砌激活，且同时定义衬砌与围岩之间的接触，注意衬砌激活之前要进行位移清零处理，以防止衬砌受围岩初始位移的挤压。衬砌激活后，再将隧洞周边结点支护力完全释放，衬砌开始受力，完成开挖支护计算，整个计算流程见图 7.28。图 7.29 为 V 类围岩条件下，支护力释放 70% 后的最大主应力云图，由该图可看出开挖面附近最大主应力为 −4.2 MPa，与理论值一致。图 7.30 为 V 类围条件下，衬砌安装且支护力完全释放后的最大主应力云图，由该图可看出衬砌的最大主应力为 −0.28 MPa。图 7.31 为 V 类围条件下，衬砌安装且支护力完全释放后的位移云图，由该图可看出开挖面附近最位移为 1.09 cm，由于支护安装前进行了位移清零，故该位移值为衬砌承受 30% 支护压力产生的实际位移值。图 7.32 为 V 类围岩条件下，衬砌安装且支护力完全释放后衬砌与围岩之间接触状态图，由该图可看出衬砌与围岩完全接触，处于受压状态。

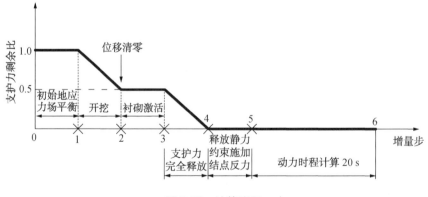

图 7.28　计算流程

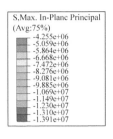

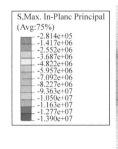

V类围岩　　　　　　　　　　　　　　　　　　　　V类围岩

图7.29　支护力释放70％后的　　　　　　图7.30　衬砌安装且支护力完全释放后的
最大主应力（单位：Pa）　　　　　　　　　　最大主应力（单位：Pa）

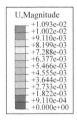

V类围岩　　　　　　　　　　　　　　　　　　　　V类围岩

图7.31　衬砌安装且支护力完全释放后的　　　图7.32　衬砌安装且支护力完全释放后的
位移（单位：m）　　　　　　　　　　　　衬砌与围岩间接触状态

　　静力计算完成后，释放模型两侧及底部的位移约束，在人工边界结点上施加结点反力，然后进入动力时程计算，动力边界设置见图7.33。动力计算模型左右侧采用自定义的自由场单元作为吸收边界，以防止上行波在边界上扭曲；模型底部采用无限元作为输入边界；模型顶部采用自定义的黏性边界作为吸收边界，同时为了考虑地表反射效应，要在自由场单元和主网格单元顶部边界施加式（5－115）所示的反射SV波动剪应力时程，以等效结点力方式施加。在自由场网格和主网格底部结点输入垂直入射的SV波，波形采用Kobe波。Kobe波为1995年日本阪神强震中神户海洋气象台记录的强震加速度记录，具有模型的近场强震波的脉冲振动特征，本节选取其NS向加速度时程作为输入强震动，其加速度时程见图7.34（a），其傅里叶谱见图7.34（b）。考虑到非线性动力有限元计算的耗时性，截取前20 s进行滤波基线校正，滤波截止频率设为15 Hz，以过滤掉高频成分。滤波基线校正后的加速度及速度时程见图7.35，原始强震记录加速度峰值为0.85g、滤波基线校正后的加速度峰值为0.83g，降低2.3％，可以再现原波形的动力效应。设SV波从模型底部传到地表再反射到模型顶部的时间为 Δt，则对表7.5中各级围岩计算滞后时间 Δt 值（见表7.5），该时间为模型顶部反射 SV 波动剪应力时程晚于底部入射波的滞后施加时间，即模型顶部动剪应力时程晚于模型底部入射波 Δt 后输入，以考虑 SV 波地表反射效应。衬砌与围岩接触面的监测点布置见图7.36。

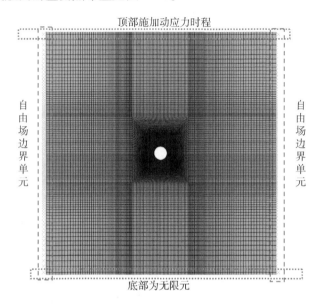

图7.33 深埋隧洞动力计算边界设置（改进盒子模型）

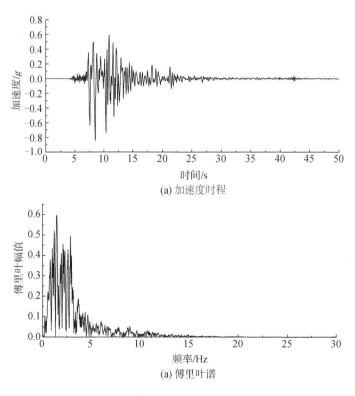

(a) 加速度时程

(a) 傅里叶谱

图7.34 Kobe 波原始加速度时程及其加速度反应谱

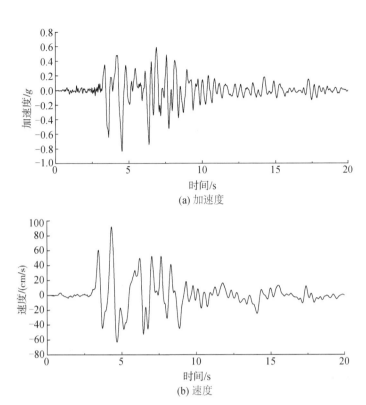

(a) 加速度

(b) 速度

图 7.35　滤波基线校正后的 Kobe 波加速度及速度时程

表 7.5　各级围岩的滞后时间 Δt 值

围岩等级	$\Delta t/\mathrm{s}$
IV	1. 688 57
V	3. 997 57

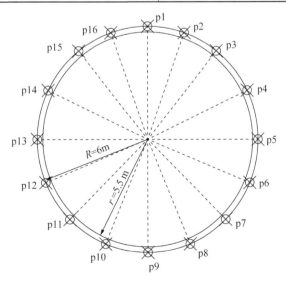

图 7.36　深埋隧洞围岩与衬砌接触面监测点布置

7.4.1 浅埋隧洞分析

7.4.1.1 法向接触压力分布特征

（1）竖向分布特征

图 7.37～图 7.39 给出了衬砌外周监测点法向接触压力时程曲线，其中，p1 与 p9 关于衬砌圆心水平对称，p2 与 p8 关于衬砌圆心水平对称，p3 与 p7 关于衬砌圆心水平对称，p1 位于拱顶，p9 位于拱底，p2、p3 位于右拱肩，p4 位于右拱腰，p5 位于右拱端，p8 位于右拱角，具体位置参照图 7.21。由图 7.37 可看出 SV 波垂直入射条件下，衬砌拱顶、拱底、右拱端处法向接触压力时程曲线先产生明显增长或跌落变化，然后近乎为一条水平线，波动性小，比较平稳，拱顶法向接触压力小于拱底相对应值，拱顶与拱底法向接触压力时程曲线具水平对称性。

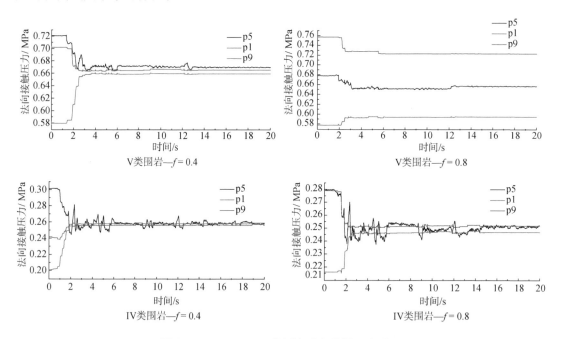

图 7.37　p1、p5、p9 监测点法向接触压力时程

由图 7.38 可看出 SV 波垂直入射条件下，p2、p8 处法向接触压力时程曲线具有明显的波动性，p8 处接触压力峰值高于 p2 处，p2 处法向接触压力时程曲线与 p8 处法向接触压力时程曲线具水平对称性，两曲线波峰与波谷相反。

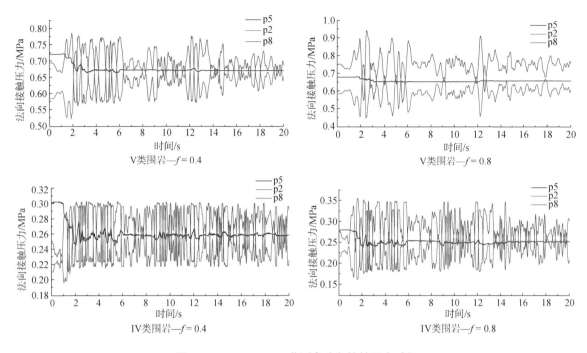

图 7.38　p2、p5、p8 监测点法向接触压力时程

由图 7.39 可看出 SV 波垂直入射条件下，p3、p7 处法向接触压力时程曲线具有明显的波动性，p7 处法向接触压力峰值高于 p3 处，p3 处法向接触压力时程曲线与 p7 处法向接触压力时程曲线具水平对称性，两曲线波峰与波谷相反。

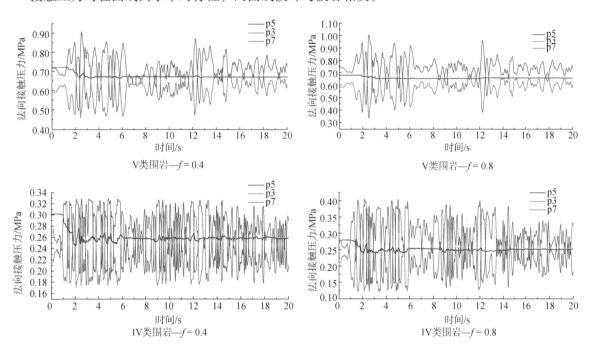

图 7.39　p3、p5、p7 监测点法向接触压力时程

综上所述，SV 波垂直入射条件下，关于衬砌圆心点水平对称的两接触点的法向接触压力时程曲线具水平对称性，波峰与波谷相反，衬砌下半区域的法向接触压力峰值高于衬砌上半区域法向接触压力峰值；拱顶、拱底、左右拱端处法向接触压力时程曲线先产生明显增涨或跌落变化，然后近乎为一条水平线，波动性小，比较平稳，衬砌其他位置的法向接触压力时程曲线一开始就具明显波动性。

（2）水平分布特征

p2 与 p16 关于衬砌圆心垂直对称，以 p2、p16 点为例对法向接触压力时程曲线水平分布特征进行描述。由图 7.40 可知，p2 与 p16 两点法向接触压力时程曲线波峰与波谷相反，p2 曲线的波峰对应 p16 曲线的波谷，两曲线的峰值几乎相同。因此可得，关于衬砌圆心垂直对称两接触点的法向接触压力时程曲线波峰与波谷相反，两者峰值相近。

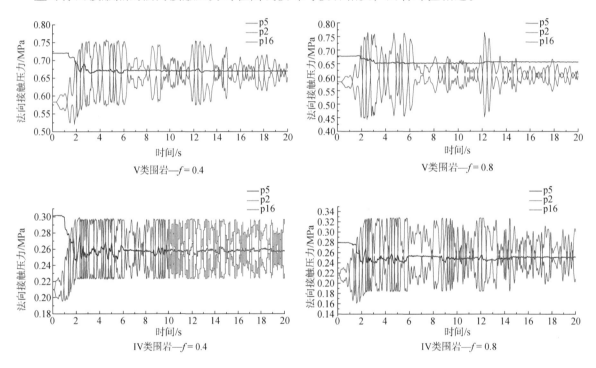

图 7.40　p2、p5、p16 监测点法向接触压力时程

（3）峰值分布特征

由图 7.41 可看出：法向接触压力峰值分布曲线关于过衬砌圆心的水平轴和竖直轴都对称，衬砌下半部分法向接触压力峰值高于衬砌上半部分的对应值。在衬砌拱顶、拱底、两侧拱端处具有极小值；在拱腰与拱肩之间及拱脚附近具有极大值。

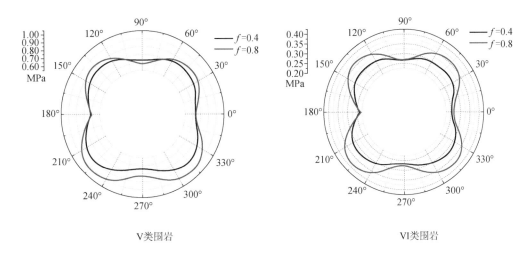

V类围岩

VI类围岩

图 7.41　衬砌围岩接触面法向接触压力峰值分布

7.4.1.2　切向摩擦剪应力分布特征

（1）竖向分布特征

如图 7.42～图 7.43 所示为关于衬砌圆心水平轴对称两点的切向摩擦剪应力时程曲线。由图 7.42 及图 7.43 可以看出，关于衬砌圆心水平对称两接触点切向摩擦剪应力时程曲线形状相似，波峰与波谷一致；衬砌上半部分的切向摩擦剪应力的正峰值大于衬砌下半部分，衬砌上半部分切向摩擦剪应力负峰值小于下半部分。拱顶、拱底及左右两侧拱端的切向摩擦剪应力时程曲线具有明显波动性。

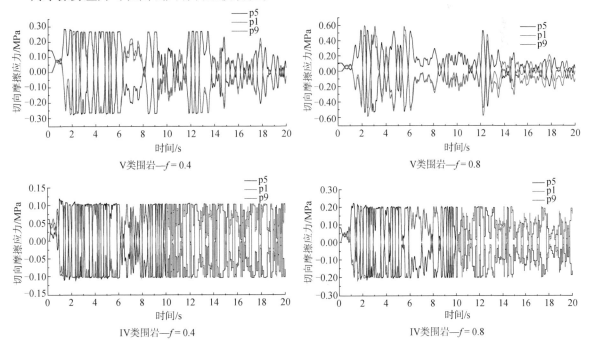

V类围岩—f = 0.4

V类围岩—f = 0.8

IV类围岩—f = 0.4

IV类围岩—f = 0.8

图 7.42　p1、p9、p5 监测点切向摩擦剪应力时程

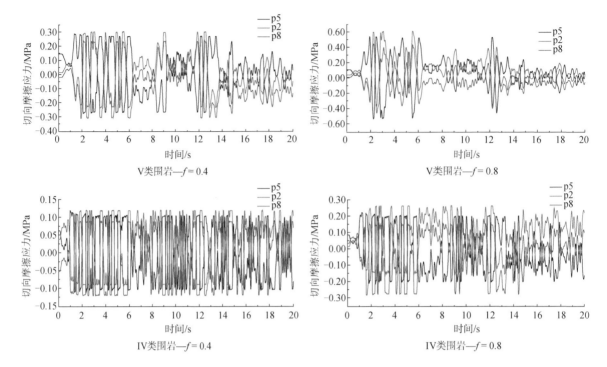

图 7.43　p2、p5、p8 监测点切向摩擦剪应力时程

（2）水平分布特征

图 7.44 中 p2 与 p8 关于衬砌圆心水平对称、p2 与 p16 关于衬砌圆心垂直对称、p8 与 p16 关于衬砌圆心中心对称。由图 7.44 可看出：在 SV 波作用下，同一高程上的关于衬砌圆心垂直对称的两点切向摩擦应力时程曲线波动形式一致，波峰对波峰、波谷对波谷，但是正负峰值却明显不同；关于衬砌圆心中心对称两点切向摩擦应力时程曲线波动形式一致，波峰对波峰、波谷对波谷，正负峰值相近。

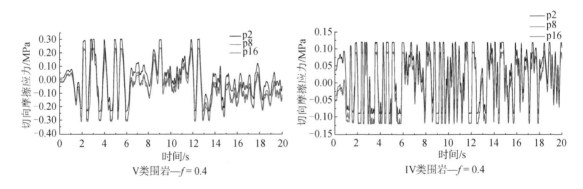

图 7.44　p2、p8、p16 监测点切向摩擦剪应力时程

（3）峰值分布特征

图 7.45 为切向摩擦剪应力峰值分布曲线。由图 7.45 可看出切向摩擦剪应力峰值曲线关于衬砌圆心近似中心对称，极大值位置靠近拱顶、拱底、左右拱端，在拱腰与拱肩之间

及拱脚附近具有极小值。

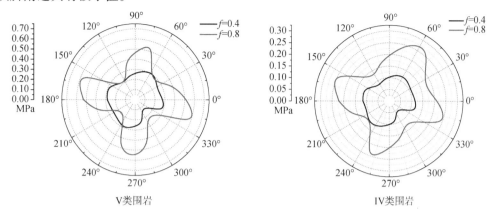

图 7.45　切向摩擦剪应力峰值分布曲线

7.4.1.3　切向相对滑移分布特征

（1）竖向分布特征

图 7.46 为 p1、p3、p5、p7、p9 监测点切向相对滑移时程曲线。由图 7.46 可看出切向相对滑移时程曲线呈现阶梯状，与所采用的 Coulomb 摩擦模型有关；曲线达到峰值后保持一段水平长度，说明此时该接触点产生了大滑移；由于强震波的随机性，曲线不断产生上升和下降；振动结束后存在，残余位移不为 0。

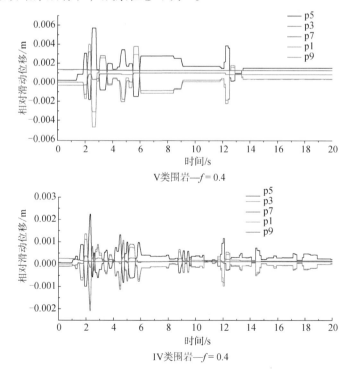

图 7.46　p1、p3、p5、p7、p9 监测点切向相对滑移时程

（2）水平分布特征

图 7.47 为 p2、p8、p16 监测点切向相对滑移时程曲线。由图 7.47 可看出切向相对滑移时程曲线呈现阶梯状，与所采用的 Coulomb 摩擦模型有关；曲线达到峰值后保持一段水平长度，说明此时该接触点产生了大滑移；由于强震波的随机性，曲线不断产生上升和下降；振动结束后存在，残余位移不为 0。

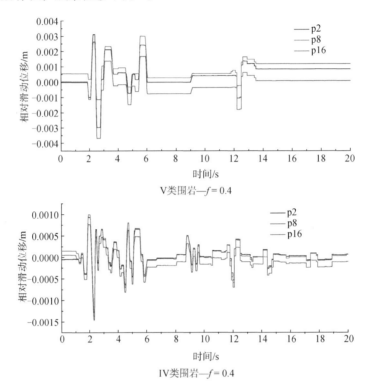

图 7.47　p2、p8、p16 监测点切向相对滑移时程

（3）峰值分布特征

图 7.48 为切向相对滑移动峰值空间分布曲线。由图 7.48 可以看出在 SV 波垂直入射条件下，切向相对滑移在拱顶、拱底、左右拱端处具有极大值，在衬砌横截面共轭 45°方向具有极小值，曲线形态为风车形。

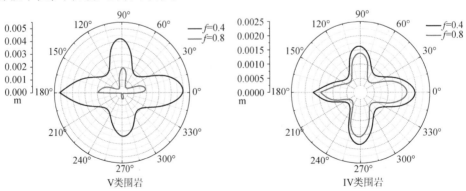

图 7.48　切向相对滑移峰值分布曲线

7.4.2　深埋隧洞分析

7.4.2.1　法向接触压力分布特征

（1）竖向分布特征

图7.49～图7.51给出了衬砌外周监测点法向接触压力时程曲线，其中，p1与p9关于衬砌圆心水平对称，p2与p8关于衬砌圆心水平对称，p3与p7关于衬砌圆心水平对称，p1位于拱顶，p9位于拱底，p2、p3位于右拱肩，p4位于右拱腰，p5位于右拱端，p8位于右拱角，具体位置参照图7.36。由图7.49可看出：SV波垂直入射条件下，衬砌拱顶、拱底、右拱端处法向接触压力时程曲线先产生明显增长，然后近乎为一条水平线，波动性小，比较平稳。

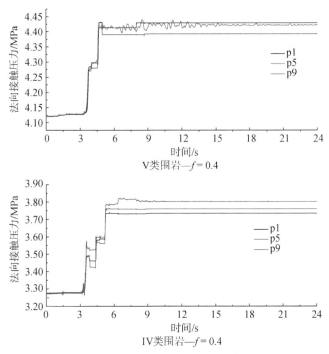

图7.49　p1、p5、p9监测点法向接触压力时程

由图7.50可看出：SV波垂直入射条件下，p2、p8处法向接触压力时程曲线具有明显的波动性，p8处接触压力峰值高于p2处，p2处接触压力时程曲线与p8处接触压力时程曲线具有水平对称性，两曲线波峰与波谷相反。

由图7.51可看出：SV波垂直入射条件下，p3、p7处法向接触压力时程曲线具有明显的波动性，p3处接触压力时程曲线与p7处接触压力时程曲线具有水平对称性，两曲线波峰与波谷相反。

综上所述，SV波垂直入射条件下，关于衬砌圆心点水平对称的两接触点的法向接触压力时程曲线具水平对称性，波峰与波谷相反；拱顶、拱底、左右拱端处法向接触压力时程曲线先产生明显增涨，然后近乎为一条水平线，波动性小，比较平稳，衬砌其他位置的法向接触压力时程曲线一开始就具有明显波动性。

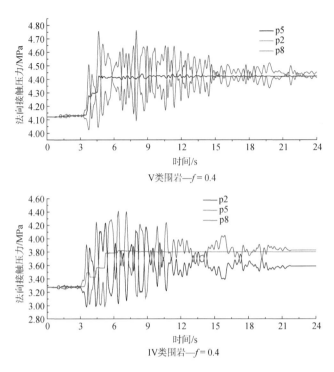

图 7.50　p2、p5、p8 监测点法向接触压力时程

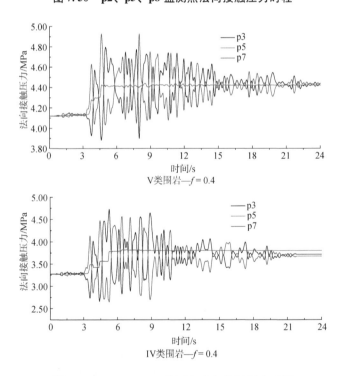

图 7.51　p3、p5、p7 监测点法向接触压力时程

（2）水平分布特征

p2 与 p16 关于衬砌圆心垂直对称，以 p2、p16 接触点为例对法向接触压力时程曲线水

平分布特征进行描述。由图 7.52 可知，p2 与 p16 两点法向接触压力时程曲线波峰与波谷相反，p2 曲线的波峰对应 p16 曲线的波谷。因此可得，关于衬砌圆心垂直对称的两接触点的法向接触压力时程曲线波峰与波谷相反。

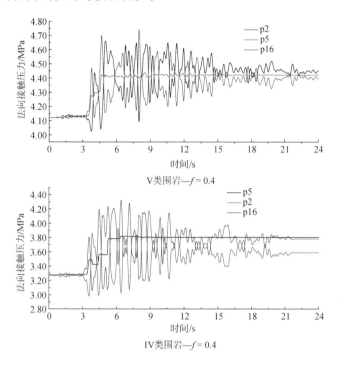

图 7.52　p2、p5、p16 监测点法向接触压力时程

（3）峰值分布特征

由图 7.53 可看出：V 类围岩条件下，法向接触压力分布近似为圆形。IV 类围岩条件下法向接触压力分布仅在拱顶、拱底及左右拱端处有所下凹，其它位置都近似为圆形。由图 7.53 与图 7.41 对比可看出：在水平强震作用下，深埋隧洞法向接触压力峰值分布比浅埋隧洞法向接触压力峰值分布更加均匀，分析其原因是由深埋条件下受均匀分布的初始地应力场所致。

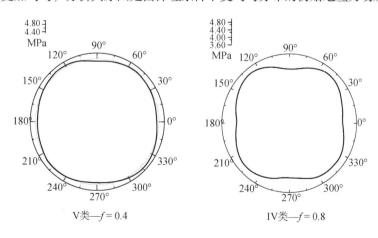

图 7.53　衬砌围岩接触面法向接触压力峰值分布

7.4.2.2　切向摩擦剪应力分布特征

（1）竖向分布特征

图 7.54 为关于衬砌圆心水平轴对称两接触点的切向摩擦剪应力时程曲线。由图 7.54 可以看出：关于衬砌圆心水平对称两接触点切向摩擦剪应力时程曲线形状相似，波峰与波谷一致。拱顶、拱底及左右两侧拱端的切向摩擦剪应力时程曲线具有明显波动性。

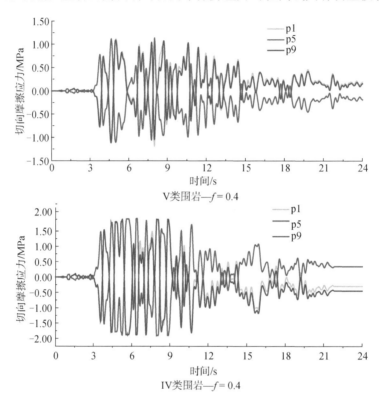

图 7.54　p1、p9、p5 监测点切向摩擦应力时程

（2）水平分布特征

图 7.55 中 p2 与 p8 关于衬砌圆心水平对称、p2 与 p16 关于衬砌圆心垂直对称、p8 与 p16 关于衬砌圆心中心对称。由图 7.55 可看出：在 SV 波垂直入射条件下，同一高程上的关于衬砌圆心垂直对称的两接触点切向摩擦应力时程曲线波动形式一致，波峰对波峰、波谷对波谷，但是正负峰值明显不同；关于衬砌圆心中心对称两接触点切向摩擦应力时程曲线波动形式一致，波峰对波峰、波谷对波谷，正负峰值接近。

（3）峰值分布特征

图 7.56 为切向摩擦剪应力峰值空间分布曲线。由图 7.56 可看出：V 类围岩条件下切向摩擦剪应力峰值空间分布曲线关于衬砌圆心近似中心对称，极大值靠近拱顶、拱底、左右拱端，极小值位于衬砌横截面共轭 45°方向。IV 类围岩条件下切向摩擦剪应力峰值空间分布曲线在左拱腰处外凸，极大值靠近拱顶、拱底、左右拱端，极小值位于衬砌横截面共轭 45°方向。

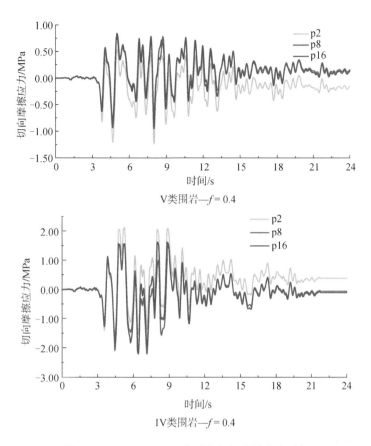

图 7.55　p2、p8、p16 监测点切向摩擦应力时程

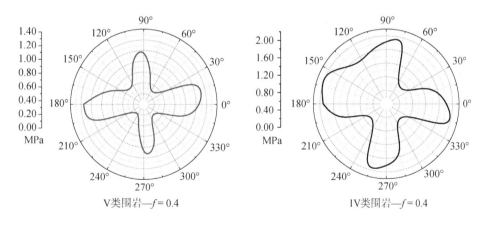

图 7.56　切向摩擦应力峰值分布曲线

7.4.2.3　切向相对滑移分布特征

（1）时程特征

图 7.57 为接触面各监测点切向相对滑移时程曲线。由图 7.57 可看出：V 类围岩条件下切向相对滑移量远小于 IV 类围岩条件下的切向相对滑移量，说明 V 类围岩条件下，接

触面各接触点没产生相对滑动；而 IV 类围岩条件下，接触面部分接触点产生了大滑移变形，导致 IV 类围岩条件下的切向相对滑移时程曲线呈阶梯状，而 V 类围岩条件下的切向相对滑移时程曲线具有随机波动性。

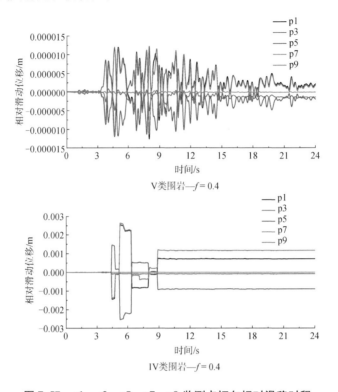

图 7.57　p1、p3、p5、p7、p9 监测点切向相对滑移时程

（2）峰值特征

图 7.58 为切向相对滑移峰值空间分布曲线。由图 7.58 可看出：V 类围岩条件下切向相对滑移量远小于 IV 类围岩条件下的切向相对滑移量，说明 V 类围岩条件下，接触面各点没有产生相对滑动；而 IV 类围岩条件下，接触面部分点产生了大滑移变形。IV 类围岩条件下，切向相对滑移峰值空间分布曲线的极大值位于拱顶、拱底及左右拱端处，而切向相对滑移峰值空间分布曲线的极小值位于衬砌横截面共轭 45°方向。

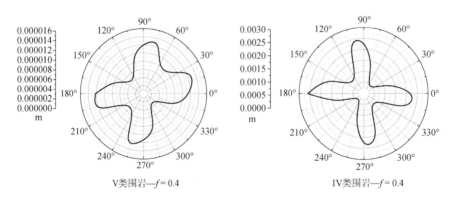

图 7.58　切向相对滑移峰值分布曲线

7.5　围岩与衬砌接触面强震响应影响因素分析

7.5.1　接触面摩擦系数影响

7.5.1.1　浅埋隧洞分析

（1）对法向接触压力的影响

图 7.59 为不同摩擦系数下拱顶 p1 点法向接触压力时程曲线。由图 7.59 可看出：当接触面摩擦系数为 0 和 +∞ 时，拱顶法向接触压力时程曲线对水平强震动不敏感，几乎为一水平线。当摩擦面摩擦系数大于 0 时，在水平强震荷载作用下，法向接触压力时程曲线先增长，然后近乎为一条水平线。当摩擦系数从 0 增加到 0.8 时，法向接触压力减小 15%。

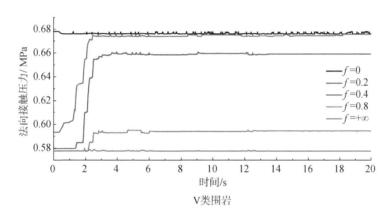

图 7.59　p1 点法向接触压力时程曲线

图 7.60 为 p3 点法向接触压力时程曲线。由图 7.60 可看出各种摩擦系数下 p3 点法向接触压力时程曲线的波动形态一样，波峰波谷分布一致，但是数值有差别，随着摩擦系数的增加，法向接触压力时程的峰值提高。

图 7.61 为 V 类围岩条件下，不同摩擦系数的法向接触压力峰值空间分布曲线。由图 7.61 可看出：当摩擦系数从 0 增大到 0.8 时，拱顶接触压力减小 15%，拱腰处接触压力增大 39%；摩擦系数为 0.8 与 +∞ 时，法向接触压力峰值沿衬砌圆周分布形式相近，各摩擦系数的接触压力时程曲线波动形态一致，峰值不同。随着摩擦系数的增加，曲线外凸性增强。

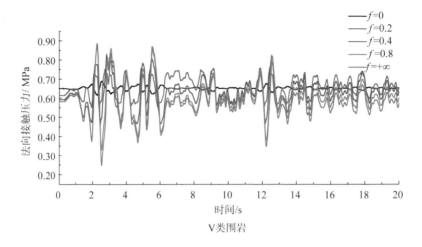

图 7.60　p3 点法向接触压力时程曲线

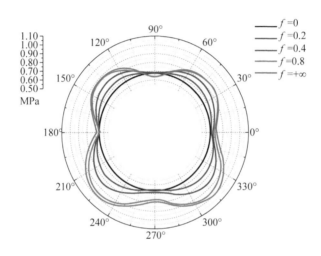

图 7.61　V 类围岩下法向接触压力峰值空间分布曲线

（2）对切向摩擦剪应力的影响

图 7.62 为 p1 点不同摩擦系数下切向摩擦剪应力时程曲线。由图 7.62 可看出：当摩擦系数从 0 增加为 +∞ 时，p1 点切向摩擦应力时程的峰值从 0 MPa 增大到 0.7 MPa，不同摩擦系数的各时程曲线的波动形态一样，波峰波谷分布一致。

图 7.63 为 p3 点不同摩擦系数下切向摩擦应力峰值分布曲线。由图 7.63 可看出随着摩擦系数增大，p3 点切向摩擦应力峰值有增有减，但是各时程曲线的波动形态一样，波峰波谷分布一致。

图 7.64 为不同摩擦系数下切向摩擦剪应力峰值空间分布曲线。由图 7.64 可知：在 SV 波垂直入射条件下，当接触面摩擦系数从 0.2 增大到 +∞，切向摩擦剪应力峰值在拱顶、拱底及左右两侧边墙处呈增大到 0.6 MPa，在拱顶、拱底、左右两侧拱腰处增加明显，在各象限的角平分线处增加较慢。

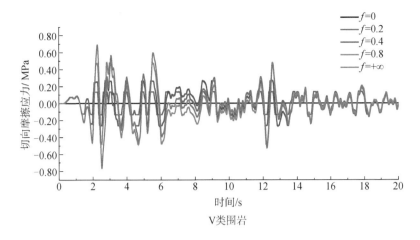

图 7.62 p1 点切向摩擦剪应力时程曲线

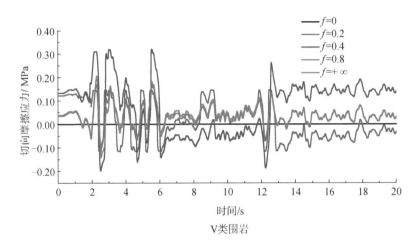

图 7.63 p3 点切向摩擦剪应力时程曲线

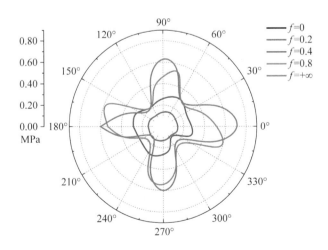

图 7.64 V 类围岩下切向摩擦剪应力峰值分布曲线

（3）对切向相对滑移的影响

图 7.65 为 p1 点与 p3 点切向相对滑移时程曲线，由图可知，$f=0$ 条件下切向滑移量最大；随着摩擦系数从 0.2 增加到 0.8，切向相对滑移量减小到 0.002 m。

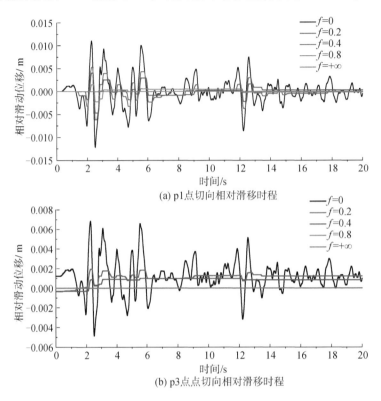

(a) p1点切向相对滑移时程

(b) p3点点切向相对滑移时程

图 7.65　V 类围岩条件下 p1 点与 p3 点切向相对滑移时程曲线

图 7.66 为 V 类围岩条件下切向相对滑移峰值分布曲线。由图 7.66 可知，当摩擦系数从 0 增大到 0.8 时，拱顶、拱底及左右边墙处切向相对滑移动量减少 86%，切向相对滑移量在拱顶、拱底及左右边墙处减小明显。

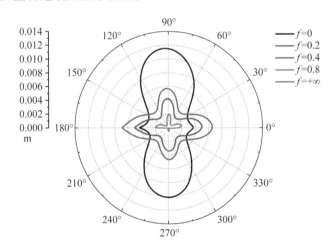

图 7.66　V 类围岩条件下切向相对滑移峰值分布曲线

（4）对衬砌结点速度的影响

图 7.67 为 V 类围岩条件下不同摩擦系数的 p1 点水平速度时程曲线。由图 7.67 可看出各摩擦系数下速度时程曲线基本重合。

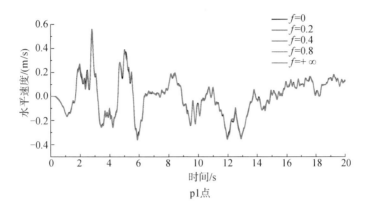

图 7.67　V 类围岩条件下 p1 点水平速度时程曲线

图 7.68 为 V 类围岩条件下，不同摩擦系数的衬砌外周水平速度峰值分布曲线。由图 7.68 可看出：衬砌外周水平速度峰值分布曲线上头大、下头小，衬砌拱顶区域的速度峰值较其他区域大；摩擦系数不同，衬砌外周水平速度峰值分布曲线也有差异，非 0 摩擦系数的速度峰值大于 0 摩擦系数的速度峰值。

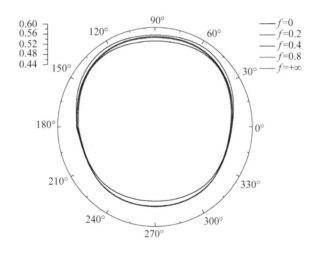

图 7.68　V 类围岩条件下衬砌外周水平速度峰值分布曲线

（5）对衬砌拱顶底结点水平相对位移的影响

图 7.69 为 V 类围岩条件下，不同摩擦系数的衬砌拱顶底水平相对位移时程曲线。由图 7.69 可知：0 摩擦系数的相对位移峰值明显小于非 0 摩擦系数的相对位移峰值；各种摩擦系数下，衬砌拱顶底结点水平相对位移时程曲线形态一样；非 0 摩擦系数的衬砌拱顶底结点水平相对位移时程曲线基本重合。

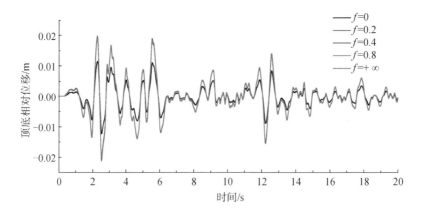

图 7.69　V 类围岩条件下衬砌拱顶底水平相对位移时程

7.5.1.2　深埋隧洞分析

（1）对法向接触压力的影响

图 7.70 为 V 类与 IV 类围岩条件下的围岩与衬砌接触面法向接触压力时程峰值分布曲线。由图 7.70（a）可看出：在 V 类围岩条件下，摩擦系数大于零的接触面法向接触压力时程峰值曲线几乎重合，与图 7.61 所示的浅埋隧洞接触面法向接触压力时程峰值曲线相比，深埋隧洞接触面法向接触压力时程峰值曲线对摩擦系数不敏感。由图 7.70（b）可看出：IV 类围岩条件下，摩擦系数 $f=0.2$ 的接触面法向接触压力时程峰值比摩擦系数 $f=0.4$ 和摩擦系数 $f=0.8$ 的对应值都要小；摩擦系数 $f=0.4$ 与摩擦系数 $f=0.8$ 的峰值曲线比较接近，只是在拱顶、拱底及左右拱端处有些差异，说明：当摩擦系数小于 0.4 时，接触面法向接触压力时程峰值随着摩擦系数增加而增大 15%；当摩擦系数上升到 0.8 后，接触面法向接触压力时程峰值对摩擦系数增加而不敏感，该现象对浅埋隧洞也存在（从图 7.61 中可看出）。

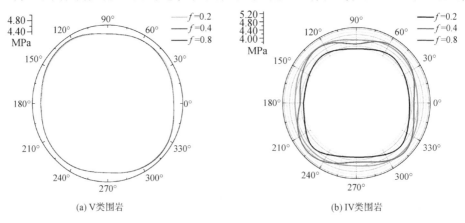

图 7.70　V 类与 IV 类围岩条件下法向接触压力峰值空间分布曲线

（2）对切向摩擦剪应力的影响

图 7.71 为 V 类围岩与 IV 类围岩条件下的不同摩擦系数切向摩擦剪应力正峰值分布曲线。由图 7.71 可知：SV 波作用下，当接触面摩擦系数从 0.2 增大到 0.8 时，切向摩擦剪应力正峰值

呈增加趋势，在拱顶、拱底、左右两侧拱腰处增加明显，在各象限的角平分线处增加较慢。

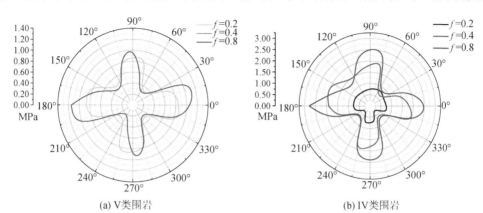

(a) V类围岩   (b) IV类围岩

图 7.71 切向摩擦剪应力峰值分布曲线

（3）对切向相对滑移的影响

图 7.72 为 V 类与 IV 类围岩条件下切向相对滑移峰值空间分布曲线。由图 7.72（a）可看出：V 类围岩条件下，当 $f = 0.2$ 时，围岩与衬砌接触面产生了相对滑移，切向相对滑移时程峰值的最大值达到了 3 mm 级别，且峰值曲线的、极大值位于拱顶、拱底及左右拱端处；当 $f = 0.4$ 和 0.8 时，围岩与衬砌接触面没有产生相对滑移，切向相对滑移时程峰值的量值很小，在 0.01 mm 级别。

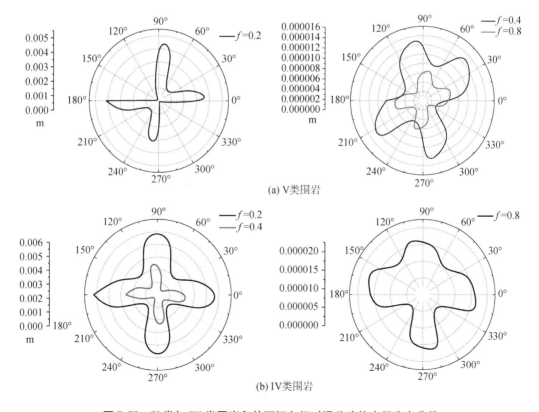

(a) V类围岩

(b) IV类围岩

图 7.72 V 类与 IV 类围岩条件下切向相对滑移峰值空间分布曲线

由图 7.72（b）可看出：IV 类围岩条件下，当 $f = 0.2$ 和 0.4 时，围岩与衬砌接触面产生了明显的相对滑移，切向相对滑移时程峰值的最大值达到了 4 mm 级别，且峰值曲线的极大值位于拱顶、拱底及左右拱端处；当 $f = 0.8$ 时，围岩与衬砌接触面没有产生相对滑移，切向相对滑移时程峰值的量值很小，在 0.01 mm 级别。

图 7.72（a）与图 7.72（b）对比可说明：对于深埋隧洞，在同样的初始地应力场及开挖条件下，摩擦系数越小，围岩与衬砌接触面越容易产生相对滑移；IV 类围岩比 V 类围岩条件下，围岩与衬砌接触面更容易产生相对滑移。

7.5.2 围岩级别影响

7.5.2.1 浅埋隧洞分析

（1）对法向接触压力的影响

图 7.73 为不同围岩级别条件下的围岩与衬砌接触面法向接触压力时程峰值空间分布曲线。由图 7.73 可看出，当围岩等级从 V 类提高到 IV 类时，接触压力峰值减小 65%，围岩越软弱，法向接触压力越大，对衬砌安全越不利。

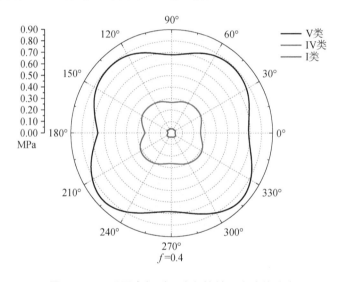

图 7.73　不同围岩级别下法向接触压力峰值分布

（2）对切向摩擦剪应力的影响

图 7.74 为不同围岩级别下的围岩与衬砌接触面切向摩擦剪应力时程峰值分布曲线。由图 7.74 可看出，当围岩等级从 V 类提高到 IV 类时，切向摩擦剪应力峰值减小 55%；围岩越软弱，切向摩擦剪应力峰值越大。与图 7.64 对比可得，浅埋隧洞围岩与衬砌接触面的切向摩擦剪应力对围岩等级变化更加敏感。

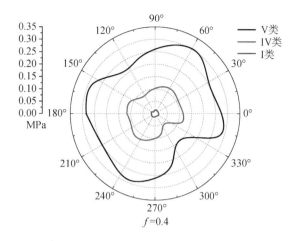

图 7.74　不同围岩级别下切向摩擦剪应力峰值分布

（3）对切向相对滑移的影响

图 7.75 为不同围岩级别下的围岩与衬砌接触面切向相对滑移时程峰值分布曲线。由图 7.75 可看出，当围岩等级从 V 类提高到 IV 类时，切向相对滑移量峰值减小 70%，围岩越软弱，切向滑移量越大，对衬砌安全越不利。浅埋隧洞围岩与衬砌接触面的切向相对滑移量对围岩等级敏感。

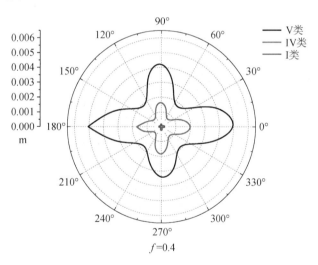

图 7.75　不同围岩类别下切向滑移峰值分布

（4）对衬砌结点速度的影响

图 7.76 为不同围岩级别下的拱顶 p1 点水平速度时程曲线。由图 7.76 可看出，I 类围岩衬砌拱顶水平速度大于 IV 围岩对应值，IV 类围岩衬砌拱顶水平速度大于 V 类围岩对应值。

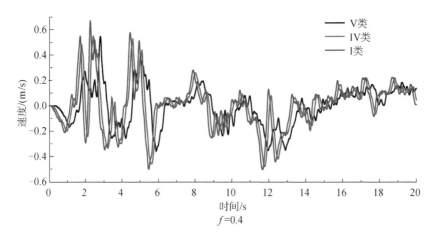

图 7.76   不同围岩级别下拱顶 p1 点水平速度时程

图 7.77 为不同围岩级别条件下的衬砌外周结点水平速度时程峰值空间分布曲线。由图 7.77 可看出：I 类围岩条件下的衬砌外周结点水平速度峰值明显大于 IV 类围岩对应值；VI 类围岩条件下的衬砌下半部分的结点水平速度峰值大于 V 类围岩对应值。

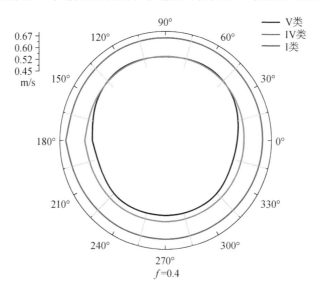

图 7.77   不同围岩级别下衬砌外周结点水平速度峰值分布

（5）对衬砌拱顶底结点水平相对位移的影响

图 7.78 为不同围岩级别条件下，衬砌拱顶相对拱底的水平位移差时程曲线。由图 7.78 可看出，V 类围岩的拱顶底结点水平相对位移峰值为 IV 类围岩对应量值的 4 倍，随着围岩等级的提高，拱顶底水平相对位移时程峰值明显减小；围岩越软弱，水平相对位移越大，对衬砌安全越不利。与图 7.69 对比可得，衬砌拱顶底结点水平相对位移对围岩等级更加敏感。

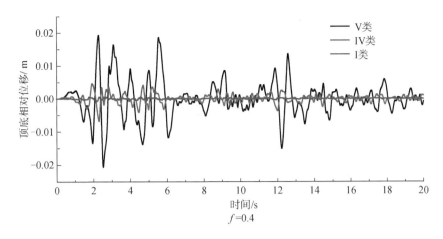

图 7.78 不同围岩级别下衬砌拱顶与拱底水平相对位移时程

7.5.2.2 深埋隧洞分析

（1）对法向接触压力的影响

图 7.79 为深埋隧洞不同围岩级别条件下的法向接触压力时程峰值空间分布曲线。由图 7.79 可看出：V 类围岩条件下的围岩与衬砌接触面法向接触压力时程峰值比 IV 类围岩条件下的法向接触压力时程峰值要略大。通过图 7.73 与图 7.79 对比可得出：浅埋隧洞围岩与衬砌接触面法向接触压力峰值对围岩级别变化更加敏感。

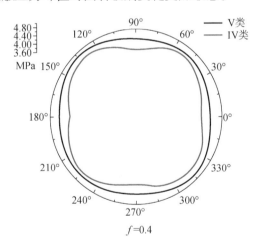

图 7.79 不同围岩级别下的法向接触压力时程峰值分布曲线

（2）对切向摩擦剪应力的影响

图 7.80 为不同围岩级别条件下的切向摩擦剪应力时程峰值空间分布曲线。由图 7.80 可看出：对于深埋隧洞，IV 类围岩条件下的切向摩擦剪应力时程峰值比 V 类围岩条件下的对应值要大，与图 7.74 所示的浅埋隧洞结论相反。其原因：主要是对于深埋隧洞而言，两种级别围岩的初始地应力场都一样，在同样的初始地应力场下，IV 类围岩的法向接触压力小于 V 类围岩对应值，但是差异性没有浅埋隧洞那么明显（如图 7.79 所示），两者接

触面抗剪强度比较接近，在同样水平强震动作用下，IV 类围岩的接触面更容易产生相对滑移，导致 IV 类围岩接触面的接触面剪应力达到抗剪强度（也可通过图 7.72 切向相对滑移看出），而 V 类围岩的接触面根本没有产生相对滑移，因此其摩擦剪应力要明显小于其抗剪强度。V 类与 IV 类接触面抗剪强度比较接近，因此 IV 类围岩接触面的摩擦剪应力要明显大于 V 类围岩接触面的摩擦剪应力。以上分析表明：围岩与衬砌接触面的强震响应与初始地应力场有关，浅埋隧洞主要受自重应力场控制，不同围岩等级下自重应力场明显不同；而深埋隧洞的初始地应力场分布比较均匀，当深埋隧洞地应力场相同时，不用围岩等级的接触面法向接触压力差异性没有浅埋隧洞自重应力场作用下的接触面法向接触压力差异性明显。

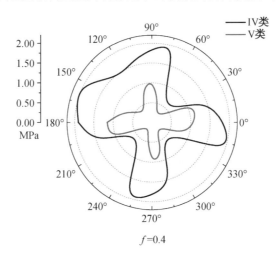

图 7.80   不同围岩级别下切向摩擦剪应力时程峰值空间分布曲线

（3）对切向相对滑移的影响

图 7.81 为 V 类围岩与 IV 类围岩条件下的接触面切向相对滑移时程峰值空间分布曲线。由图 7.81 可看出：IV 类围岩条件下的接触面切向相对滑移时程峰值明显大于 V 类围岩对应值，说明 IV 类围岩的接触面产生了相对滑移动，而 V 类没有，具体原因可通过接触面摩擦剪应力的分析得出。

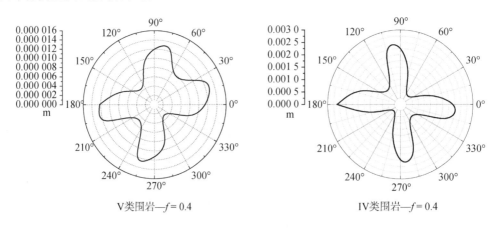

图 7.81   不同围岩级别下切向相对滑移时程峰值分布曲线

（4）对衬砌结点速度的影响

图 7.82～图 7.83 为不同围岩级别下衬砌拱顶监测点 p1 速度时程曲线。由图 7.82 可看出 V 类围岩条件下衬砌拱顶速度时程峰值为 1.31 m/s，峰值时刻为 8.628 75 s；由图 7.83 可看出 IV 类围岩条件下衬砌拱顶速度时程峰值为 1.18 m/s，峰值时刻为 6.128 75 s；通过图 7.82～图 7.83 分析可得出：对于 V、IV 类围岩，此时岩体的弹性模量明显小于混凝土衬砌弹性模量，随着围岩等级的提高，速度峰值发生的时刻提前，两者曲线形态不同，反映了地面反射波的影响。

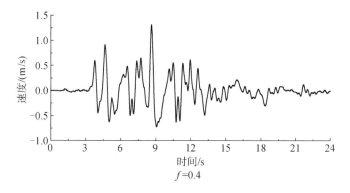

图 7.82　V 类围岩拱顶水平速度时程

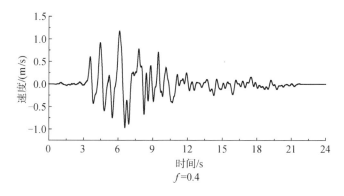

图 7.83　IV 类围岩拱顶水平速度时程

图 7.84 为各级围岩条件下的水平速度时程峰值空间分布曲线。由图 7.84 可看出水平速度时程峰值空间分布曲线形态近似为圆形，反映出速度峰值沿着衬砌断面变化不大，说明同一级别围岩条件下深埋洞室衬砌各点速度峰值变化不大；而不同级别围岩条件下，速度峰值曲线圆的半径差别明显，说明对深埋隧洞衬砌各点速度峰值起控制作用的是岩体的级别，而不是衬砌上各监测点的几何位置。

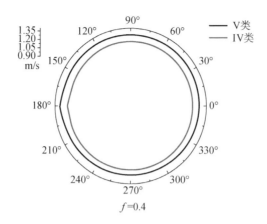

图7.84　拱顶水平速度峰值空间分布曲线

（5）对衬砌拱顶底结点水平相对位移的影响

图7.85～图7.86为不同围岩级别下衬砌拱顶监测点 p1 相对衬砌拱底监测点 p9 的水平相对位移时程曲线。由图7.85可看出：V 类围岩条件下，衬砌拱顶底水平相对位移时程峰值绝对值最大值为 0.037 m，峰值时刻为 4.641 75 s；由图7.86可看出 IV 类围岩条件下，衬砌拱顶底水平相对位移时程峰值绝对值最大值为 0.023 m，峰值时刻为 5.265 75 s。由图7.85～图7.86可看出：各级围岩下衬砌拱顶底结点水平相对位移时程曲线明显不同，由于衬砌采用线弹性本构，故最终衬砌顶底相对位移恢复为 0 m。

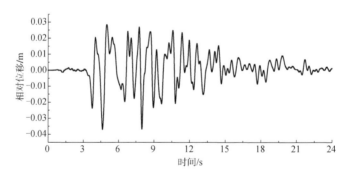

图7.85　V 类围岩拱顶底水平相对位移时程

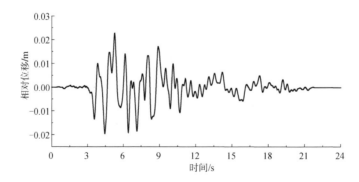

图7.86　IV 类围岩拱顶底相对位移时程

由图 7.87 可看出：当围岩等级从 V 类提高到 IV 类时，衬砌拱顶底水平相对位移峰值随着围岩等级的提高而减小，说明隧洞围岩等级越高，对衬砌安全越有利。地下洞室空间相对位移差导致的洞室及周围岩体初始应力场的变化是影响洞室动力稳定性进而造成破坏的主要诱因，围岩等级越高，相对位移差越小，进而衬砌越安全。

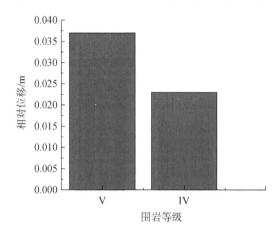

图 7.87　V 类与 IV 类围岩条件下衬砌拱顶底相对位移时程峰值

7.6　本章小结

本章首先对围岩与衬砌接触面的两种数值模拟方法进行了探讨，基于 SV 波透射混凝土与岩石接触面的数值算例，对接触单元模拟法（刚度法）与接触力学模拟法（约束法）的强震波透反射效应进行了对比分析，然后基于接触力学模拟法（约束法），采用 ABAQUS 中的主从接触对算法模拟围岩与衬砌接触面，建立浅埋与深埋有限元动力计算模型，探讨了围岩与衬砌接触面在水平强震荷载作用下的动力响应特征，研究了接触面摩擦系数和围岩级别对接触面强震响应的影响规律，得出了如下主要结论：

（1）针对围岩与衬砌动接触的数值模拟方法问题，通过 SV 波透反射效应数值算例，对比了接触单元法与接触力学法的适用性，得出结论：接触单元模拟法需采用法向刚度 k_n 与剪切刚度 k_s 来建立接触应力和接触相对位移之间的本构关系，仅当刚度值达到一定量值时，数值解方能与理论解趋于一致。而接触力学模拟法通过接触面两侧接触体的力学性质差异性来体现接触面的力学特性，数值计算结果与理论解一致，因此采用接触力学法为围岩与衬砌接触问题的主要研究手段。

（2）探讨了围岩与衬砌接触面法向接触压力、切向摩擦剪应力、切向相对滑移量的强震响应特征，得出结论：浅/深埋条件下，衬砌各部位法向接触压力时程受强震动作用影响较明显，关于衬砌竖轴线镜像对称两接触点的接触压力时程峰值近似相等，对称接触点的接触压力峰值相近，沿衬砌圆周接触压力峰值分布具水平向与竖直向对称性，接触压力峰值在拱顶、拱底、两侧边墙处具极小值，在衬砌横截面共轭45°方向具极大值；浅埋条件下，衬砌底部接触压力峰值大于顶部对应值；深埋条件下，沿衬砌圆周接触压力峰值分布相对均匀。浅/深埋条件下，衬砌各部位切向摩擦剪应力时程受强震动作用影响较明显，衬砌接触切向摩擦剪应力峰值近似关于衬砌轴线镜像对称，对称接触点的切向摩擦剪应力峰值相近，沿衬砌圆周切向摩擦剪应力峰值分布具水平向与竖直向对称性，切向摩擦剪应力峰值在拱顶、拱底、两侧边墙处具极大值，在衬砌横截面共轭45°方向具极小值。浅/深埋条件下，切向相对滑移时程曲线呈现阶梯状，沿衬砌圆周切向相对滑移量在拱顶、拱底、左右边墙处具有极大值，在衬砌横截面共轭45°方向具有极小值，沿衬砌圆周切向相对滑移量峰值分布具水平向与竖直向对称性。

（3）研究了摩擦系数对围岩与衬砌接触面强震响应的影响规律，得出结论：浅埋条件下，当摩擦系数从0增大到0.8时，拱顶接触压力减小15%，拱腰处接触压力增大39%；摩擦系数为0.8及+∞时，法向接触压力峰值沿衬砌圆周分布形式相近，各摩擦系数的接触压力时程曲线波动形态一致，峰值不同。深埋条件下，法向接触压力峰值沿衬砌圆周分布对摩擦系数变化不敏感。浅/深埋条件下，拱顶、拱底及两侧边墙处切向摩擦剪应力峰值对摩擦系数的变化敏感性较强，拱腰处摩擦剪应力及拱顶底结点水平相对位移对摩擦系数变化敏感性较弱。浅埋条件下，当摩擦系数从0增大到0.8时，切向相对滑移量减小80%；对于深埋隧洞而言，在同样初始地应力场及开挖条件下，摩擦系数越小，围岩与衬砌接触面越容易产生相对滑移，Ⅳ类围岩比Ⅴ类围岩的接触面更易产生相对滑移。

（4）研究了围岩等级对围岩与衬砌接触面强震响应的影响规律，得出结论：浅埋条件下，当围岩等级从Ⅴ类提高到Ⅳ类时，接触压力峰值减小65%，切向摩擦剪应力峰值减小55%，切向相对滑移峰值减小70%，围岩质量越差，接触压力峰值越大，摩擦剪应力峰值越大，切向相对滑移量越大，衬砌拱顶底水平相对位移量越大，浅埋隧洞接触面强震响应对围岩等级变化尤其敏感。深埋条件下，Ⅴ类围岩的接触面法向压力峰值比Ⅳ类围岩的对应值略大，接触面强震响应受初始地应力场影响，不用围岩级别的法向压力沿衬砌外周分布的差异性不如浅埋隧洞明显；对同一级别围岩而言，深埋隧洞衬砌速度峰值沿衬砌外周分布曲线相近，而不同级别围岩条件时，速度峰值沿衬砌外周分布差别明显，表明对深埋隧洞衬砌断面各点速度峰值分布起控制作用的是围岩等级；当围岩从Ⅴ类提高到Ⅳ类时，拱顶底相对位移峰值减小30%。

第 8 章 强震作用下跨断层段围岩与衬砌损伤破坏分析

8.1 引言

由于受到各种因素的制约，长大隧洞在建设中将不可避免的穿越活断层。根据目前的研究及震害调查可以得出跨越断层的隧洞（道）在强震中更易被破坏的结论[191-193]。目前，跨断层隧洞（道）的强震动力响应与破坏机制属于国际热点问题，对其进行研究具有重要的实际工程价值。由第 2 章分析可知滇中引水工程香炉山隧洞直接跨越龙蟠—乔后断层（F10）、丽江—剑川断层（F11）、鹤庆—洱源断层（F12）三条全新世活断层，该三条活断层表现为强烈的现今强震活动性，发生多次 6.0 级以上强震，香炉山隧洞面临严峻的抗震安全问题，尤其是其跨越活断层段强震安全问题更加突出。因此，本章以香炉山隧洞跨越 F10-1 段为分析对象，基于 ABAQUS 软件建立跨越活断层的隧洞三维有限元计算模型，考虑围岩与衬砌相互作用，在模型底部输入人工合成速度脉冲波，衬砌采用 ABAQUS内置的混凝土塑性损伤模型（CDP 模型），探讨脉冲强震作用下跨断层隧洞强震动力响应和衬砌损伤机制，为长大输水隧洞抗震设计贡献微薄之力。

8.2 分析条件

8.2.1 混凝土塑性损伤模型[194]

混凝土塑性损伤模型（CDP 模型）主要是用来为分析混凝土结构在循环和动力荷载作用下的一个普遍本构模型，被广泛应用于混凝土结构抗震分析计算中。ABAQUS 中混凝土塑性损伤模型是在 Lubline[195] 和 Lee and Fenves[196] 模型的基础上建立的。该模型采用各向同性弹性损伤结合各向同性受拉和受压塑性来描述混凝土的非弹性行为，考虑了由于拉压塑性应变导致的弹性刚度的退化以及循环荷载作用下的刚度恢复[197]。下面对其基本理论进行简要介绍。

CDP 模型屈服函数 F $(\bar{\sigma}, \tilde{\varepsilon}^{pl})$ 为式（8-1），其屈服面在π平面上的截迹见图8.1。

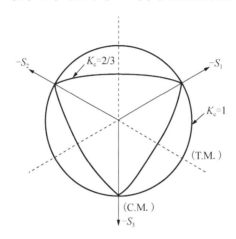

图 8.1 混凝土 CDP 模型屈服面在 π 平面上的截迹，

k_c 影响屈服面形状[194]

$$F(\bar{\sigma}, \tilde{\varepsilon}^{pl}) = \frac{1}{1-\alpha}(\bar{q} - 3\alpha\bar{p} + \beta(\tilde{\varepsilon}^{pl})[\bar{\sigma}\hat{A}_{max}] - \gamma[-\bar{\sigma}\hat{A}_{max}]) - \bar{\sigma}_c(\tilde{\varepsilon}_c^{pl}) = 0$$

$$\bar{p} = -\frac{1}{3}\bar{\sigma}:I$$

$$\bar{q} = \sqrt{\frac{3}{2}\bar{S}:\bar{S}} \qquad (8-1)$$

$$\bar{S} = \bar{p}I + \bar{\sigma}$$

$$\bar{\sigma} = D_0^{el}:(\varepsilon - \varepsilon^{pl})$$

$$\sigma = (1-d)\bar{\sigma}$$

式中，α 和 β 为无量纲材料常数；D_0^{el} 为初始弹性刚度张量；d 为损伤变量，其取值范围为 0~1，0 表示未损伤，1 表示完全损伤。

设 E_0 为初始未损伤的单轴拉伸和单轴压缩的弹性模量，则由损伤力学可得

$$\sigma_t = (1-d_t)E_0(\varepsilon_t - \tilde{\varepsilon}_t^{pl})$$

$$\sigma_c = (1-d_c)E_0(\varepsilon_c - \tilde{\varepsilon}_c^{pl}) \qquad (8-2)$$

式中，d_t 为单轴拉伸条件下的损伤变量，d_c 为单轴压缩条件下的损伤变量，其物理含义见图8.2。

在单轴循环加载条件下，试验中观测到混凝土中已经形成的微裂缝在从拉变压的转换过程中会产生闭合，导致压缩刚度有所恢复，因此 CDP 模型通过系数 w_c 来反应加载从拉变压时压缩刚度的恢复效应（ABAQUS 默认 $w_c = 1$），通过系数 w_t 来反应加载从压变拉时拉伸刚度的恢复效应（ABAQUS 默认 $w_t = 0$），见图8.3和图8.4。

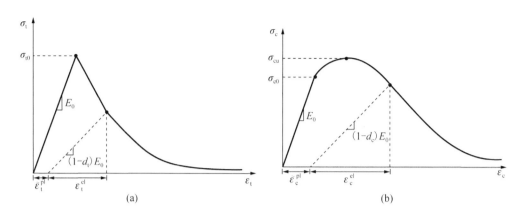

图 8.2 混凝土单轴受载情况下的应力－应变曲线[194]

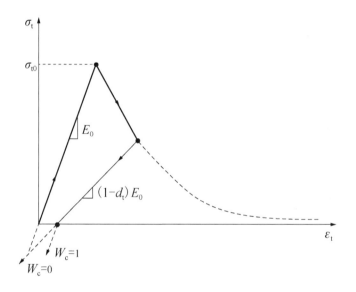

图 8.3 混凝土从单轴受拉变为单轴受压时的压缩刚度恢复效应[194]

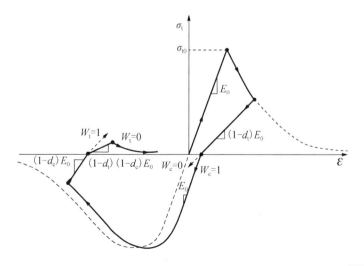

图 8.4 混凝土在单轴循环加载（拉—压—拉）条件下刚度恢复效应[194]

CDP 模型采用非相关联的塑性流动法则，即

$$d\varepsilon^{pl} = d\lambda \frac{\partial G(\bar{\sigma})}{\partial \bar{\sigma}} \qquad (8-3)$$

式中，$d\lambda$ 为塑性流动因子增量，塑性势函数 $G(\bar{\sigma})$ 取为 Drucker-Prager 双曲线函数形式，具体为

$$G(\bar{\sigma}) = \sqrt{(\in \sigma_{t0} tan\psi)^2 + \bar{q}^2} - \bar{p} tan\psi \qquad (8-4)$$

式中，ψ 为剪胀角、σ_{t0} 为单轴抗拉强度、$\in$ 为双曲线离心率。

CDP 模型包含材料塑性与材料损伤，其中塑性参数描述材料屈服面的变化形式，获取途径有混凝土规范、实验数据和参考文献总结公式；材料损伤描述卸载特性，获取方法有实验、能量等效原理等近似算法。本书根据国标《混凝土结构设计规范》（GB50010—2010）[198]获取混凝土塑性参数，采用能量等效原理获取混凝土损伤参数[199]。

《混凝土结构设计规范》4.1.3 中给出了混凝土轴心抗压强度和抗拉强度标准值，见表 8.1。《混凝土结构设计规范》4.1.4 中给出了混凝土轴心抗压强度和抗拉强度设计值，见表 8.2。《混凝土结构设计规范》4.1.5 中给出了不同牌号混凝土弹性模量，见表 8.3。《混凝土结构设计规范》4.1.5 中规定混凝土泊松比取 0.20。

表 8.1　混凝土轴心抗压强度和抗拉强度标准值[198]

强度/MPa	C15	C20	C25	C30	C35	C40	C45	C50	C55	C60	C65	C70	C75	C80
f_{ck}	10.0	13.4	16.7	20.1	23.4	26.8	29.6	32.4	35.5	38.5	41.5	44.5	47.4	50.2
f_{tk}	1.27	1.54	1.78	2.01	2.20	2.39	2.51	2.64	2.74	2.85	2.93	2.99	3.05	3.11

注：f_{ck} 为混凝土轴心抗压强度标准值；f_{tk} 为混凝土轴心抗拉强度标准值。

表 8.2　混凝土轴心抗压强度和抗拉强度设计值[198]

强度/MPa	C15	C20	C25	C30	C35	C40	C45	C50	C55	C60	C65	C70	C75	C80
f_c	7.2	9.6	11.9	14.3	16.7	19.1	21.1	23.1	25.3	27.5	29.7	31.8	33.8	35.9
f_t	0.91	1.10	1.27	1.43	1.57	1.71	1.80	1.89	1.96	2.04	2.09	2.14	2.18	2.22

注：f_c 为混凝土轴心抗压强度设计值；f_t 为混凝土轴心抗拉强度设计值。

表 8.3　混凝土的弹性模量[198]

等级/GPa	C15	C20	C25	C30	C35	C40	C45	C50	C55	C60	C65	C70	C75	C80
E_c	22.0	25.5	28.0	30.0	31.5	32.5	33.5	34.5	35.5	36.0	36.5	37.0	37.5	38.0

《混凝土结构设计规范》C.2.3 中规定混凝土单轴受压的应力应变曲线按下列公式

计算：

$$\sigma = (1 - d_c) E_c \varepsilon \qquad (8-5)$$

$$d_c = \begin{cases} 1 - \dfrac{\rho_c n}{n - 1 + x^n} & x \leqslant 1 \\ 1 - \dfrac{\rho_c}{\alpha_c (x - 1)^2 + x} & x > 1 \end{cases} \qquad (8-6)$$

$$\rho_c = \frac{f_c^*}{E_c \varepsilon_c} \qquad (8-7)$$

$$n = \frac{E_c \varepsilon_c}{E_c \varepsilon_c - f_c^*} \qquad (8-8)$$

$$x = \frac{\varepsilon}{\varepsilon_c} \qquad (8-9)$$

式中，α_c 为混凝土单轴受压应力 – 应变曲线下降段参数；f_c^* 为混凝土单轴抗压强度，其值可取 f_c 或 f_{ck}；ε_c 为与单轴抗压强度 f_c^* 相对应的峰值压应变；d_c 为混凝土单轴受压损伤参数。

《混凝土结构设计规范》C.2.2 中规定混凝土单轴受拉的应力应变曲线按下列公式计算：

$$\sigma = (1 - d_t) E_c \varepsilon \qquad (8-10)$$

$$d_t = \begin{cases} 1 - \rho_t \left[1.2 - 0.2x^5 \right] & x \leqslant 1 \\ 1 - \dfrac{\rho_t}{\alpha_t (x - 1)^{1.7} + x} & x > 1 \end{cases} \qquad (8-11)$$

$$\rho_t = \frac{f_t^*}{E_c \varepsilon_t} \qquad (8-12)$$

$$x = \frac{\varepsilon}{\varepsilon_t} \qquad (8-13)$$

式中，α_t 为混凝土单轴受拉应力 – 应变曲线下降段参数；f_t^* 为混凝土单轴抗拉强度，其值可取 f_t 或 f_{tk}；ε_t 为与单轴抗压强度 f_t^* 相对应的峰值压应变；d_t 为混凝土单轴受拉损伤参数。

由式（8-5）～式（8-13）可得出混凝土单轴受拉和单轴受压的应力 – 应变曲线如图8.5所示。本书中衬砌采用 C30 混凝土模拟，不考虑配筋，不考虑初衬与二衬的差异，将初衬与二衬考虑为一层，衬砌厚度取 1 m。则由上述分析可拟合出 C30 混凝土的单轴拉伸应力 – 应变曲线（见图8.6），C30 混凝土的单轴压缩应力 – 应变曲线见图8.7，C30 混凝土的单轴拉伸损伤演化曲线见图8.8，C30 混凝土的单轴压缩损伤演化曲线见图8.9，获得这些曲线后，提取对应点的应力 – 应变值，输入到 ABAQUS 中，就可以定义 CDP 模型的参数，进行计算。

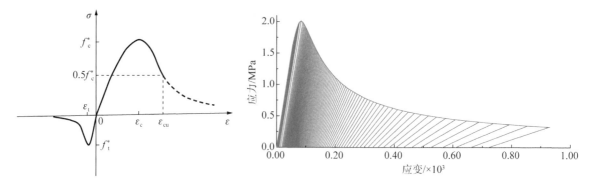

图 8.5　混凝土单轴应力 – 应变曲线[198]　　　图 8.6　C30 混凝土单轴拉伸应力 – 应变曲线

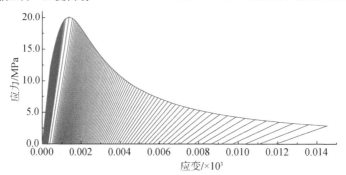

图 8.7　C30 混凝土单轴压缩应力 – 应变曲线

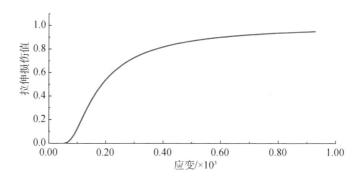

图 8.8　C30 混凝土单轴拉伸损伤演化曲线

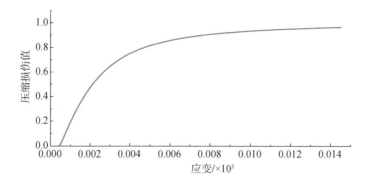

图 8.9　C30 混凝土单轴压缩损伤演化曲线

8.2.2 计算模型与动力数值监测布置

以香炉山隧洞跨 F10-1 段为模拟对象，见图 8.10。由图 8.10 可知：该段隧洞埋深为 400 m 左右，断层宽度为 150 m 左右，断层产状为 290°∠70°。实际建模时，考虑到问题的复杂程度，将断层宽度取为 120 m，倾角取为 65°，整个计算模型的几何尺寸见图 8.11。由图 8.11 可知：模型纵向长 500 m，横向宽 180 m，高 180 m，隧洞衬砌外径为 12 m，内径为 10 m，衬砌厚度取 1 m，不考虑配筋，不考虑初衬与二衬的差异，将初衬与二衬考虑为一层，衬砌与围岩之间接触采用 ABAQUS 中接触对法模拟，摩擦系数取 0.5。模型计算网格见图 8.12，其中围岩与衬砌都采用 C3D8R 实体单元模拟，设置沙漏控制，整个模型最大网格尺寸为 8 m，衬砌与围岩接触区域网格非常细，以提高计算精度。整个三维模型共 52 万个单元左右，计算采用 Intel Xeon E5.2640 至强处理器，其主频为 2 500 MHz，安装内存 64 G，计算时采用 20 个 CPU 内核，以加快计算速度。

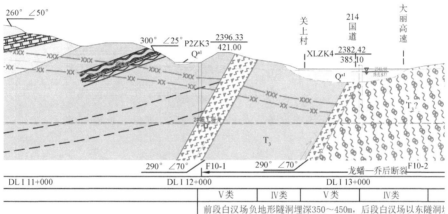

图 8.10 香炉山隧洞跨 F10-1 断层剖面

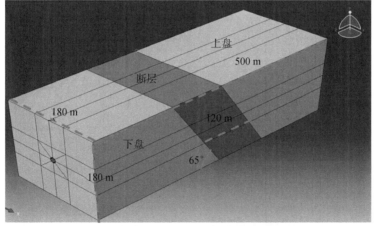

图 8.11 香炉山隧洞跨 F10-1 断层几何模型

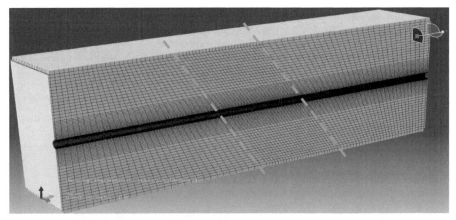

(a) 模型纵剖面

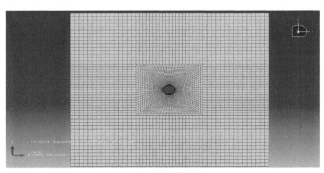

(b) 模型横截面

图 8.12　香炉山隧洞跨 F10-1 断层有限元网格

　　为了保证塑性计算的收敛性，断层上下盘围岩及断层破碎带采用 ABAQUS 内置的线性 Drucker-Prager 本构模型，其屈服函数 F 为[194]

$$F = t - p\tan\beta - d = 0 \qquad (8-14)$$

$$t = \frac{q}{2}\Big[1 + \frac{1}{k} - \Big(1 - \frac{1}{k}\Big)\Big(\frac{r}{q}\Big)^3\Big] \qquad (8-15)$$

$$p = -\frac{1}{3}\text{trace}\ (\sigma) \qquad (8-16)$$

$$q = \sqrt{\frac{3}{2}\ (S:S)} \qquad (8-17)$$

$$r = \ \Big(\frac{9}{2}S\cdot S:S\Big)^{\frac{1}{3}} \qquad (8-18)$$

$$S = \sigma + pI \qquad (8-19)$$

　　式中，t 是另一种形式的偏应力，是为了更好地反映中主应力的影响；β 是屈服面在 $p\sim t$ 应力空间上的倾角，与摩擦角 φ 有关；k 是三轴拉伸与三轴压缩强度之比，反映了中主应力对屈服的影响，不同的 k 的屈服面在 π 平面上的形状不一样；d 是屈服面在 $p\sim t$ 应

力空间 t 轴上的截距，是另一种形式的黏聚力。其屈服面在 π 平面上的形状见图8.13。

线性 Drucker-Prager 本构模型的塑性势函数 G 为

$$G = t - p\tan\psi \qquad (8-20)$$

式中，ψ 为 $p \sim t$ 面上的剪胀角。

由第2章分析可得岩体力学参数见表8.4，模型初始地应力场见表8.5。为了对跨断层隧洞强震动力响应进行探讨，对围岩与衬砌接触面上的拱顶、拱底及左右拱端四个位置加速度、速度及位移进行监测，监测区间长度为200 m，见图8.14（a）（断层中心前后各100 m范围内），监测点在横剖面上布置见图8.14（b）。

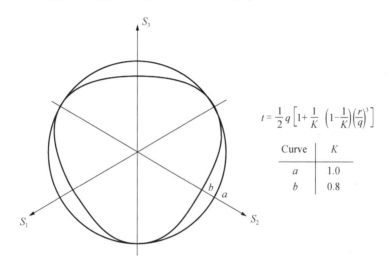

$$t = \frac{1}{2}q\left[1 + \frac{1}{K}\left(1 - \frac{1}{K}\right)\left(\frac{r}{q}\right)^3\right]$$

Curve	K
a	1.0
b	0.8

图8.13　线性 Drucker-Prager 模型的屈服面在 π 平面上的形状[194]

表8.4　线性 Drucker-Prager 模型参数

	密度/（kg/m³）	弹性模量/ GPa	泊松比	β /°	k	σ_c^0/ MPa
断层上下盘围岩	2 600	3.00	0.30	46	0.80	0.70
断层破碎带	2 200	0.50	0.34	40	0.85	0.30

表8.5　数值模型地应力场设置

隧洞轴线方位角/°	最大主应力方位角/°	最大主应力与隧洞轴线夹角/°	地应力在隧洞横断面上的分量量值 /MPa						
			埋深	σ_{xx}	σ_{yy}	σ_{zz}	τ_{xy}	τ_{xz}	τ_{zz}
340	40	60	400 m	14.75	12.25	13.00	2.17	0.00	0.00
			600 m	20.00	16.00	17.00	3.46	0.00	0.00

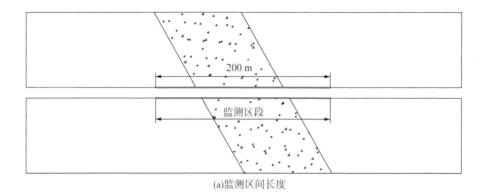

(a)监测区间长度

(b) 横剖面

图 8.14 动力数值监测布置

8.3 开挖模拟分析

静力阶段计算采用 ABAQUS/Standard 隐式模块，动力计算采用 ABAQUS/Explicit 显式模块。静力阶段计算由初始地应力场平衡、开挖、支护、释放四个阶段组成。开挖模拟采用收敛约束法，对开挖面结点先进行位移约束，达到初始地应力平衡，然后释放开挖面位移约束，施加结点约束反力，对该约束反力进行释放，释放到80%时候安装衬砌，再将约束反力完全释放，混凝土衬砌承担20%的地应力荷载。静力阶段计算完成后，转入动力计算，整个计算流程见图8.15。

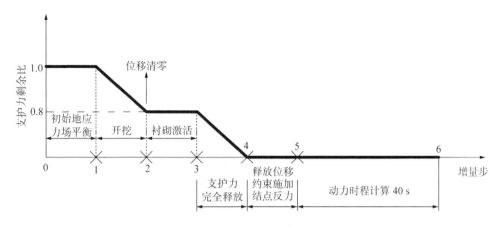

图 8.15　整个静动力计算流程

图 8.16 为开挖面围岩结点反力释放到 80% 时的整个模型位移云图。由图 8.16 可知，开挖后断层破碎带区域变形远大于断层上下盘的变形，断层破碎带区域最大开挖变形量达到 0.454 m，最大变形量值产生于断层破碎带中部。

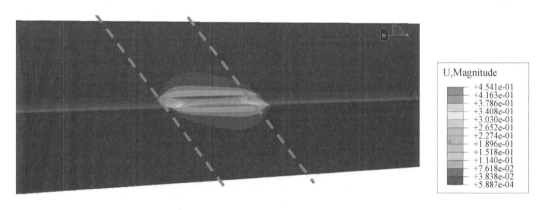

图 8.16　整个模型位移（单位：m）

图 8.17 为开挖面围岩结点反力释放到 80% 时的断层上下盘位移云图。由图 8.17 可知，开挖后断层上下盘位移量在靠近破碎带处较大，最大量值为 0.218 m，远离断层破碎带后，变形量明显减小，大概为 0.05 m 左右。

图 8.17　断层上下盘位移（单位：m）

图 8.18 为开挖面围岩结点反力释放到 80% 时的断层破碎带位移云图。由图 8.18 可知，开挖后断层破碎带变形较大，最大量值为 0.454 m，最大变形量位于断层破碎带中部。

图 8.18　断层破碎带位移（单位：m）

图 8.19 为开挖面围岩结点反力释放到 80% 时的整个模型等效塑性应变云图。由图 8.19 可知，开挖后断层破碎带区域塑性应变远大于断层上下盘的塑性应变，断层破碎带区域最大等效塑性应变达到 0.144 1，最大塑性应变点位于断层破碎带中部。

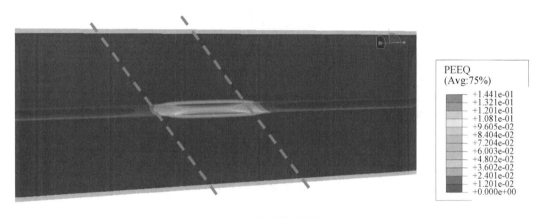

图 8.19　整个模型塑性区

图 8.20 为开挖面围岩结点反力释放到 80% 时的断层上下盘等效塑性应变云图。由图 8.20 可知，开挖后断层上下盘塑性应变在靠近破碎带处较大，最大量值为 0.06 m，远离断层破碎带后，等效塑性应变明显减小，为 0.015 m 左右。

图 8.20　断层上下盘塑性区

图 8.21 为开挖面围岩结点反力释放到 80% 时的断层破碎带等效塑性应变云图。由图 8.21 可知，开挖后断层破碎带塑性区较大，最大量值为 0.144 1，最大塑性应变点位于断层破碎带中部。

图 8.22 为衬砌安装后的衬砌 Mises 等效应力云图。由图 8.22 可看出，衬砌 Mises 等效应力在断层破碎带区域明显大于上下盘区域，且衬砌内侧 Mises 等效应力较外侧大，说明断层段衬砌所受内力明显大于上下盘段。

图 8.21　断层塑性区

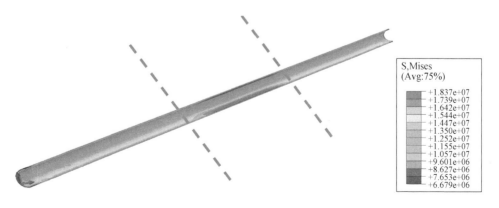

图 8.22　衬砌 MISES 应力（单位：Pa）

图 8.23 为衬砌安装后的衬砌位移云图。由图 8.23 可看出，衬砌位移在断层破碎带区域明显大于上下盘区域，且断层破碎带区域的衬砌左右边墙位移量值明显大于顶、底拱处对应值，断层段衬砌由围岩开挖产生的位移明显大于上下盘段。

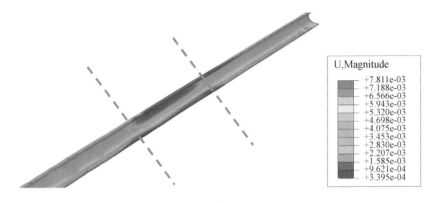

图 8.23　衬砌位移（单位：m）

图 8.24 为衬砌安装后的衬砌等效塑性应变云图。由图 8.24 可看出，衬砌塑性应变在断层破碎带区域明显大于上下盘区域，且断层破碎带区域的衬砌顶、底拱处等效塑性应变量值明显大于左右边墙处对应值，断层段衬砌由围岩开挖产生的塑性应变明显大于上下盘段。

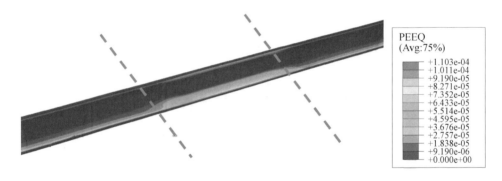

图 8.24　衬砌塑性区

图 8.25 为衬砌安装后的衬砌压缩损伤量云图。由图 8.25 可看出，由于衬砌承担了 20% 的初始地应力荷载，开挖完成后断层破碎带区域衬砌内侧产生了压缩损伤，而上下盘区域没有。说明在静力开挖阶段，由于断层破碎带的变形模量及围岩强度小于断层上下盘，导致断层破碎带区域衬砌所受内力明显大于上下盘段，断层段衬砌会产生初始损伤，降低衬砌抗震性能。

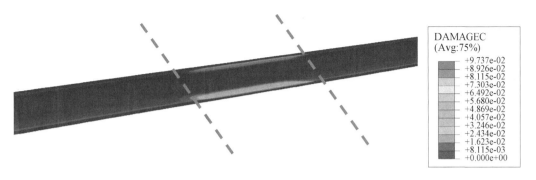

图 8.25　衬砌压缩损伤量

8.4　围岩-衬砌体系纵向动力响应与损伤机制分析

静力阶段计算完成后，在模型底部输入人工合成的速度脉冲，传播方向竖直向上，振动方向沿 x 方向，其加速度时程见图 8.26，速度时程见图 8.27，加速度峰值为 1.7 m/s²，速度峰值为 0.4 m/s。由图 8.27 可看出输入的速度时程具有明显的脉冲特性，由图 8.26 看出输入的加速度峰值并不算大。动力计算过程中对围岩开挖面上结点的 x 向水平速度和水平位移进行监测，监测点布置见图 8.14。

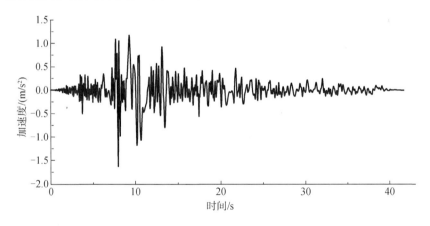

图 8.26　输入加速度时程

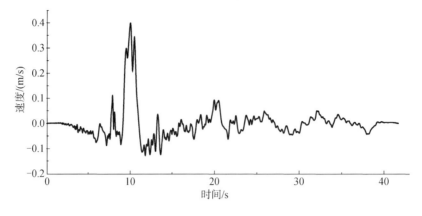

图 8.27　输入速度时程

图 8.28 为下盘与断层接触面附近拱顶监测点水平位移时程，其中 p9 为下盘与断层接触面分界点。由图 8.28 可看出下盘区域拱顶监测点位移时程曲线与断层破碎带区域衬砌拱顶监测点位移时程曲线波形相似，但是峰值却明显不同。

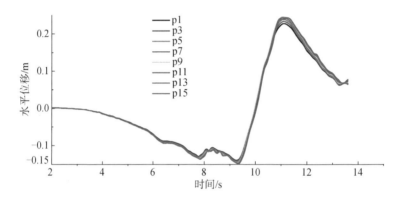

图 8.28　下盘与断层接触面附近拱顶监测点水平位移时程（**p9** 为分界点）

图 8.29 为下盘与断层接触面附近拱顶监测点水平位移时程峰值沿隧洞纵向分布。由图 8.29 可看出断层破碎带区域内衬砌拱顶水平位移峰值明显大于下盘内衬砌拱顶水平位移峰值，在分界面处达到最大值。

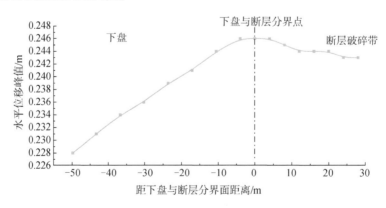

图 8.29　下盘与断层分界面附近拱顶监测点水平位移峰值

图 8.30 为上盘与断层接触面附近拱顶监测点水平位移时程，其中 p37 为上盘与断层接触面分界点。由图 8.30 可看出上盘区域衬砌拱顶监测点位移时程曲线与断层破碎带区域衬砌拱顶监测点位移时程曲线波形相似，但是峰值却明显不同。

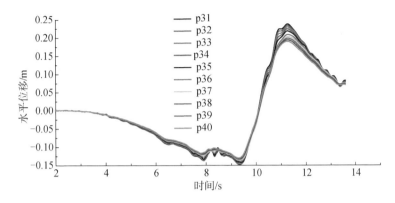

图 8.30　上盘与断层分界面附近拱顶监测点水平位移时程（p37 为分界点）

图 8.31 为上盘与断层接触面附近拱顶监测点水平位移时程峰值沿隧洞纵向分布。由图 8.31 可看出断层破碎带区域内衬砌拱顶水平位移峰值明显大于下盘内衬砌拱顶水平位移峰值；从断层破碎带到上盘，衬砌拱顶水平位移峰值以折线形式减小。

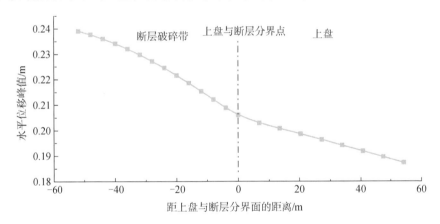

图 8.31　上盘与断层分界面附近拱顶监测点水平位移峰值

由图 8.29 与图 8.31 对比可看出：断层与上盘水平动位移差达到 5 cm，而断层与下盘水平动位移差达到 1.8 cm，上盘与断层破碎带的位移差大于下盘与断层破碎带的位移差，衬砌在上盘与断层破碎带分界处更容易受强震破坏。

图 8.32 为不同时刻混凝土衬砌强震压缩损伤演化图。

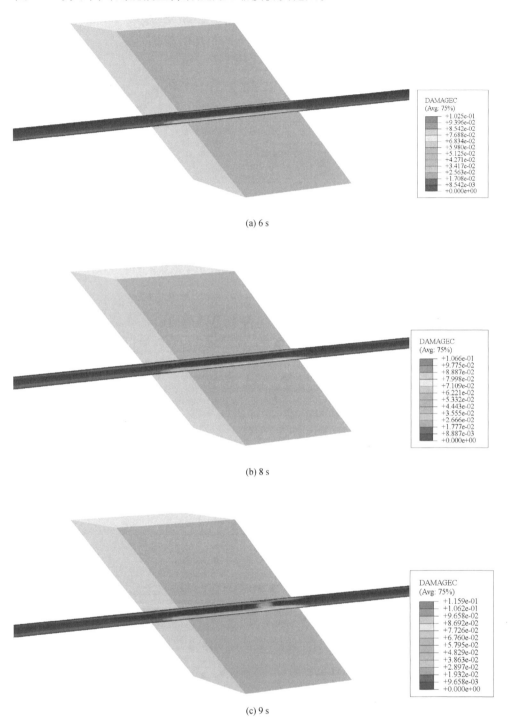

(a) 6 s

(b) 8 s

(c) 9 s

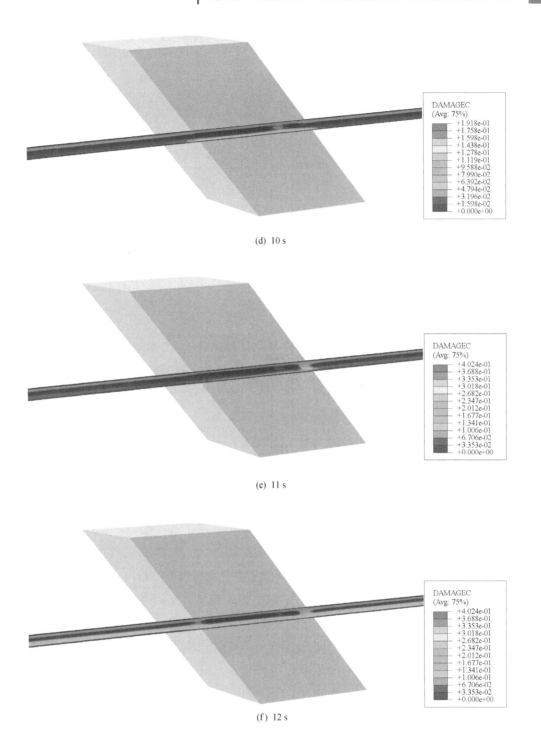

(d) 10 s

(e) 11 s

(f) 12 s

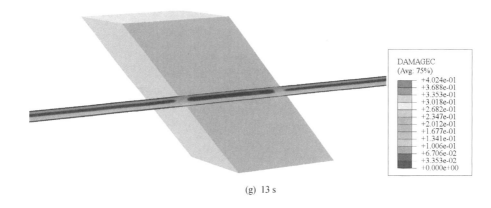

(g) 13 s

图 8.32 混凝土衬砌强震受压损伤演化

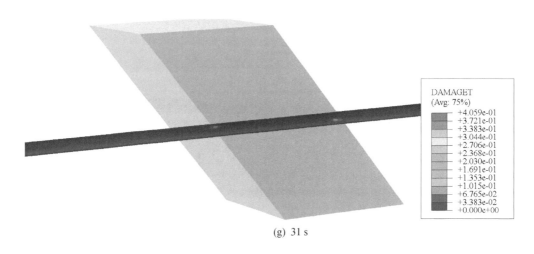

(g) 31 s

图 8.33 混凝土衬砌强震受拉损伤

由图 8.32（a）可看出 $t = 6$ s 时，混凝土衬砌最大压缩损伤系数为 0.102 5，比图 8.25 支护完后的值要稍大，衬砌压缩损伤区域主要分布于跨断层断段；由图 8.32（b）可看出 $t = 8$ s 时，混凝土衬砌最大压缩损伤系数为 0.106 6，比 $t = 6$ s 时的值要稍大，衬砌压缩损伤区域主要分布于跨断层断段；由图 8.32（c）可看出 $t = 9$ s 时，混凝土衬砌最大压缩损伤系数为 0.115 9，比 $t = 8$ s 时的值要大，衬砌压缩损伤区域主要分布于跨断层断，在靠近上盘与断层分界处，衬砌压缩损伤区域贯通；由图 8.32（d）可看出 $t = 10$ s 时，混凝土衬砌最大压缩损伤系数为 0.191 8，比 $t = 9$ s 时的值要大，衬砌压缩损伤区域沿拱顶扩展到上下盘内部，在靠近上盘与断层分界处，衬砌压缩损伤区域贯通，且量值增大；由图 8.32（e）可看出 $t = 11$ s 时，混凝土衬砌最大压缩损伤系数为 0.402 4，比 $t = 10$ s 时的值要大很多，衬砌压缩损伤区域沿拱顶扩展到上下盘内部，在靠近上盘与断层分界处，衬砌压缩损伤区域贯通，且量值增大；由图 8.32（f）可看出 $t = 12$ s 时，混凝土衬砌最大压缩损伤系数为 0.402 4，与 $t = 11$ s 时的值相等，衬砌压缩损伤区域沿拱顶和拱底扩展到上下盘内部，在靠近上盘与断层分界处，衬砌压缩损伤区域贯通，且量值增大，在靠近下盘与断层分界处，衬砌压缩损伤区域贯通。由图8.32（g）可看出 $t=13$ s 时，混凝土衬砌最大压缩损伤系数为 0.402 4，与 $t=11$ s 时的值相等，衬砌压缩损伤区域沿拱顶和拱底扩展到上下盘内部，在靠近上盘与断层分界处，衬砌压缩损伤区域贯通，且量值增大，在靠近下盘与断层分界处，衬砌压缩损伤区域贯通且量值增大。由图8.33可看出 $t=13$ s 时，混凝土衬砌最大拉伸损伤系数为 0.405 9，损伤区域主要分布于上下盘与断层分界处。

通过以上分析可得出：由于断层破碎带区域岩体变形模量和强度明显比上下盘低，开挖支护后跨断层段衬砌内力明显比上下盘段衬砌内力要大，跨断层段衬砌存在初始损伤的情况，导致衬砌抗震性能降低。在脉冲强震作用下，由于上下盘围岩比断层破碎围岩力学性质好，跨断层段衬砌强震位移峰值明显大于上下盘段衬砌强震位移峰值，在分界面处具位移具有突变性。在脉冲强震作用下，衬砌首先在跨断层段产生损伤，然后损伤区向上下盘内部延伸，在上下盘与断层分界处衬砌损伤区沿衬砌横截面完全贯通，且量值比其他部分明显要大。因此，对于跨断层隧洞，要在跨断层段进行衬砌抗震设计，且在上下盘与断层分界面处要进一步加强衬砌抗震措施。

8.5 本章小结

本章建立了香炉山隧洞跨越 F10-1 段三维有限元计算模型，采用混凝土塑性损伤模型模拟衬砌结构，探讨脉冲强震作用下跨断层隧洞强震动力响应和衬砌损伤机制，得出如下主要结论：

（1）由于断层带区域岩体变形模量和强度明显低于上下盘，开挖支护后跨断层段衬砌内力和变形明显比上下盘段衬砌要大，跨断层段衬砌存在初始损伤的情况，导致衬砌抗震性能降低。

（2）在脉冲强震作用下，由于上下盘围岩相对断层带围岩力学性质较好，跨断层段衬砌强震位移峰值明显大于上下盘段衬砌强震位移峰值，在分界面处具位移具有突变性。

（3）在脉冲强震作用下，衬砌首先在跨断层段产生损伤，然后损伤区向上下盘内部延伸；在上下盘与断层分界处衬砌损伤区沿衬砌横截面完全贯通，且量值明显大于其他部分；对于跨断层隧洞，需在跨断层段进行衬砌抗震设计，且在上下盘与断层分界面处需进一步加强衬砌抗震措施。

第9章 活断层错动下围岩-衬砌体系力学响应与抗错断衬砌结构设计

9.1 引言

随着西部大开发战略的逐步推进，国家对中西部地区基础设施领域的投资力度不断加大，出现了大量直接跨越活断层的长大隧洞（道）生命线工程。活断层上下盘的强震错动和黏滑蠕变将引起周围地层产生永久性变形，会对地面建筑物及地下构筑物造成极其严重破坏，给隧洞（道）工程的设计和施工带来极大挑战。如何减小活断层的错动对隧道结构稳定性及安全性的影响是目前设计与施工中的难点。目前，隧道结构和活断层错动之间的影响关系很不明确，隧道围岩支护结构体系受活断层的错断破坏机制研究较浅，有效抗断设计方法缺乏，常规抗断设计参数的选取十分困难。对于建造在活断层带的隧洞（道）工程，开展以断层错动引发隧道工程灾害定量评价和工程对策为主题的科学研究，已成为攻坚阵地。滇中引水工程香炉山隧洞直接跨越三条全新世区域活动大断层：龙蟠—乔后断层（F10）、丽江—剑川断层（F11）及鹤庆—洱源断层（F12）。相关研究表明这三条活断层具有较强的强震活动性和黏滑蠕变性，工程场址强震基本烈度为Ⅶ～Ⅷ度，三条活断层100年位移设防水平向量值为1.50～2.20 m，垂直向量值为0.26～0.34 m，面临着严重的错断威胁，迫切需要对活断层区隧洞（道）错断破坏机制和抗错断工程措施进行研究。目前的相关工程规范中缺少跨活断层隧洞设计指导。为了保证引水隧洞建成后能够正常运行，进行有效的抗错断设计研究显得极其重要。如何构建跨活断层隧洞围岩-衬砌数值分析模型是关键，基于所建立的穿越活断层隧洞围岩-衬砌三维数值模型，分析不同错断条件下隧洞围岩与衬砌结构的响应机理是核心，提出适用于香炉山隧洞的抗错断结构形式是研究目的。本章首先对跨活断层隧洞围岩-衬砌体系三维数值建模方法进行探讨，然后对无支护条件下围岩错断力学响应特征进行分析，再对支护条件下衬砌结构受断层错动力学响应特征进行分析，最后提出跨活断层带隧洞衬砌结构初步形式，相关研究成果具有重要的理论意义和工程实用价值。

9.2　隧洞（道）围岩-衬砌体系三维数值建模方法

构建正确合理的跨活断层隧洞（道）围岩-衬砌体系数值计算模型是进行隧洞抗错断研究的第一步。龙蟠—乔后两条分支断层 F10-1、F10-3 的宽度分别为 130 m、90 m，F10-1 的产状为 304°∠70°，F10-3 的产状为 168°∠88°，隧洞轴向为 Y 轴正方向，Z 轴为竖直向。为了有效消除模型边界对计算成果的影响，跨 F10-1、F10-3 两条活断层的抗错断计算模型如图 9.1、图 9.2 所示。其中，变形缝采用实体单元进行模拟，变形缝采用各向同性弹性本构，变形缝的弹性模量取为衬砌节段模量的 0.01。衬砌节段采用各向同性弹性本构模型，围岩采用应变软化弹塑性本构模型，各组材料物理力学参数取值见表 9.1。计算过程中变形缝的宽度分别取为 0.25 m 和 0.5 m，计算工况见表 9.2。

由于香炉山活隧洞属于深埋隧洞，断层破碎带很宽，进行抗错断计算时，其中一个难点就是模型边界的设置。如图 9.3 所示，上盘和下盘的边界条件非常明确即上盘以指定速度相对下盘错动，下盘保持固定，但是断层破碎带的边界条件无法确定，因为断层破碎带既不属于上盘，也不属于下盘，它是上盘和下盘的过渡区域，尤其当断层破碎带很宽时，其边界条件更难确定。如图 9.3（a）所示的边界条件为断层破碎带和下盘完全固定，上盘运动，此时错动面为上盘和断层破碎带的界面。图 9.3（b）所示的边界条件为断层破碎带下半部分和下盘都完全固定，断层破碎带上半部分和上盘一起运动，此时错动面为断层破碎带的中面。图 9.3（c）所示的边界条件为下盘完全固定，上盘运动，断层破碎带不施加位移约束，断层破碎带是上下盘之间位错缓冲区。究竟该采取哪一种强制位移施加模式才合理，有待进一步研究。本书中无支护条件下围岩错断响应特征分析采用第一种强制位移施加模式，此时上盘和破碎带内塑性区会非常明显，以最大程度考虑断层错动对围岩的破坏效应；支护条件下衬砌结构受断层错动响应特征分析采用第三种强制位移施加模式，此时变形缝的变形特征非常明显，衬砌变形区域大，以充分体现变形缝抗错断效应。强制位移的总方向与断层面平行，大小取 100 年设防错动条件（水平 1.9 m，垂直 0.33 m）下的 0.3 倍，断层上盘内的隧洞衬砌结构不施加强制位移，整个断层下盘固定，考虑到实际中隧洞衬砌结构在活断层错动下的运动属于被迫运动，因此采用该类方式施加断层强制位移。

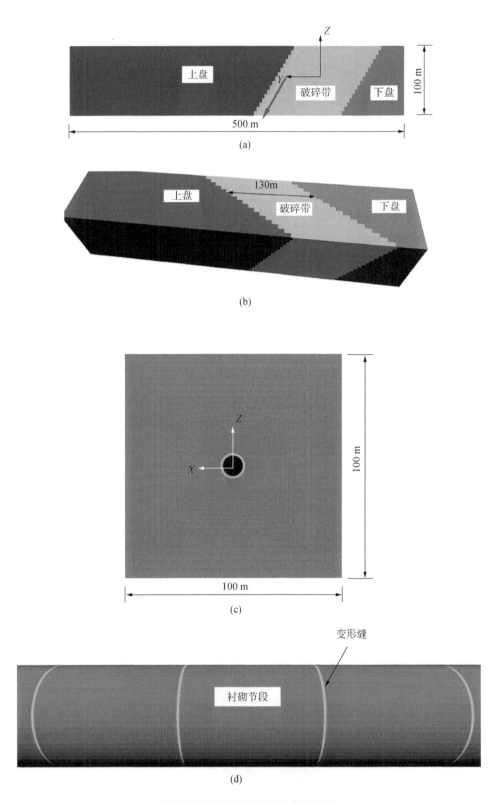

图 9.1　过 F10-1 抗错断计算模型

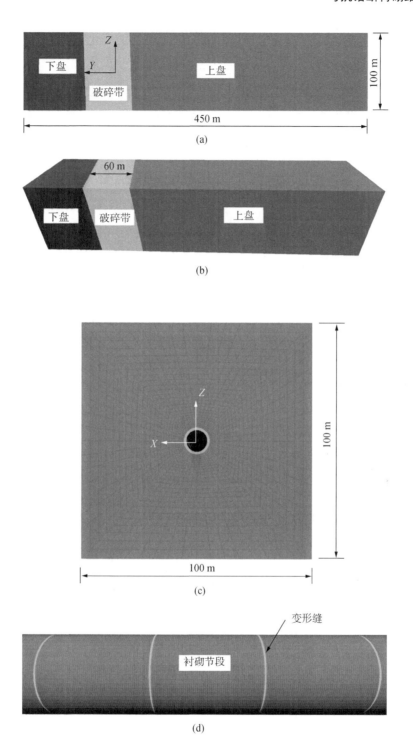

图 9.2 过 F10-3 抗错断计算模型

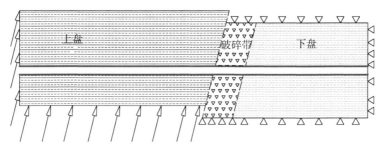

(a) 断层破碎带和下盘完全固定，上盘运动

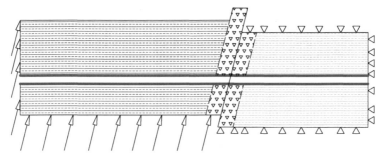

(b) 断层破碎带下半部分和下盘都完全固定，
上盘和断层破碎带上半部分一起运动

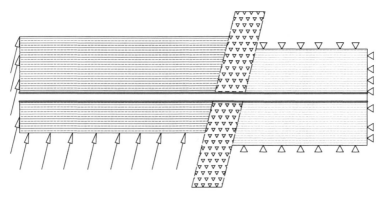

(c) 下盘安全固定，上盘运动，断层破碎带不施加位移约束

图9.3 活断层错动强制位移施加三种模式

表9.1　龙蟠—乔后断层区域的岩体力学参数

断层带编号	桩号	埋深/m	部位	岩性	围岩类别	力学参数				
						弹性模量/GPa	泊松比	摩擦系数	粘聚力/MPa	抗拉强度/MPa
F10-1	DL I 12+000	400	上盘	板岩、片岩	IV	3.0	0.3	0.65	0.55	0.25
			断层带	角砾岩、碎粒岩、碎粉岩带	V	0.8	0.34	0.5	0.4	0.15
			下盘	揉皱碎裂岩带	IV~V	1.5	0.33	0.55	0.5	0.2
F10-3	DL I 15+200	600	下盘	泥岩、页岩	IV	2.5	0.32	0.6	0.5	0.2
			断层带	角砾岩、碎粒岩、碎粉岩带	V	0.8	0.34	0.5	0.4	0.15
			上盘	玄武岩	IV	3.5	0.28	0.7	0.7	0.3

表9.2　计算工况

活断层	变形缝宽度	衬砌节段长度	单元数目	节点数目
F10-1	0.25 m	2 m、9 m、10 m、14 m	3 456 000	3 585 792
	0.5 m	2 m、9 m、10 m、14 m	3 456 000	3 585 792
	0 m	无变形缝	3 456 000	3 585 792
F10-3	0.25 m	2 m、9 m、10 m、14 m	3 110 400	3 227 392
	0.5 m	2 m、9 m、10 m、14 m	3 110 400	3 227 392
	0 m	无变形缝	3 110 400	3 227 392

9.3　无支护条件下围岩错断响应特征分析

9.3.1　F10-1 部位

图9.4给出了无支护条件下隧洞 F10-1 部位在 100 年设防错动条件下（水平 1.9 m，垂直 0.33 m）的位移云图。分析结果显示活断层错动条件下，断层带错动变形并不局限于局部的剪切带，而在以错动剪切带为中心的两侧均有所体现。断层带错动后对 F10-1 上下盘的影响范围如图 9.5 所示，可见活断层错动对上下盘岩体的影响范围有所差异，对上

盘影响范围较大，约80 m；下盘影响范围较小，约30 m。

为了体现出不同错动量值条件下隧洞围岩的响应差异，图9.6~图9.9给出了在不同的错动量值条件隧洞围岩的各位移分量量值。其中，错动量按照水平错动量值表述，如"0.38 m（0.2X）"，代表此时错动量为水平0.38 m，垂直0.66 m，等于0.2倍100年错动设防量值。

图9.6~图9.9分析结果表明，在错动量值较小的条件下，隧洞围岩位移分量基本呈线性连续分布，而当错动量值较大时，F10-1错动带主断带内受错动影响，沿错动方向变形外，还呈现出较为强烈的顶拱下沉、底板隆起，边墙收敛的挤压现象。挤压变形随错动量值增加而增加。

图9.10为最大主应力云图结果显示受错动影响，F10-1上盘岩体呈现除明显的应力集中现象；而断层带内部岩体呈现出强烈的松弛现象。同时图9.11塑性区图结果表明，沿错动剪切带出现大量的塑性区，塑性区贯穿整个剪切面，并在断层带内部延伸。

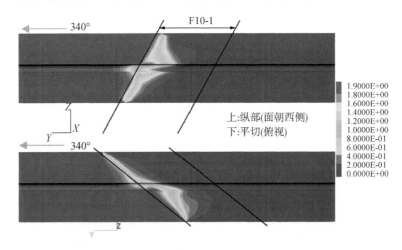

图9.4 F10-1部位无支护条件下隧洞在100年设防错动量下总位移量值（单位：m）

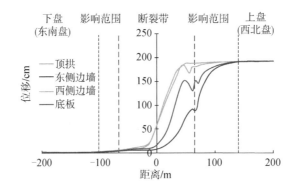

图9.5 F10-1部位无支护条件下隧洞在100年设防错动量下位移量值

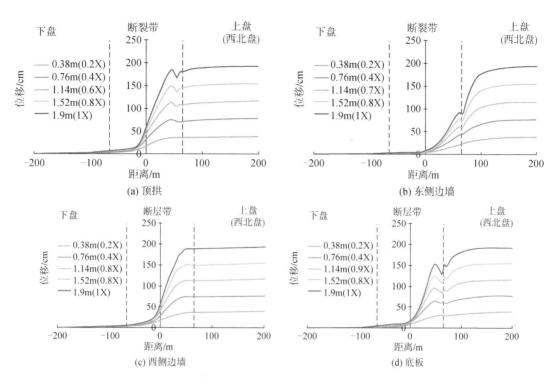

图9.6　F10-1部位无支护条件下隧洞在不同错动量下总位移量值

（括号内数值为100年设防量值的倍数）

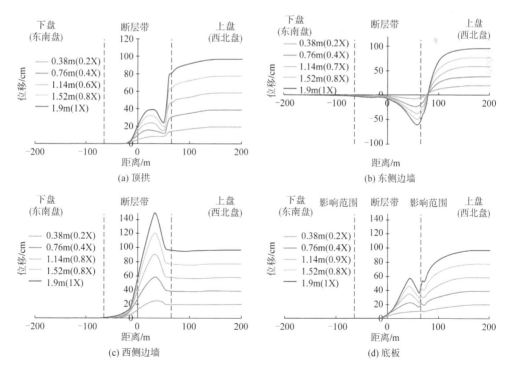

图9.7　F10-1部位无支护条件下隧洞在不同错动量下横向位移量值

（括号内数值为100年设防量值的倍数）（向东侧边墙为正）

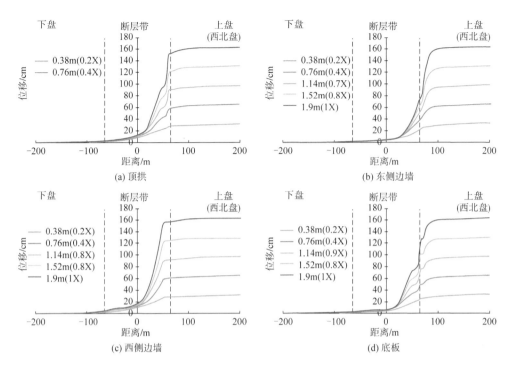

图 9.8 F10-1 部位无支护条件下隧洞在不同错动量下纵向位移量值

（括号内数值为 100 年设防量值的倍数）（向小桩号侧为正）

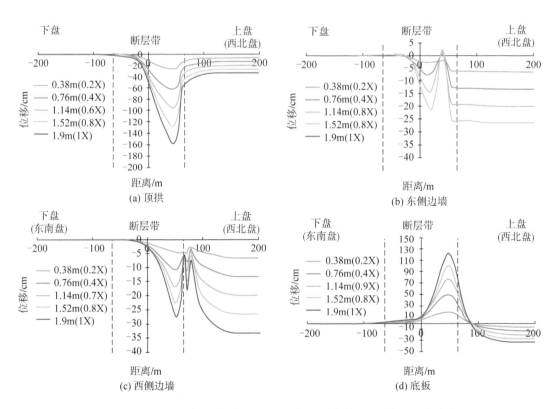

图 9.9 F10-1 部位无支护条件下隧洞在不同错动量下竖直向位移量值

（括号内数值为 100 年设防量值的倍数）（向上为正）

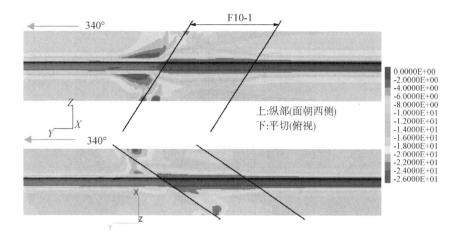

图 9.10　F10-1 部位无支护条件下隧洞在 100 年设防错动量下大最大主应力（单位：MPa）

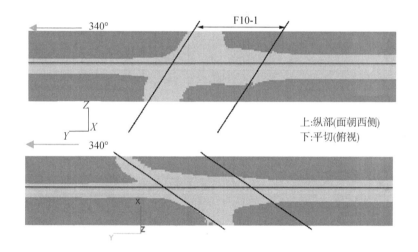

图 9.11　F10-1 部位无支护条件下隧洞在 100 年设防错动量下塑性区

9.3.2　F10-2 部位

图 9.12 给出了无支护条件下隧洞 F10-2 部位在 100 年设防错动条件（水平 1.9 m，垂直 0.33 m）下的位移云图。分析结果显示活动断层错动条件下，断层带错动变形并不局限于局部的剪切带，在以错动剪切带为中心的两侧均有所体现。

断层带错动后对 F10-2 上下盘的影响范围如图 9.13 所示，可见活动断层错动对上下盘岩体的影响范围有所差异，对上盘影响范围较大，约 80 m；下盘影响范围较小，约 20 m。

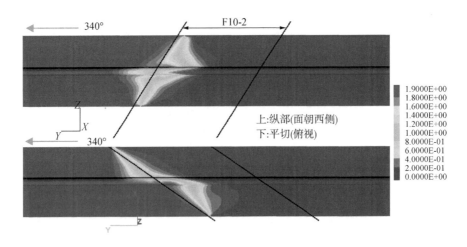

图 9.12　F10—2 部位无支护条件下隧洞各位在 100 年设防错动量下总位移云图

（单位 m）

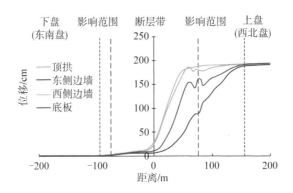

图 9.13　F10-2 部位无支护条件下隧洞各位在 100 年设防错动量下位移量值

　　为了体现出不同错动量值条件下隧洞围岩的响应差异，图 9.14～图 9.17 给出了在不同的错动量值条件隧洞围岩的各位移分量量值。其中，错动量按照水平错动量值表述，如 "0.38 m（0.2X）"，代表此时错动量为水平 0.38 m，垂直 0.66 m，等于 0.2 倍 100 年错动设防量值。分析结果表明，在错动量值较小的条件下，隧洞围岩位移分量基本呈线性连续分布，而当错动量值较大时，F10-2 错动带主断带内受错动影响，沿错动方向变形外，还呈现出较为强烈的顶拱下沉、底板隆起，边墙收敛的挤压现象。挤压变形随错动量值增加而增加。

　　图 9.18 最大主应力云图结果显示受错动影响，F10-2 上盘岩体呈现除明显的应力集中现象；而断层带内部岩体呈现出强烈的松弛现象。图 9.19 塑性区结果表明，沿错动剪切带出现大量的塑性区，塑性区贯穿整个剪切面，并在断层带内部延伸。

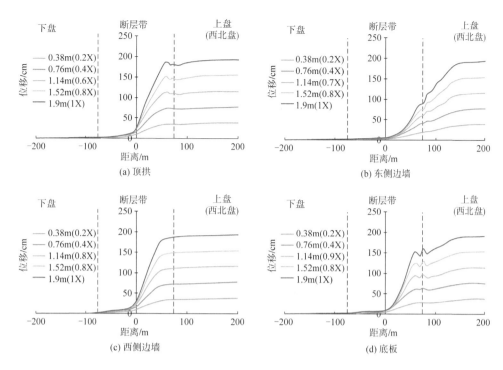

图 9.14　F10-2 部位无支护条件下隧洞各位在不同错动量下总位移量值

（括号内数值为 100 年设防量值的倍数）

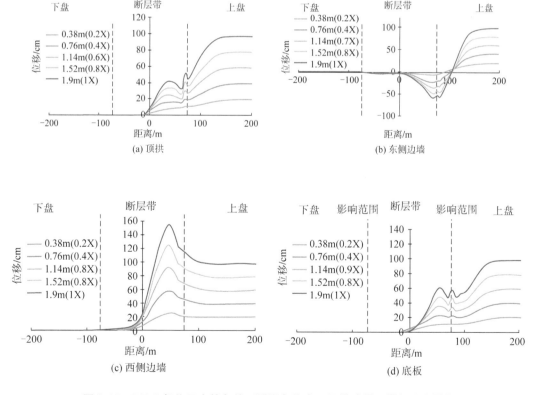

图 9.15　F10-2 部位无支护条件下隧洞各位在不同错动量下横向位移量值

（括号内数值为 100 年设防量值的倍数）（向东侧边墙为正）

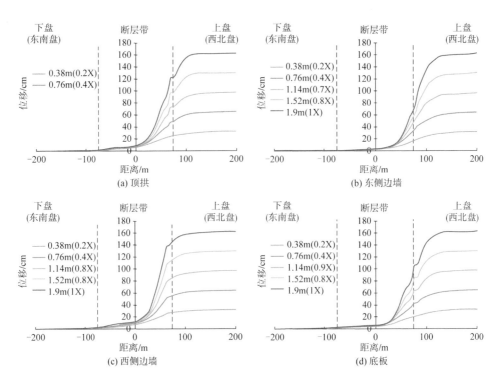

图 9.16 F10-2 部位无支护条件下隧洞各位在不同错动量下纵向位移量值
（括号内数值为 100 年设防量值的倍数）（向小桩号侧为正）

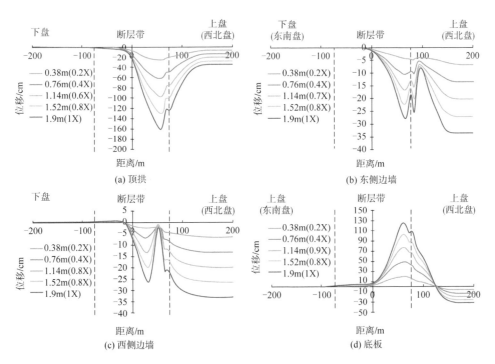

图 9.17 F10-2 部位无支护条件下隧洞各位在不同错动量下竖直向位移量值
（括号内数值为 100 年设防量值的倍数）（向上为正）

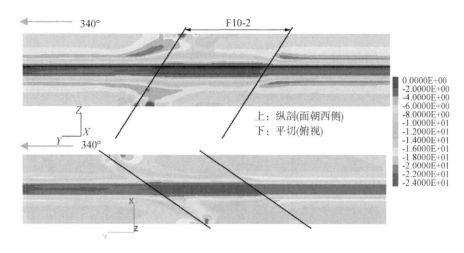

图 9.18　F10-2 部位无支护条件下隧洞各位在 100 年设防错动量下大最大主应力

（单位 MPa）

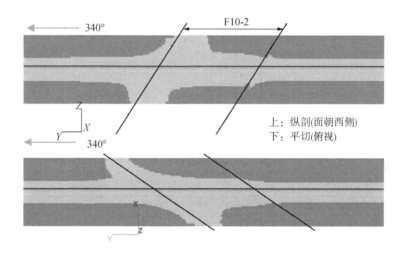

图 9.19　F10-2 部位无支护条件下隧洞各位在 100 年设防错动量下塑性区

9.3.2　F10-3 部位

图 9.20 给出了无支护条件下隧洞 F10-3 部位在 100 年设防错动条件（水平 1.9 m，垂直 0.33 m）下的位移云图。分析结果显示活断层错动条件下，断层带错动变形并不局限于局部的剪切带，在以错动剪切带为中心的两侧均有所体现。

断层带错动后对 F10-3 上下盘的影响范围如图 9.21 所示，可见活断层错动对上下盘岩体的影响范围有所差异，对上盘影响范围较大，约 40 m；下盘影响范围较小，约 10 m。

为了体现出不同错动量值条件下隧洞围岩的响应差异，图 9.22 ~ 图 9.25 给出了在不同的错动量值条件隧洞围岩的各位移分量量值。其中，错动量按照水平错动量值表述，如

"0.38 m（0.2X）"，代表此时错动量为水平0.38 m，垂直0.66 m，等于0.2倍100年错动设防量值。

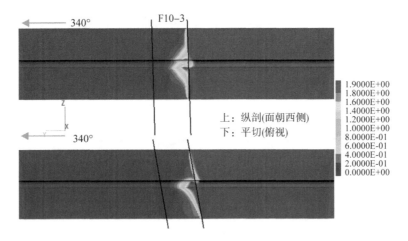

图9.20　F10-3部位无支护条件下隧洞在100年设防错动量下总位移量值（单位：m）

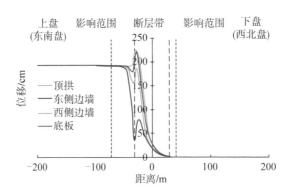

图9.21　F10-3部位无支护条件下隧洞在100年设防错动量下位移量值

图9.22～图9.25分析结果表明，在错动量值较小的条件下，隧洞围岩位移分量基本呈线性连续分布，而当错动量值较大时，F10-3错动带主断带内受错动影响，沿错动方向变形外，还呈现出较为强烈的顶拱下沉、底板隆起，边墙收敛的挤压现象。挤压变形随错动量值增加而增加。

图9.26最大主应力云图结果显示受错动影响，F10-3上盘岩体呈现除明显的应力集中现象；而断层带内部岩体呈现出强烈的松弛现象。同时图9.27塑性区结果表明，沿错动剪切带出现大量的塑性区，塑性区贯穿整个剪切面，并在断层带内部延伸。

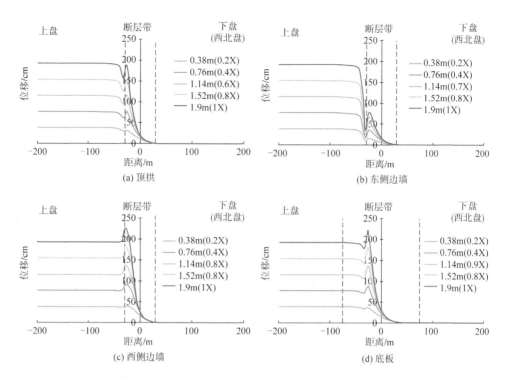

图 9.22 F10-3 部位无支护条件下隧洞在不同错动量下总位移量值

（括号内数值为 100 年设防量值的倍数）

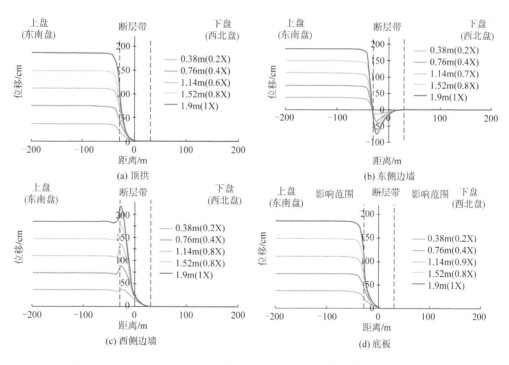

图 9.23 F10-3 部位无支护条件下隧洞各位在不同错动量下横向位移量值

（括号内数值为 100 年设防量值的倍数）（向东侧边墙为正）

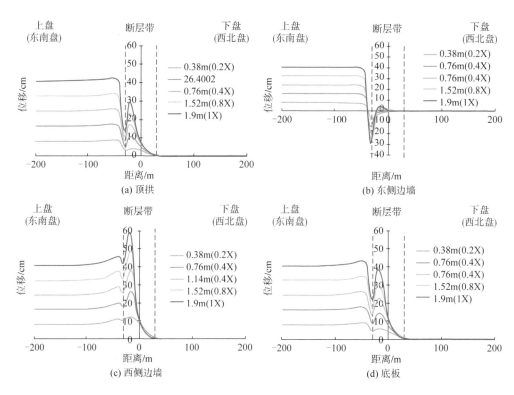

图 9.24　F10-3 部位无支护条件下隧洞各位在不同错动量下纵向位移量值

（括号内数值为 100 年设防量值的倍数）（向小括号侧为正）

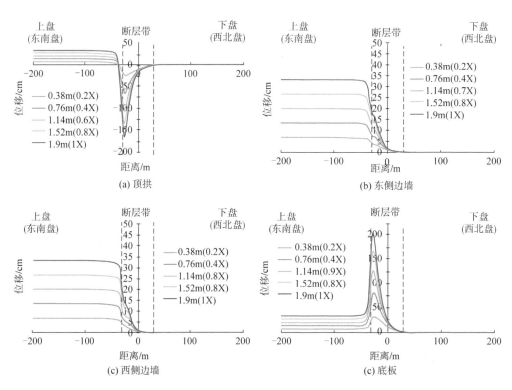

图 9.25　F10-3 部位无支护条件下隧洞各位在不同错动量下竖直向位移量值

（括号内数值为 100 年设防量值的倍数）（向上为正）

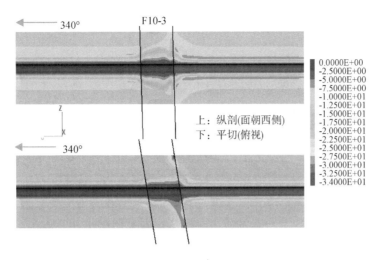

图 9.26　F10-3 部位无支护条件下隧洞在 100 年设防错动量下最大主应力（单位：MPa）

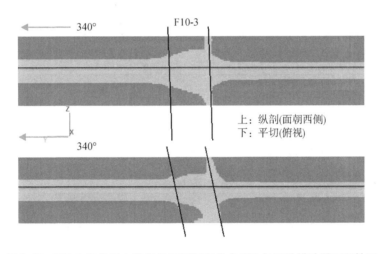

图 9.27　F10-3 部位无支护条件下隧洞各位在 100 年设防错动量下塑性区

9.4　无抗错断措施的衬砌结构受活断层错动响应特征

9.4.1　F10-1 部位

香炉山隧洞百年设防错动水平分量为 1.9 m，垂直分量为 0.33 m，设防变形量很大，以下分析中"0.1 倍、0.2 倍、0.3 倍……"分别表示施加的强制位移为总量的 10%、20%、30%……，以此类推其他。以下分析中所有应力和位移完全由断层错动所产生，不包括初始地应力在内。

图 9.28 为 0.3 倍设防错动量下跨 F10-1 断层隧洞衬砌的轴向应力纵剖面云图。由图 9.28 可知，上盘相对下盘产生错动，由于断层破碎带很厚，应力最大值并不在上盘错动面处，断层破碎带的缓冲作用导致衬砌的轴向应力在断层破碎带中部区域产生高度应力集中，最大值为 85.612 MPa。图 9.29 为 0.3 倍设防错动量下跨 F10-1 断层隧洞总位移量纵剖面云图。由图 9.29 可知，由于断层破碎带的缓冲作用，上盘位错动量在断层破碎带内产生牵引现象，位移量从上盘的 0.33 倍 100 年设防错动量向下盘逐渐衰减到 0。图 9.30 为不同错动量下衬砌拱顶轴向应力沿隧洞纵向的分布，由图 9.30 可知，位错量越大，衬砌拱顶轴向应力峰值越高，应力值在断层破碎带中部区域达到峰值，然后向上下盘逐渐衰减，在下盘内比上盘内衰减的快，在下盘的 −200 m 处衰减为 0，在上盘的 250 m 处衰减为 0。图 9.31 为不同错动量下衬砌拱顶位移量沿隧洞纵向的分布，由图 9.31 可看出上盘位错量越大，拱顶位移量也越大，拱顶位移量从上盘向下盘内逐渐衰减到 0，位移衰减曲线呈 S 形，在下盘的 −1 250 m 处衰减为 0，在上盘的 200 m 处开始衰减。

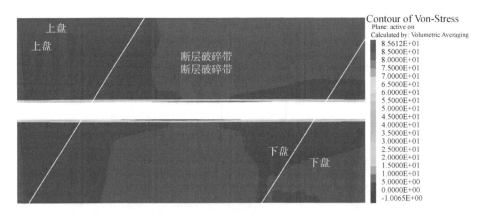

图 9.28　0.3 倍设防错动量下衬砌轴向应力（单位：MPa）

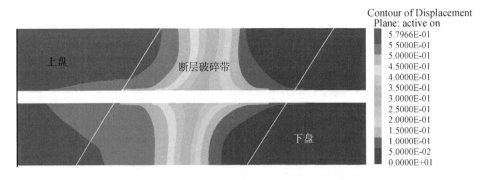

图 9.29　0.3 倍设防错动量下总位移量（单位：m）

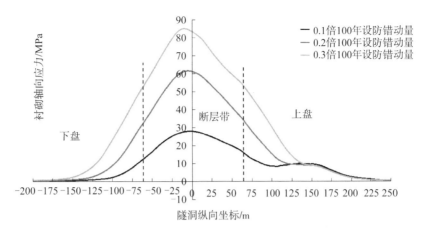

图9.30 不同错动量下衬砌拱顶轴向应力

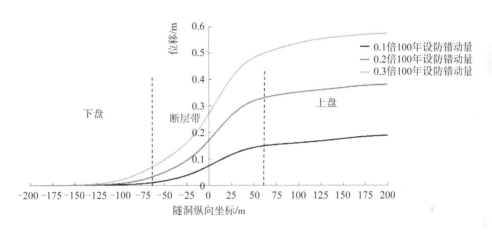

图9.31 不同错动量下衬砌拱顶位移

9.4.2 F10-2 部位

图9.32 为0.3倍设防错动量下跨 F10-2 断层隧洞衬砌的 Von Mises 等效应力纵剖面云图。由图9.32 可知，上盘相对下盘产生错动，由于断层破碎带很厚，应力最大值并不在上盘错动面处，断层破碎带的缓冲作用导致 Von Mises 等效应力在断层破碎带中部区域产生高度应力集中，最大值为84.128 MPa。图9.33 为0.3倍设防错动量下跨 F10-2 断层隧洞衬砌的轴向应力纵剖面云图。由图9.33 可知，上盘相对下盘产生错动，由于断层破碎带很厚，应力最大值并不在上盘错动面处，断层破碎带的缓冲作用导致衬砌的轴向应力在断层破碎带中部区域产生高度应力集中，最大值为82.483 MPa。图9.34 为0.3倍设防错动量下跨 F10-2 断层隧洞总位移量纵剖面云图。由图9.34 可知，由于断层破碎带的缓冲作用，上盘位错动量在断层破碎带内产生牵引现象，位移量从上盘的0.33倍百年设防错动量向下盘逐渐衰减到0。图9.35 为不同错动量下衬砌拱顶 Von Mises 等效应力沿隧洞纵向的分布，由图9.35 可知，位错量越大，衬砌拱顶 Von Mises 等效应力峰值越高，应力值

在断层破碎带中部区域达到峰值，然后向上下盘逐渐衰减，在下盘内比上盘内衰减的快，在下盘的 −200 m 处衰减为 0，在上盘的 250 m 处衰减为 0。图 9.36 为不同错动量下衬砌拱顶轴向应力沿隧洞纵向的分布，其分布与衰减规律与衬砌拱顶 Von Mises 等效应力相同。图 9.37 为不同错动量下衬砌拱顶轴位移量沿隧洞纵向的分布，由图 9.37 可看出上盘位错量越大，拱顶位移量也越大，拱顶位移量从上盘向下盘内逐渐衰减到 0，位移衰减曲线呈 S 形，在下盘的 −125 m 处衰减为 0，在上盘的 200 m 处开始衰减。

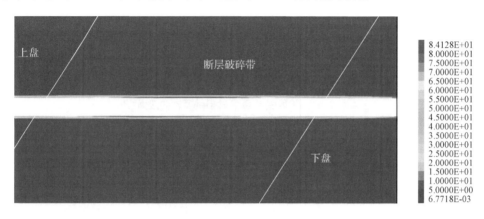

图 9.32　0.3 倍设防错动量下衬砌 Von Mises 等效应力（单位：MPa）

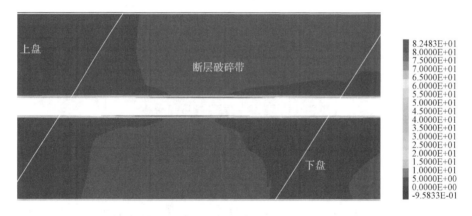

图 9.33　0.3 倍设防错动量下衬砌轴向应力（单位：MPa）

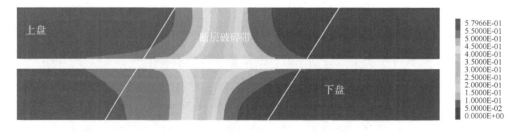

图 9.34　0.3 倍设防错动量下总位移量（单位：m）

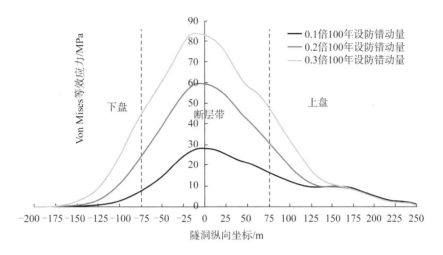

图9.35 不同错动量下衬砌拱顶 Von Mises 等效应力

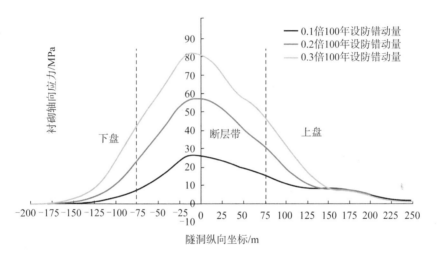

图9.36 不同错动量下衬砌拱顶轴向应力

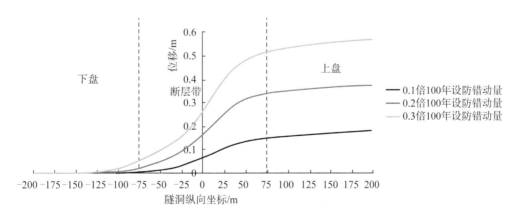

图9.37 不同错动量下衬砌拱顶位移

9.4.3 F10-3 部位

图 9.38 为 0.3 倍设防错动量下跨 F10-3 断层隧洞衬砌的轴向应力纵剖面云图。由图 9.38 可知，上盘相对下盘产生错动，由于断层破碎带存在，应力最大值并不在上盘错动面处，断层破碎带的缓冲作用导致衬砌的轴向应力在断层破碎带中部区域产生高度应力集中，最大值为 46.014 MPa。图 9.39 为 0.3 倍设防错动量下跨 F10-3 断层隧洞总位移量纵剖面云图。由图 9.39 可知，由于断层破碎带的缓冲作用，上盘位错动量在断层破碎带内产生牵引现象（没有 F10-1 明显），位移量从上盘的 0.3 倍 100 年设防错动量向下盘逐渐衰减到 0。图 9.40 为不同错动量下衬砌拱顶轴向应力沿隧洞纵向的分布，由图 9.40 可知，位错量越大，衬砌拱顶轴向应力峰值越高，应力值在断层破碎带中部区域达到峰值，然后向上下盘逐渐衰减，在下盘的 100 m 处衰减为 0，在上盘的 –200 m 处衰减为 0。图 9.41 为不同错动量下衬砌拱顶轴向位移量沿隧洞纵向的分布，由图 9.41 可看出上盘位错量越大，拱顶位移量也越大，拱顶位移量从上盘向下盘内逐渐衰减到 0，位移衰减曲线呈 S 形，在下盘的 100 m 处衰减为 0，在上盘的 –30 m 处开始衰减。

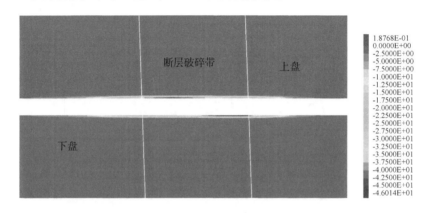

图 9.38　0.3 倍设防错动量下衬砌轴向应力（单位：MPa）

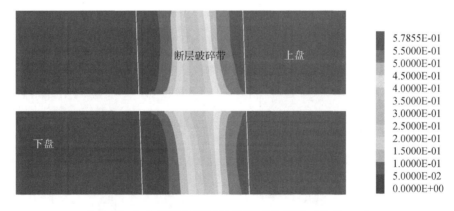

图 9.39　0.3 倍设防错动量下衬砌总位移量（单位：m）

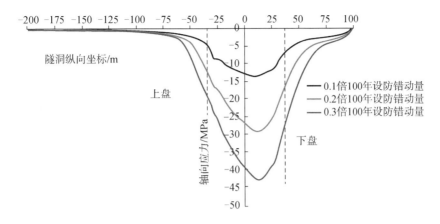

图9.40 不同错动量下衬砌拱顶轴向应力

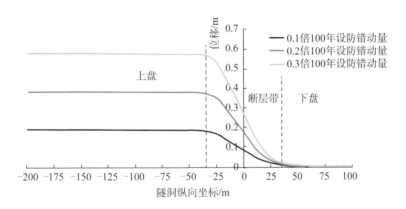

图9.41 不同错动量下衬砌拱顶位移

9.5 基于弹性地基梁模型的隧洞跨活断层段响应

实际工程中,隧洞在纵向上长度较大,可在数值模拟中把隧洞简化,等效为长度无限大的弹性地基梁。本节主要通过总结及分析已有的研究成果,结合依托工程复杂的工程地质条件,建立基于弹性地基梁理论的隧洞穿越活动断层带计算二维数值模型,运用理论分析和数值模拟计算,开展对隧洞因断层错动产生的力学响应规律的研究,分析了断层走向、断层宽度、衬砌强度、衬砌厚度、和铰接段的设置等因素对隧洞衬砌内力特性的影响。

9.5.1 计算原理简介

弹性地基梁理论将地基结构从几何、物理等角度进行简化,在地下管道的抗错断研究领域有较多应用,多用于解决施工中基础地基承载力问题。温克尔(E. Winkler)对地基提出如下假设:把地基模拟为刚性支座上一系列独立弹簧,地基表面任一点的沉降与该点单位面积上所受的压力成正比,如图 9.42 所示。为研究隧洞在错断作用下的变形特征,本文在温克尔地基梁模型的基础上,提出基本假设:

(1)假定隧洞在断层作用下的变形是平面内的 2 – D 变形,并将隧洞简化为实截面的梁。

(2)假定错动作用下隧洞与围岩的相互作用以隧洞两侧的弹性地基弹簧的形式体现。

(3)不计自重应力及构造应力等初始应力。

(4)忽略断层滑动的时间动力效应。

根据以上假定,本研究采用如图 9.43 所示的计算模型。其中,将隧洞简化为二维平面上的一条梁,在两侧围岩错动的条件下,地基弹簧与岩土体会发生相互作用,代表隧洞结构的梁单元微元体内部会产生相应的轴力、剪力、弯矩等内力响应。隧洞围岩的相互作用采用地基梁两侧弹性接触单元进行模拟,断层沿主断带发生剪切。

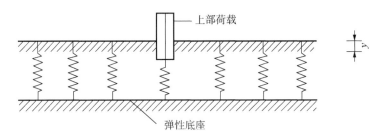

图 9.42   弹性地基梁模型

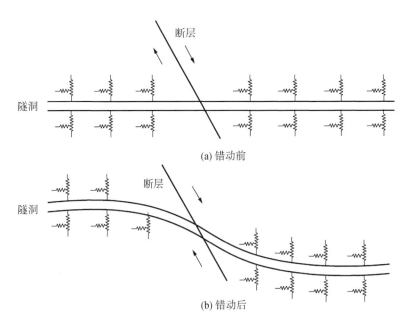

图 9.43   基于弹性地基梁理论分析隧洞在错断条件下变形

9.5.2　工程应用实例

位于伊朗的 Koohrang-III 引水隧洞洞身长 23.4 km，直径 4 m，从卡伦河引水到扎扬德鲁德河，水流量为 300 mm³/a。工程地质条件复杂，穿过承压水地层、软岩大变形区和四个活动断层带，其中最大的活断层带为扎拉布断层带，断层倾角 85°，预计在 100 年设计寿命中，将沿隧洞轴线 300 m 范围内产生 37 cm 的错动。根据弹性地基梁理论并参考隧洞工程地质条件，将隧洞简化为二维平面上的一条梁，隧洞围岩相互作用采用地基梁两侧弹性接触单元模拟，断层沿着主断带发生剪切，从而建立隧洞基本计算模型，如图 9.44 所示。

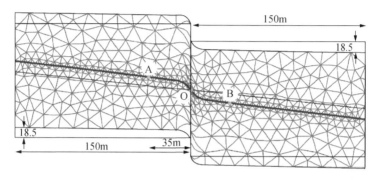

图 9.44　隧洞纵断面有限单元网格图

通过计算二维的弹性地基梁模型，即可获得隧洞纵向的内力，如图 9.45、图 9.46 所示，从而可研究穿越活动断层带隧洞在断层错动作用下的衬砌内力响应特性与破坏机制，并提出具有充分理论依据的优化抗错断结构布置措施。当采用弹性地基梁理论获取隧洞轴向的内力分布后，可以按如下步骤，根据内力量值分布，计算隧洞柔性节段的设防参数。

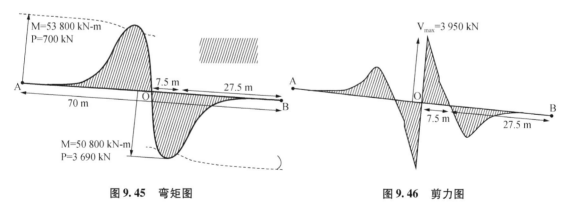

图 9.45　弯矩图　　　　　　　　　　图 9.46　剪力图

隧洞衬砌结构在断层发生错动后的轴线变形如图 9.47 所示，其中 L_p 为相邻柔性连接的间隔长度，L_j 为柔性连接段长度，Δu 为断层位错量，φ_u 为衬砌截面极限弯曲曲率。如图 9.47 所示：$L_j = \rho\alpha$，$\varphi_u = 1/\rho$，因此，得 $L_j = \alpha/\varphi_u$。又由于 α 很小时，$\alpha = sin\alpha = \Delta u/L_p$，于是可以推出：$L_j = \Delta u/（L_p \times \varphi_u）$。当衬砌截面极限弯曲曲率 φ_u 和断层位错量 Δu 已知时，即可根据上式建立柔性连接段长度 L_j 与相邻柔性连接的间隔长度 L_p 的关系。

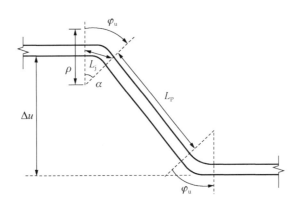

图 9.47　断层错动示意图

9.5.3　工程应用实例

上述研究方法在伊朗 Koohrang-III 引水隧洞过活动断层铰接段设计中得到了应用，我们将这种方法引入香炉山隧洞的抗错断适应性分析中。以规模最大、对隧洞威胁最为强烈的 F10-1 龙蟠-乔后断层为对象进行分析，本研究仅为规律性的参数分析，故后续工作仅针对 F10-1 集中开展。如图 9.48 所示，F10-1 断层带宽 132 m，断层与隧洞轴线交角为 70°。根据初步地质成果，在基本计算模型内，断层采用的杨氏模量为 200 MPa，泊松比为 0.3，岩体采用的杨氏模量为 400 MPa，泊松比为 0.35。数值模型中左边红色三角形代表固定约束边界条件，右边箭头代表断层下盘向上运动，中部两条绿色斜线区域代表断层，中间水平粗横线代表隧洞结构。

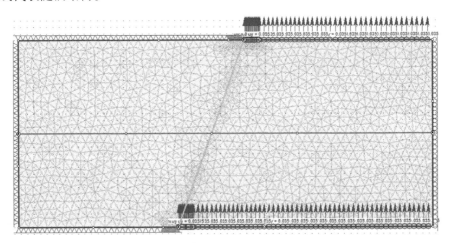

图 9.48　本研究中采用的 F10-1 计算模型

对上述模型进行计算，得到的隧洞纵向变形图及结构内力如图 9.49 所示，可以看到在邻近数值模型边界时，衬砌内力已趋近于 0，表明当前采用的剪切错动加载方式与模型范围是合理的，将应用于后续研究。

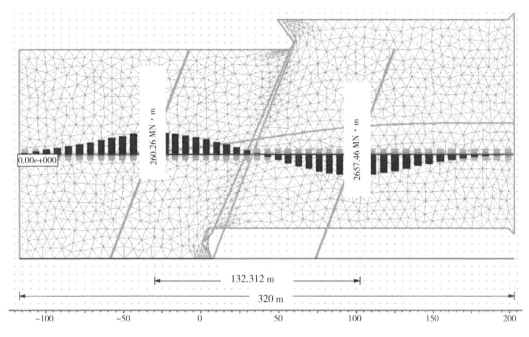

图 9.49 隧洞纵向变形及支护结构弯矩图

9.5.4 断层带岩体质量等级的影响

通过改变断层带岩体材料的弹性模量控制岩体质量等级，控制其他条件不变。按照中值 200MPa，断层带岩体材料的弹性模量分别取值 $E=100$ MPa、200 MPa、300 MPa 开展计算分析，隧洞衬砌结构剪力、弯矩、位移分别见图 9.50~图 9.52。由图 9.50 可看出，隧洞衬砌剪力随着岩体材料刚度的增大而增大，并且最大值出现在靠近断层的位置，从图 9.51 和图 9.52 可知，在断层裂缝处，衬砌形变量急剧增加，弯矩在断层裂缝处为 0。同时，岩体材料刚度不同，隧洞衬砌沿轴线方向的变形不同。对于刚度较大的岩体材料，隧洞轴线变形曲线更为平缓，断层带岩体材料刚度较小时，轴线变形曲线更为陡峭，错动变形可能更集中于断层带中部区域。综上所述，随着断层带岩体弹性模量增加，岩体材料刚度增大，错动条件下衬砌内力峰值和衬砌结构内力等参数明显增大，表明在相同的错动条件下，更高等级的断层带岩体质量会对隧洞衬砌受力状况带来更不利的影响。

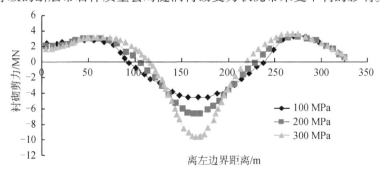

图 9.50 不同断层带岩石质量等级下隧洞衬砌剪力

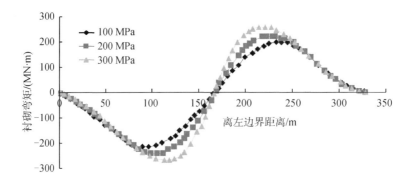

图 9.51　不同断层带岩石质量等级下隧洞衬砌弯矩

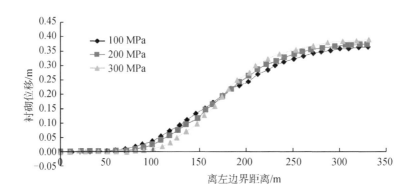

图 9.52　不同断层带岩石质量等级下隧洞衬砌变形位移

9.5.5　断层与隧洞轴线交角的影响

F10-1 与香炉山隧洞隧洞在纵向剖面内大约按 70°视倾角相交，为了讨论断层与隧洞轴线交角的对隧洞衬砌内力分布的影响，通过改变计算模型中模拟断层的交角，研究衬砌结构内力变化特性。断层与隧洞轴线交角分别取 70°、80°和 90°，研究断层与隧洞轴线交角对衬砌结构内力响应的影响规律，隧洞衬砌结构剪力、弯矩分别如图 9.53、图 9.54 所示。从图 9.53 中可以看出，衬砌剪力随断层与隧洞轴线交角的增加而减小，剪力最大值出现在靠近断层带错动面处。从图 9.54 中可见，断层破碎带处弯矩为 0。在距离断层破碎带同一距离的条件下，弯矩量值随交角的增大而减小。同时，在不两的交角条件下，隧洞沿轴线方向的纵向变形不同。交角较大时（以图中交角 90°曲线为例），隧洞轴线变形曲线更为平缓；交角较小时（以图中 70°交角曲线为例），轴线变形曲线更为陡峭，错动变形能更集中于断层带中部区域。综上所述，当断层走向相交角度增大，衬砌结构剪力和弯矩峰值减小，表明较大的断层与隧洞轴线的交角有利于提高隧洞的抗错断能力。

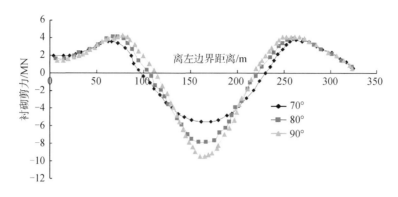

图9.53　不同断层与隧洞轴线交角下隧洞衬砌剪力

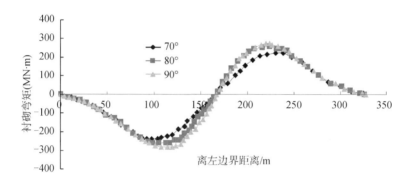

图9.54　不同断层与隧洞轴线交角下隧洞衬砌弯矩

9.5.6　断层带宽度的影响

模型中活动断层宽度分别取 100 m、150m、260 m，计算其结构内力变化特性。隧洞支护结构剪力、弯矩、如图9.55、图9.56所示。从图9.55中可看出，隧洞衬砌剪力最大值出现在活动断带中部的断层破碎带处，而从图9.56中可得断层破碎带处弯矩为0。表明在相同的错动条件下，断层宽度越大，衬砌的内力峰值越小。较大的活断层宽度有益于提高隧洞的抗错断性能。

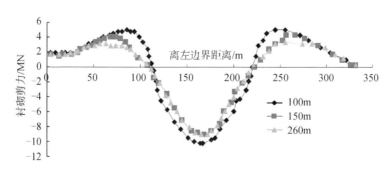

图9.55　不同断层带宽度下衬砌剪力

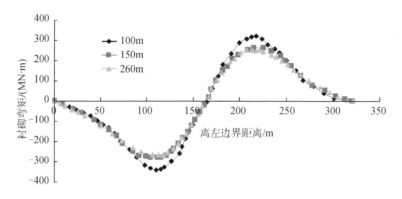

图 9.56　不同断层带宽度下衬砌弯矩

9.5.7　衬砌厚度的影响

通过改变隧洞衬砌的横截面积及对应惯性矩的大小来表达衬砌厚度的变化，从而研究衬砌厚度对错动下衬砌内力的影响。在实际工程中，隧洞内径大小受到建筑界限的限制，不能随意降低，但用数值模拟的方法分析衬砌厚度影响时，保持隧洞开挖外半径不变，通过在一定范围内适度降低内径大小来实现厚度变化。衬砌截面外圆半径为 5.65 m，取衬砌厚度分别为 70 cm、80 cm、90 cm，所得剪力与弯矩分别如图 9.57、图 9.58 所示。由图 9.57 和图 9.58 可见，隧洞截面内圆半径越大，即衬砌厚度越小，衬砌剪力与弯矩峰值越小，并且剪力最大值以及弯矩为 0 的位置都出现在断层带中部。在未展示的隧洞支护结构轴力图与形变位移图中得到同样规律，所以在施工中选用较大的衬砌厚度，有利于提高隧洞结构的抗错断能力。

9.5.8　铰接段长度的影响

柔性铰接段是一种常用的隧洞抗剪断适应性结构，在国内外学者对隧洞穿越活动断层的研究中，其对象多是设置变形缝的隧洞，对铰接式衬砌考虑相对较少，且对其作用机理的理解尚不够深入。铰接段是在衬砌结构上设置强度较低的柔性间隔，各刚性节段间采用刚度较小的柔性连接，使断层带及其两侧一定范围内的节段保持相对独立，其在物理力学性质上表现为低强度、高塑性。在断层错动过程中，柔性连接先于隧洞节段发生破坏，吸收断层错动变形，使工程结构局部破坏，而不会导致结构的整体性破坏，柔性铰接段的设计可以提高隧洞在活动断层下的抗剪断能力。在地基梁模型上取一定长度 ΔL 和间隔 ΔT 的柔性节段，分析铰接段基本计算条件下对支护结构内力特性的影响，铰接段示意如图 9.59 所示。在计算模型中通过改变铰接段长度来研究对支护结构内力变化特性的影响，分别取长度为 0.1 m、0.5 m、1.0 m 开展数值计算，衬砌结构剪力与弯矩如图 9.60、图 9.61 所示。由图 9.60、图 9.61 可以看出，在铰接段间隔和强度相同的情况下，衬砌剪力与弯矩峰值大小随铰接段长度的增大而减小，并且剪力最大以及弯矩为 0 处都位于靠近断层裂缝处。从同组曲线对比中得出，采用较小的铰接段长度有助于提高隧洞的抗剪能力。

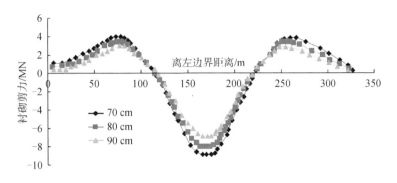

图 9.57　不同衬砌厚度下衬砌剪力

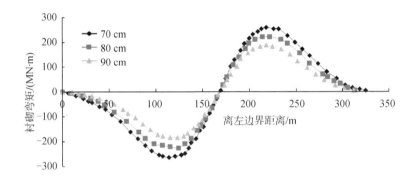

图 9.58　不同衬砌厚度下衬砌弯矩

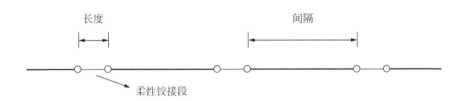

图 9.59　铰接段示意图

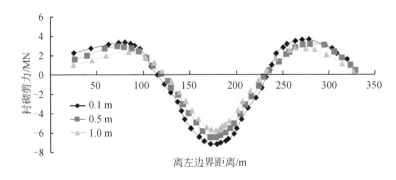

图 9.60　不同铰接段长度下隧洞衬砌剪力

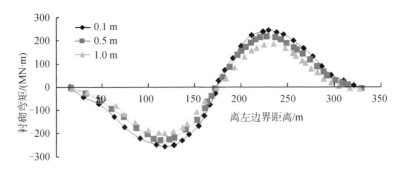

图 9.61　不同铰接段长度下隧洞衬砌弯矩

9.5.9　铰接段混凝土强度影响

通过改变计算模型中铰接段长度大小，研究对衬砌结构内力变化特性的影响。铰接段长度和间隔相同时，铰接段混凝土强度分别取为 5 GPa、10 GPa、20 GPa 开展计算，隧洞支护结构剪力、弯矩如图 9.62、图 9.63 所示。从图 9.62 中可得，铰接段强度越大，衬砌内力峰值越大，并且剪力最大处位于靠近断层被碎带附近，从图 9.63 中可以看出，断层中部破碎带处衬砌弯矩为 0，并且弯矩量值随着铰接段强度的增大而增大。因此，隧洞设计中采用较小的铰接段强度，可使得隧洞在剪切条件下承受的内力量值更小，有利于提高隧洞承载力大小。

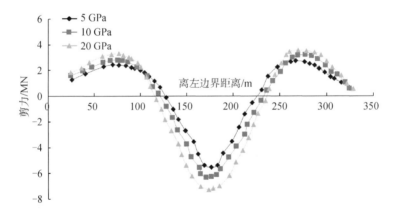

图 9.62　不同铰接段混凝土强度下隧洞衬砌剪力

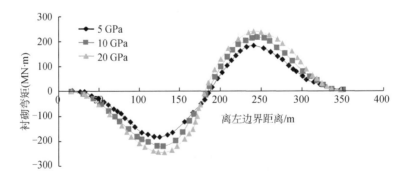

图 9.63　不同铰接段混凝土强度下隧洞衬砌弯矩

9.6　链式衬砌结构受活断层错动响应特征

9.6.1　F10-1部位

为了研究衬砌节段长度和变形缝宽度对链式衬砌在活断层错动下响应的影响，分别取链式衬砌节段长度为 2 m、9 m、10 m、14 m，变形缝宽度为 0.25 m 和 0.5 m，进行抗错断计算，整个衬砌都按等节段长度进行建模，以下计算结果都是基于 0.3 倍 100 年设防错动量。

图 9.64 ~ 图 9.67 为 0.25 m 变形缝宽度下，不同节段长度衬砌结构的 Von Mises 等效应力纵剖面云图。由图可看出，在断层破碎带中部区域，Von Mises 等效应力产生集中效应，顶拱应力集中大于底板。在变形缝处，应力产生明显跌落，采用变形缝后，衬砌结构的应力峰值比未采用的要降低很多。2 m 节段长度的衬砌 Von Mises 等效应力峰值为 23.605 MPa；6 m 节段长度的衬砌 Von Mises 等效应力峰值为 37.361 MPa；10 m 节段长度的衬砌 Von Mises 等效应力峰值为 46.531 MPa；14 m 节段长度的衬砌 Von Mises 等效应力峰值为 52.956 MPa。衬砌节段长度越短，衬砌结构的 Von Mises 等效应力峰值越小。

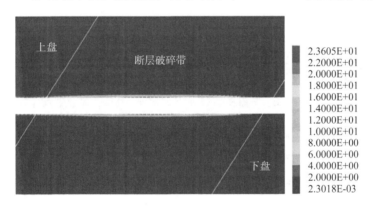

图 9.64　变形缝宽 0.25 m、节段长度 2 m 的衬砌 Von Mises 等效应力（单位：MPa）

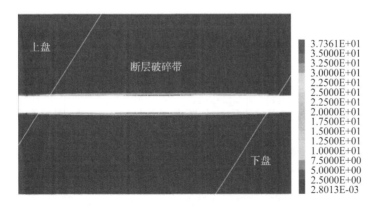

图 9.65　变形缝宽 0.25 m、节段长度 6 m 的衬砌 Von Mises 等效应力（单位：MPa）

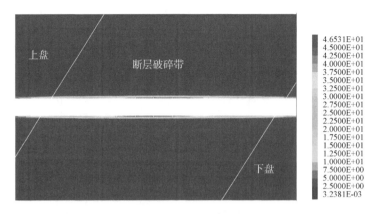

图 9. 66　变形缝宽 0. 25 m、节段长度 10 m 的衬砌 Von Mises 等效应力（单位：MPa）

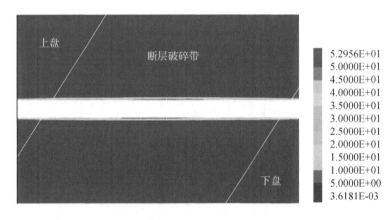

图 9. 67　变形缝宽 0. 25 m、节段长度 14 m 的衬砌 Von Mises 等效应力（单位：MPa）

图 9. 68 ~ 图 9. 70 分别为 0. 25 m 变形缝宽度下，不同节段长度衬砌结构的底板、顶拱、东边墙处 Von Mises 等效应力随着隧洞纵坐标的变化图。由图可看出，应力峰值位于断层破碎带区域，且靠近破碎带中心。在变形缝处，应力产生明显跌落，采用变形缝后衬砌内力比没有采用变形缝的要小很多。节段长度越短，衬砌结构的 Von Mises 等效应力越小。

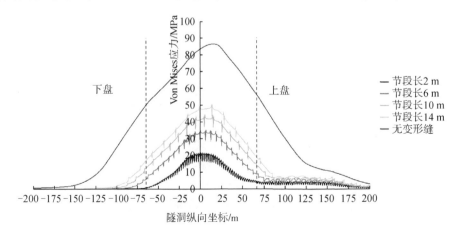

图 9. 68　F10-1 – 0. 25m—底板—VM 等效应力图

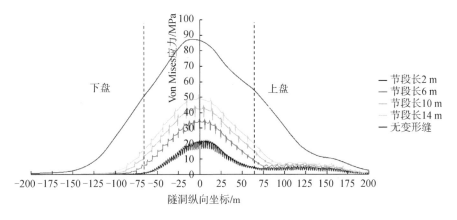

图 9.69 F10-1 – 0.25m—拱顶—VM 等效应力图

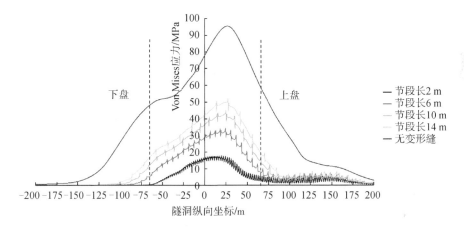

图 9.70 F10-1 – 0.25m—东边墙—VM 等效应力图

图 9.71 ~ 图 9.74 为 0.5 m 变形缝宽度下，不同节段长度衬砌结构的 Von Mises 等效应力纵剖面云图。由图可看出，在断层破碎带中部区域，Von Mises 等效应力产生集中效应，顶拱应力集中大于底板。在变形缝处，应力产生明显跌落，采用变形缝后，衬砌结构的应力峰值比未采用的要降低很多。2 m 节段长度的衬砌 Von Mises 等效应力峰值为 19.518 MPa；6 m 节段长度的衬砌 Von Mises 等效应力峰值为 28.456 MPa；10 m 节段长度的衬砌 Von Mises 等效应力峰值为 38.854 MPa；14 m 节段长度的衬砌 Von Mises 等效应力峰值为 41.392 MPa。衬砌节段长度越短，衬砌结构的 Von Mises 等效应力峰值越小。

图 9.75 ~ 图 9.77 分别为 0.5 m 变形缝宽度下，不同节段长度衬砌结构的底板、顶拱、东边墙处 Von Mises 等效应力随着隧洞纵坐标的变化图。由图可看出，应力峰值位于断层破碎带区域，且靠近破碎带中心。在变形缝处，应力产生明显跌落，采用变形缝后衬砌内力比没有采用变形缝的要小很多。节段长度越短，衬砌结构的 Von Mises 等效应力越小。

由图9.64 ~ 图9.67 与图9.71 ~ 图9.74 对比分析可得，0.5 m 宽变形缝衬砌 Von Mises 等效应力比 0.25 宽变形缝衬砌要小，具体为：2 m 节段长度的衬砌 Von Mises 等效应力峰值要小 4.1 MPa；6 m 节段长度的衬砌 Von Mises 等效应力峰值要小 8.9 MPa；10 m 节段长度的衬砌 Von Mises 等效应力峰值要小 7.7 MPa；14 m 节段长度的衬砌 Von Mises 等效应力峰值要小 11.5 MPa。

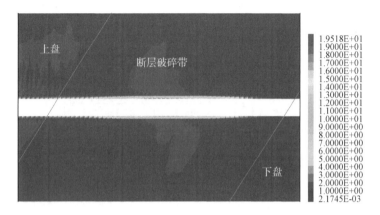

图 9.71　变形缝宽 0.5m、节段长度 2 m 的衬砌 Von Mises 等效应力 （单位：MPa）

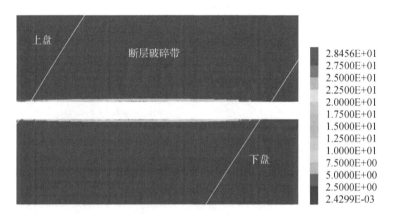

图 9.72　变形缝宽 0.5m、节段长度 6m 的衬砌 Von Mises 等效应力（单位：MPa）

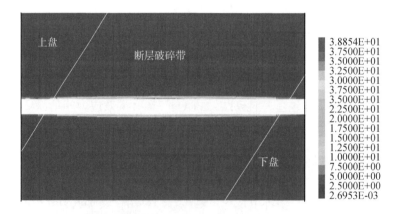

图 9.73　变形缝宽 0.5 m、节段长度 10 m 的衬砌 Von Mises 等效应力（单位：MPa）

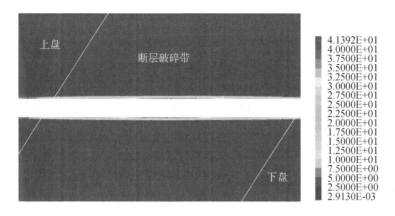

图 9.74 变形缝宽 0.5 m、节段长度 14 m 的衬砌 Von Mises 等效应力（单位：MPa）

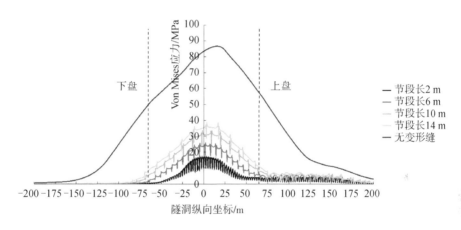

图 9.75 F10-1－0.5m—底板—VM 等效应力图

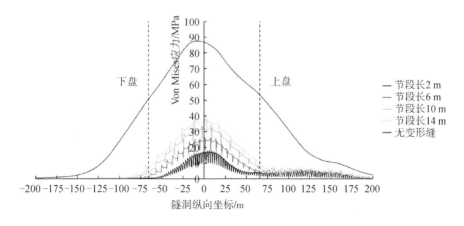

图 9.76 F10-1－0.5m—拱顶—VM 等效应力图

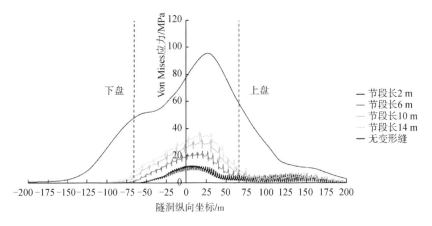

图 9.77　F10-1 − 0.5m—东边墙—VM 等效应力图

图 9.78 ~ 图 9.83 为不同节段长度和变形缝宽度的底板、顶拱、东边墙处总位移随着隧洞纵坐标的变化图。由图可看出，位移曲线呈 S 形，在同一变形缝宽度下，在隧洞纵向坐标 0 ~ 150 m 区域，衬砌节段长度越短，位移量越大，有变形缝的位移要大于未设置变形缝的。在隧洞纵向坐标 − 150 ~ 0 m 区域，衬砌节段长度越短，位移量越小，有变形缝的位移要小于未设置变形缝的。

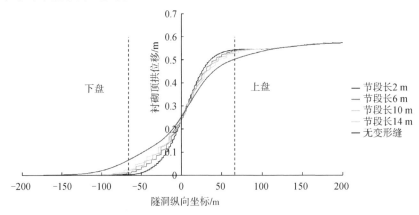

图 9.78　F10-1 − 0.25m—底板—位移图

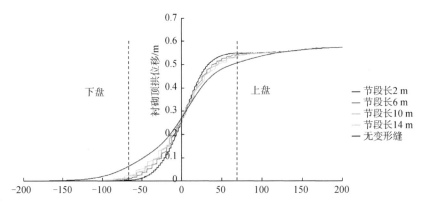

图 9.79　F10-1 − 0.25m—拱顶—位移图

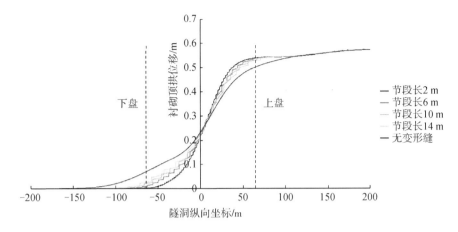

图 9.80 F10-1 − 0.25m—东边墙—位移图

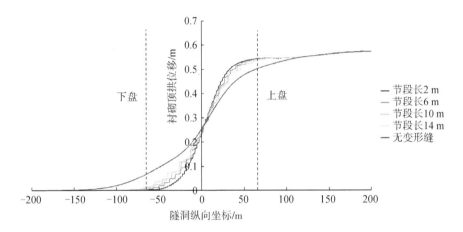

图 9.81 F10-1 − 0.5m—底板—位移图

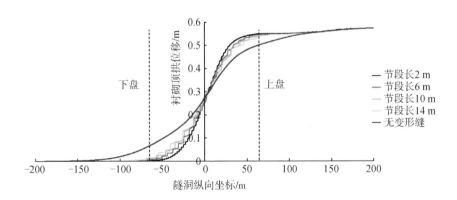

图 9.82 F10-1 − 0.5m—拱顶—位移图

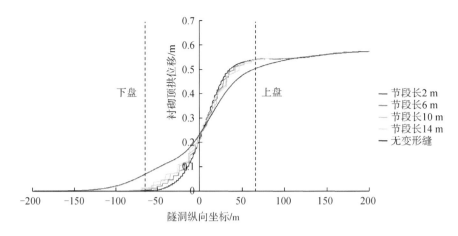

图 9.83　F10—1 – 0.5m—东边墙—位移图

9.6.2　F10-2 部位

图 9.84 ~ 图 9.86 为 0.25 m 变形缝宽度下，不同节段长度衬砌结构的 Von Mises 等效应力纵剖面云图。由图可看出，在断层破碎带中部区域，Von Mises 等效应力产生集中效应，顶拱应力集中大于底板。在变形缝处，应力产生明显跌落，采用变形缝后，衬砌结构的应力峰值比未采用的要降低很多。2 m 节段长度的衬砌 Von Mises 等效应力峰值为 20.338 MPa；6 m 节段长度的衬砌 Von Mises 等效应力峰值为 33.459 MPa；10 m 节段长度的衬砌 Von Mises 等效应力峰值为 42.024 MPa；14 m 节段长度的衬砌 Von Mises 等效应力峰值为 48.203 MPa；无变形缝的衬砌 Von Mises 等效应力峰值为 84.128 MPa（由 9.4 节得出）。衬砌节段长度越短，衬砌结构的 Von Mises 等效应力峰值越小。

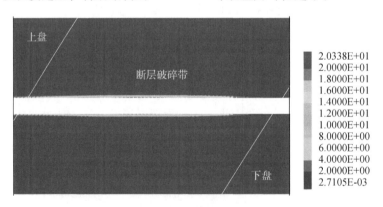

图 9.84　变形缝宽 0.25 m、节段长度 2 m 的衬砌 Von Mises 等效应力（单位：MPa）

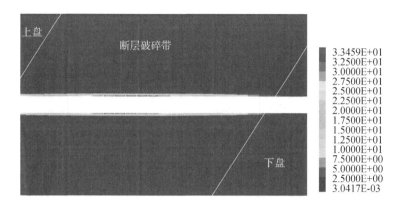

图 9.85 变形缝宽 0.25 m、节段长度 6 m 的衬砌 Von Mises 等效应力（单位：MPa）

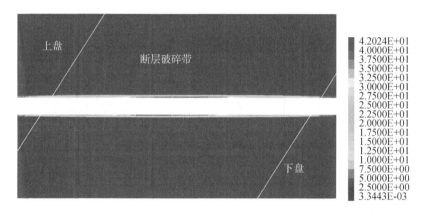

图 9.86 变形缝宽 0.25 m、节段长度 10 m 的衬砌 Von Mises 等效应力（单位：MPa）

图 9.87～图 9.89 分别为 0.25 m 变形缝宽度下，不同节段长度衬砌结构的底板、顶拱、东边墙处 Von Mises 等效应力随着隧洞纵坐标的变化图。由图可看出，应力峰值位于断层破碎带区域，且靠近破碎带中心。在变形缝处，应力产生明显跌落，采用变形缝后衬砌内力比没有采用变形缝的要低很多。节段长度越短，衬砌结构的 Von Mises 等效应力越小。

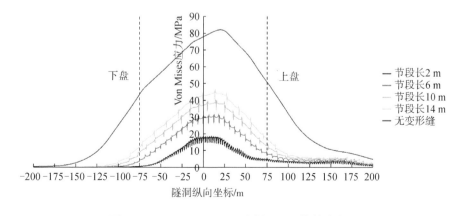

图 9.87 F10-2－0.25m—底板—VM 等效应力图

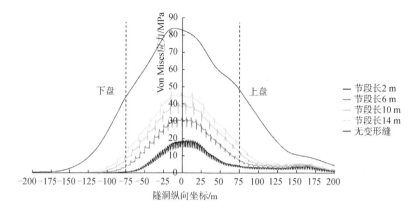

图 9.88　F10-2－0.25m—拱顶—VM 等效应力图

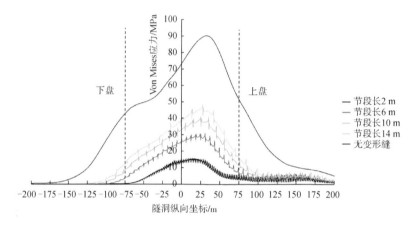

图 9.89　F10-2－0.25m—东边墙—VM 等效应力图

图 9.90 ~ 图 9.92 为不同节段长度和变形缝宽度的底板、顶拱、东边墙处总位移随着隧洞纵坐标的变化图。由图可看出，位移曲线呈 S 形，在同一变形缝宽度下，在隧洞纵向坐标 0 ~ 150 m 区域，衬砌节段长度越短，位移量越大，有变形缝的位移要大于未设置变形缝的。在隧洞纵向坐标 －150 ~ 0 m 区域，衬砌节段长度越短，位移量越小，有变形缝的位移要小于未设置变形缝的。

9.5.2　F10-3 部位

图 9.93 ~ 图 9.96 为 0.25 m 变形缝宽度下，不同节段长度衬砌结构 Von Mises 等效应力纵剖面云图。由图可看出，在断层破碎带中部区域，Von Mises 等效应力产生集中效应。在变形缝处，应力产生明显跌落，采用变形缝后，衬砌结构的应力峰值比未采用的要降低很多。2 m 节段长度的衬砌 Von Mises 等效应力峰值为 18.840 MPa；6 m 节段长度的衬砌 Von Mises 等效应力峰值 24.286 MPa；10 m 节段长度的衬砌 Von Mises 等效应力峰值为 28.891 MPa；14 m 节段长度的衬砌 Von Mises 等效应力峰值为 32.222 MPa。衬砌节段长度越短，衬砌结构的 Von Mises 等效应力峰值越小。

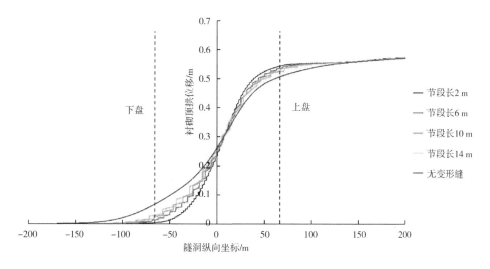

图 9.90　变形缝宽 0. 25 m 时的底板位移随节段长度的变化

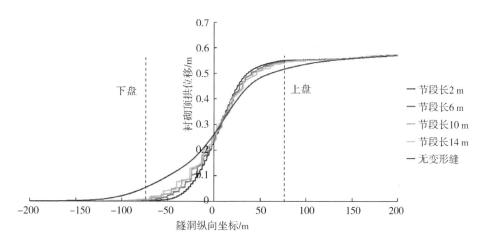

图 9.91　F10-2－0. 25m—拱顶—轴向应力图

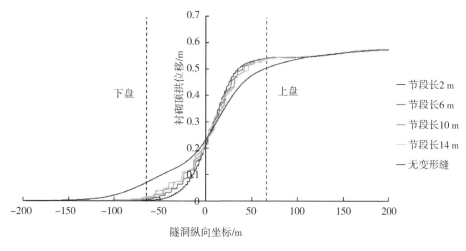

图 9.92　F10-2－0. 25m—东边墙—轴向应力图

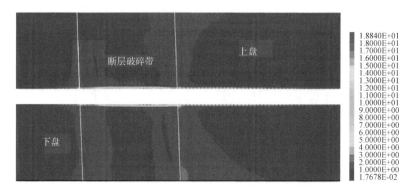

图 9.93　变形缝宽 0.25 m、节段长度 2 m 的衬砌 Von Mises 等效应力（单位：MPa）

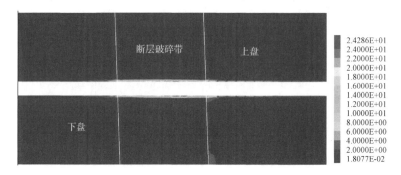

图 9.94　变形缝宽 0.25 m、节段长度 6 m 的衬砌 Von Mises 等效应力（单位：MPa）

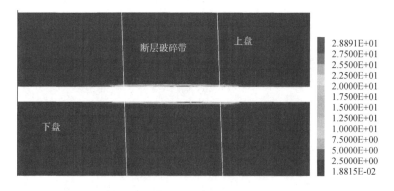

图 9.95　变形缝宽 0.25 m、节段长度 10 m 的衬砌 Von Mises 等效应力（单位：MPa）

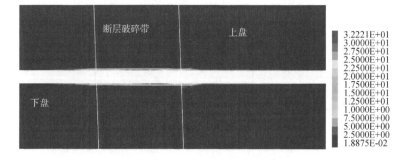

图 9.96　变形缝宽 0.25 m、节段长度 14 m 的衬砌 Von Mises 等效应力（单位：MPa）

图 9.97~图 9.99 分别为 0.25 m 变形缝宽度下，不同节段长度衬砌结构的底板、顶拱、东边墙处 Von Mises 等效应力随着隧洞纵坐标的变化图。由图可看出，应力峰值位于断层破碎带区域，且靠近破碎带中心。在变形缝处，应力产生明显跌落，采用变形缝后衬砌内力比没有采用变形缝的要低很多。节段长度越短，衬砌结构的 Von Mises 等效应力越小。

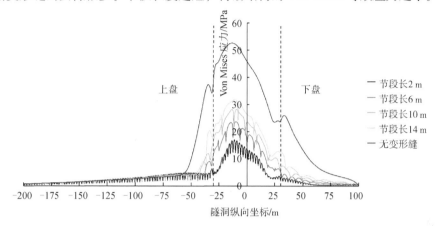

图 9.97　F10-3 – 0.25m—底板—VM 等效应力图

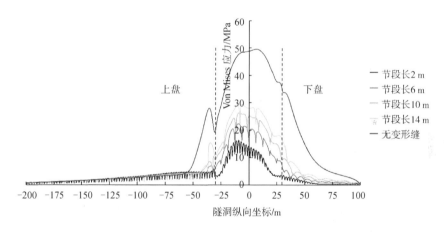

图 9.98　F10-3 – 0.25m—拱顶—VM 等效应力图

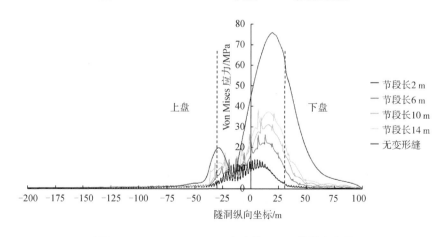

图 9.99　F10-3 – 0.25m—东边墙—VM 等效应力图

图 9.100 ~ 图 9.103 为 0.5 m 变形缝宽度下，不同节段长度衬砌结构的 Von Mises 等效应力纵剖面云图。由图可看出，在断层破碎带中部区域，Von Mises 等效应力产生集中效应。在变形缝处，应力产生明显跌落，采用变形缝后，衬砌结构的应力峰值比未采用的要降低很多。2 m 节段长度的衬砌 Von Mises 等效应力峰值为 16.807 MPa；6 m 节段长度的衬砌 Von Mises 等效应力峰值为 18.745 MPa；10 m 节段长度的衬砌 Von Mises 等效应力峰值为 22.942 MPa；14 m 节段长度的衬砌 Von Mises 等效应力峰值为 25.249 MPa；无变形缝的衬砌 Von Mises 等效应力峰值为 53.061 MPa（由第三章得出）。衬砌节段长度越短，衬砌结构的 Von Mises 等效应力峰值越小。

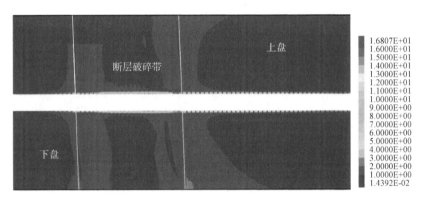

图 9.100 变形缝宽 0.5 m、节段长度 2 m 的衬砌 Von Mises 等效应力（单位：MPa）

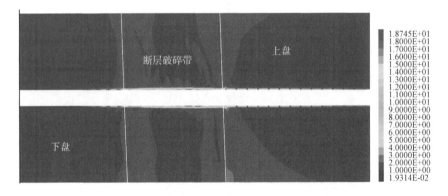

图 9.101 变形缝宽 0.5 m、节段长度 6 m 的衬砌 Von Mises 等效应力（单位：MPa）

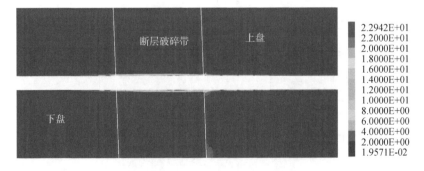

图 9.102 变形缝宽 0.5 m、节段长度 10 m 的衬砌 Von Mises 等效应力（单位：MPa）

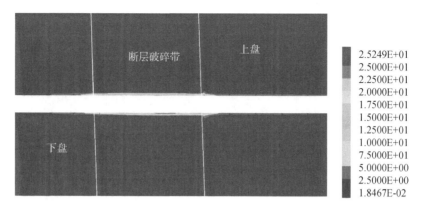

图 9.103　变形缝宽 0.5 m、节段长度 14 m 的衬砌 Von Mises 等效应力（单位：MPa）

图 9.104～图 9.106 分别为 0.5 m 变形缝宽度下，不同节段长度衬砌结构的底板、顶拱、东边墙处 Von Mises 等效应力随着隧洞纵坐标的变化图。由图可看出，应力峰值位于断层破碎带区域，且靠近破碎带中心。在变形缝处，应力产生明显跌落，采用变形缝后衬砌内力比没有采用变形缝的要低很多。节段长度越短，衬砌结构的 Von Mises 等效应力越小。

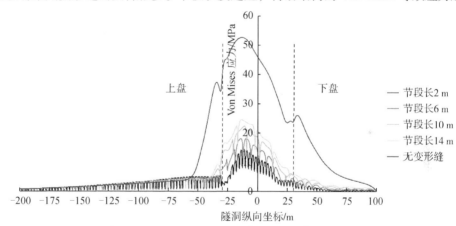

图 9.104　F10-3 – 0.5 m—底板—VM 等效应力图

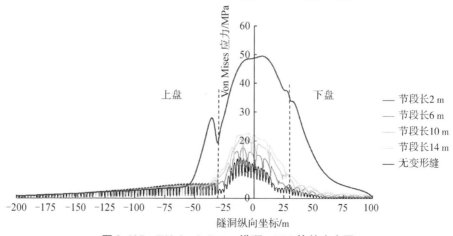

图 9.105　F10-3 – 0.5 m—拱顶—VM 等效应力图

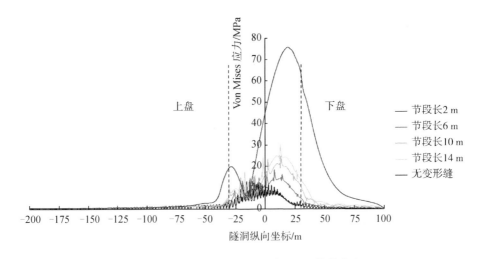

图 9.106　F10-3 – 0.5 m—东边墙—VM 等效应力图

由图 9.93 ~ 图 9.96 与图 9.100 ~ 图 9.103 对比分析可得，0.5 m 宽变形缝衬砌 Von Mises 等效应力比 0.25 宽变形缝衬砌要小，具体为：2 m 节段长度的衬砌 Von Mises 等效应力峰值要小 2.0 MPa；6 m 节段长度的衬砌 Von Mises 等效应力峰值要小 5.5 MPa；10 m 节段长度的衬砌 Von Mises 等效应力峰值要小 5.9 MPa；14 m 节段长度的衬砌 Von Mises 等效应力峰值要小 7.0 MPa。

9.7　跨活断层隧洞（道）衬砌结构设计

1994 年 D. S. Kieffer[146] 等在美国加利福尼亚南部的克莱尔蒙特输水压力隧道工程中，采取了扩大隧道断面尺寸、减小衬砌节段长度及节段间设置剪切缝的抗断措施。2002 年 M. Russo[149] 等在土耳其博卢公路隧道工程中，提出了隧道衬砌节间采用刚度相对较小的柔性连接的抗断防护设计。2005 年 A. R. Shahidi[148] 等在希腊的 Koohrang-Ⅲ 输水压力隧道工程中也采用了相同的设计方法。在国内的乌鞘岭铁路隧道建设中也遇到穿越活断层的问题，梁文灏[147] 等采取了扩大断面尺寸的抗断措施。纵观国内外穿越活断层隧道工程设计经验，隧道工程抗断防护设计可以归纳为"超挖设计"、"铰接设计" 及 "隔离消能设计" 三大类。"超挖设计"（如图 9.107 所示），即根据活断层可能的错动量，扩大隧道断面尺寸。在断层错动时，扩大的隧道断面尺寸可以保证隧道断面的净空面积，尽可能减小错动导致的隧道结构破坏。超挖量主要依据活断层的错动方式及错动量确定。"铰接设计"（如图 9.108 所示），即尽量减小隧道节段长度，使断层带及其两侧一定范围内的节段保持相对独立，各刚性隧道节段间采用刚度相对较小的柔性连接，在断层错动时，破坏集中在连接部位或结构的局部，而不会导致结构整体性破坏。"隔离消能设计"（图 9.109），即采用钢筋混凝土复合衬砌,由初期支护、二次衬砌和中间回填柔性材料组成;其设计思路是外柔内刚,尽可能将地层蠕变和强震引起突变的位移吸收消化在初期支护和中间的缓冲层上,从而不影响二次衬砌正常的使用功能。一般而言,"超挖设计"无疑是最有效的抗断防护对策,但如果隧洞(道)通过断层带的区间较长,则扩大横断面开挖面积会使得工程成本增加很多。因此,"超挖设计"适用于断层带宽度较小的情况。"铰接设计"适用于断层带区间较长或隧洞(道)具有很大的断面面积的情况。但在以往的隧洞(道)抗断设计中,往往依据工程经验,计算方法尚不成熟,尤其是"铰接设计"中隧洞(道)节段长度、节段间连接处抗剪刚度的确定方法有待于更深入的研究。

跨活断层隧洞(道)抗错断设计应采用的基本指导原则是"分段处理、柔性接头、预留净空、局部加强、先结构后防水",以结构适应断层变形为主,采取"防"与"放"相结合,"防"就是扩大断面和局部衬砌加强,而"放"就是分段设缝加柔性接头,跨活断层地段采用分段结构进行设计,采用柔性接头进行处理。基于前述研究成果,可知同样衬砌节段长度下,变形缝越宽,衬砌内力越小;同样变形缝宽度下,衬砌节段越长,衬砌内力越大。衬砌节段长度建议在 4~8 m 之间选取,衬砌节段长度过短,会使得衬砌整体刚度过小,无法满足围岩稳定性要求,变形缝可以选取 0.5 m 或者 0.25 m,同时要保证其它条件。合理的衬砌节段长度及变形缝宽度既要满足非错动条件下围岩的稳定性要求,又要满足错动条件下,链式衬砌的大变形要求。因此,提出过活断层带的隧洞衬砌结构形式概图如图 9.110~图 9.112 所示,具体细部尺寸及构造及其它支护措施需要进一步研究。

表 9.3　泡沫混凝土力学参数[200]

密度/($kg \cdot m^3$)	弹性模量/GPa	泊松比	单轴抗压强度/MPa
700~800	0.6~0.8	0.32~0.41	2.0~4.0

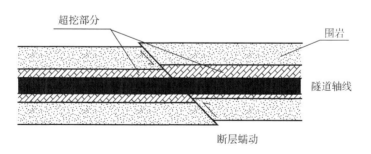

图 9.107　超挖设计

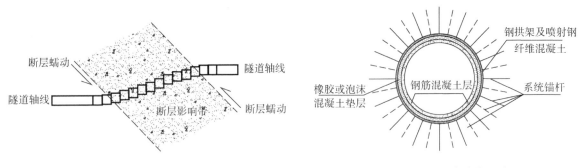

图 9.108　铰接设计　　　　　　　　　图 9.109　隔离消能设计

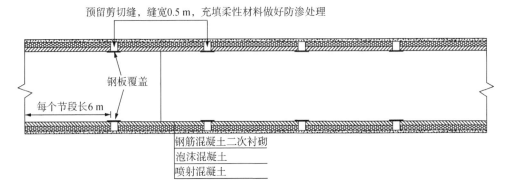

图 9.110　过 F10-1 段衬砌纵断面设计概图

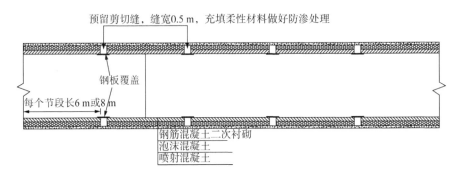

图 9.111　过 F10-2 段衬砌纵向设计概图

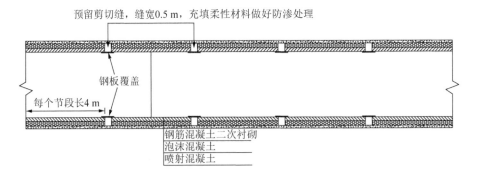

图 9.112　过 F10-3 段衬砌纵断面设计概图

图 9.110～图 9.112 中初期支护与二次衬砌之间采用泡沫混凝土夹层。泡沫混凝土因具有低密度、低弹模、一定延性等特点对冲击荷载具有良好的吸收和分散作用，是一种良好的减震消能材料，泡沫混凝土具有较高压缩性和良好延性，可以作为深埋软岩隧道初期支护与二次衬砌之间预留变形层填充材料。目前相关规范中缺少对该材料在实际隧道工程应用的规定，依据文献 [200] 等研究结果。泡沫混凝土的厚度一方面要能满足有效的减震性能要求，另一方面要满足足够的衬砌节段错断变形要求，抗错断条件下泡沫混凝土层的具体厚度参数需要进一步研究。

9.8　本章小结

本章以滇中引水工程香炉山隧洞跨龙蟠—乔后断层的两条分支断层 F10-1、F10-3 段围岩-衬砌体系为研究对象，提出了跨活断层隧洞（道）围岩-衬砌体系三维数值建模方法，剖析了无支护条件下围岩受活断层无震蠕滑错动力学响应特征，探讨了无抗错断措施的衬砌结构受活断层无震蠕滑错动内力及变形特征，研究了变形缝宽度和衬砌节段长度对链式衬砌结构受活断层无震蠕滑错动力学响应的影响规律，基于数值模拟结果，提出了过活断层带隧洞（道）衬砌结构初步形式，得出如下主要结论：

（1）对深埋隧洞进行无震蠕滑错动条件下的抗错断计算时，上盘以指定速度相对下盘错动，下盘保持固定。由于断层破碎带是上盘和下盘的过渡区，其位移边界条件不明确，存在三种强制位移施加三种模式：第一，断层破碎带和下盘完全固定，上盘运动；第二，断层破碎带下半部分和下盘完都固定，上盘和断层破碎带上半部分一起运动；第三，下盘固定，上盘运动，断层破碎带自由变形。

（2）当采用第一种强制位移施加模式进行无支护条件下围岩错断响应特征分析时，发现断层带错动变形并不局限于局部的剪切带，在以错动剪切带为中心的两侧均有所体现。剪切带影响范围与断层带宽度有关，断层带宽度越大，影响带范围越大。影响范围发生部位为断层带靠活动盘侧，对活动盘侧影响范围较大。在错动量值较小的条件下，隧洞围岩位移分量基本呈线性连续分布，而当错动量值较大时，错动带主断内部受错动影响，除产生沿错动方向变形外，还呈现出较为强烈的顶拱下沉、底板隆起，边墙收敛的挤压现象，变形形态较为复杂。挤压变形量值随错动量值增加而增加。沿错动剪切带出现大量的塑性区，塑性区贯穿整个剪切面，并在断层带内部延伸。

（3）当采用第三种强制位移施加模式进行无抗错断措施的衬砌结构受活断层错动响应特征分析时，发现跨断层隧洞（道）衬砌应力最大值并不在上盘错动面处，由于断层破碎带的缓冲作用导致应力在断层破碎带中部区域产生高度应力集中，上盘位错动量在断层破碎带内产生牵引现象。上盘位错量越大，衬砌拱顶应力峰值越高，应力值在断层破碎带中部区域达到峰值，然后向上下盘逐渐衰减。上盘位错量越大，拱顶位移量也越大，拱顶位移量从上盘向下盘内逐渐衰减到 0，位移衰减曲线呈 S 形。

（4）当采用第三种强制位移施加模式进行链式衬砌结构受活断层错动响应特征分析时，发现在断层破碎带中部区域，衬砌内力产生集中效应。在变形缝处，应力产生明显跌落，采用变形缝后，衬砌结构的应力峰值比未采用的要降低很多。衬砌节段长度越短，衬砌结构的内力峰值越小。同样节段长度的 0.5 m 宽变形缝衬砌内力比 0.25 m 宽变形缝衬砌内力要小。位移曲线变化呈 S 形，在同一变形缝宽度下，在靠近断层上盘区域，衬砌节段长度越短，位移量越大，有变形缝的衬砌位移要大于未设置变形缝的衬砌位移；在靠近断层下盘区域，衬砌节段长度越短，位移量越小，有变形缝的衬砌位移要小于未设置变形缝的衬砌位移。

（5）隧洞（道）工程抗错断防护设计可以归纳为"超挖设计"、"铰接设计"及"隔离消能设计"三大类。"超挖设计"适用于断层带宽度较小的情况。"铰接设计"适用于断层带区间较长或隧洞（道）具有很大的断面面积的情况。合理的衬砌节段长度及变形缝宽度既要满足非错动条件下围岩的稳定性要求，又要满足错动条件下，链式衬砌的大变形要求。泡沫混凝土的厚度一方面要能满足有效的减震性能要求，另一方面要满足足够的衬砌节段错断变形要求。

参考文献

［1］ 王梦恕. 中国是世界上隧道和地下工程最多、最复杂、今后发展最快的国家［J］. 铁道标准设计，2003（1）：1－4.

［2］ 黄润秋，尚岳全，雷明堂，等. 国外深埋长大隧道概况及主要地质勘测经验［J］. 地质灾害与环境保护，1991（1）：58－66.

［3］ 黄福明. 断层力学概论［M］. 北京：地震出版社，2013.

［4］ 李智毅. 工程地质学基础［M］. 武汉：中国地质大学出版社，1990.

［5］ Dowding C H, Rozan A. Damage to rock tunnels from earthquake shaking［J］. Journal of the Soil Mechanics and Foundations Division, 1978, 104（2）：175－191.

［6］ Sharma S, Judd W R. Underground opening damage from earthquakes［J］. Engineering Geology, 1991, 30（5－4）：263－276.

［7］ Asakura T, Sato Y. Mountain tunnels damage in the 1995 HYOGOKEN－NANBU Earthquake［J］. QUARTERLY REPORT－RTRI, 1998, 39：9－16.

［8］ Wang W L, Wang T T, Su J J, et al. Assessment of damage in mountain tunnels due to the Taiwan Chi－Chi Earthquake［J］. Tunnelling and underground space technology, 2001, 16（3）：133－150.

［9］ Wang Z Z, Gao B, Jiang Y J, et al. Investigation and assessment on mountain tunnels and geotechnical damage after the Wenchuan earthquake［J］. Science in China Series E：Technological Sciences, 2009, 52（2）：546－558.

［10］ Chen Z, Shi C, Li T, et al. Damage characteristics and influence factors of mountain tunnels under strong earthquakes［J］. Natural hazards, 2012, 61（2）：387－401.

［11］ Shen Y, Gao B, Yang X, et al. Seismic damage mechanism and dynamic deformation characteristic analysis of mountain tunnel after Wenchuan earthquake［J］. Engineering Geology, 2014, 180：85－98.

［12］ Roy N, Sarkar R. A Review of Seismic Damage of Mountain Tunnels and Probable Failure Mechanisms［J］. Geotechnical and Geological Engineering, 2016：1－28.

［13］ Zhang X, Jiang Y, Sugimoto S. Seismic damage assessment of mountain tunnel：A case study on the Tawarayama tunnel due to the 2016 Kumamoto Earthquake［J］.

Tunnelling and Underground Space Technology, 2018, 71: 138 – 148.

[14] Yu H, Chen J, Yuan Y, et al. Seismic damage of mountain tunnels during the 5. 12 Wenchuan earthquake [J]. Journal of Mountain Science, 2016, 13 (11): 1958 – 1972.

[15] 李天斌. 汶川特大强震中山岭隧道变形破坏特征及影响因素分析 [J]. 工程地质学报, 2008, 16 (6): 742 – 750.

[16] 高波, 王峥峥, 袁松, 等. 汶川强震公路隧道震害启示 [J]. 西南交通大学学报, 2009, 44 (3): 336 – 341.

[17] 陈正勋, 王泰典, 黄灿辉. 山岭隧道受震损害类型与原因之案例研究 [J]. 岩石力学与工程学报, 2011, 30 (1): 45 – 57.

[18] 崔光耀, 刘维东, 倪嵩陟, 等. 汶川强震公路隧道普通段震害分析及震害机制研究 [J]. 岩土力学, 2015 (s2): 439 – 446.

[19] 崔光耀, 王明年, 于丽, 等. 汶川强震断层破碎带段隧道结构震害分析及震害机理研究 [J]. 土木工程学报, 2013 (11): 122 – 127.

[20] 崔光耀, 王明年, 林国进, 等. 汶川强震公路隧道洞口段震害机理及抗震对策研究 [J]. 现代隧道技术, 2011, 48 (6): 6 – 10.

[21] 崔光耀, 刘维东, 倪嵩陟, 等. 汶川强震各强震烈度区公路隧道震害特征研究 [J]. 现代隧道技术, 2014, 51 (6): 1 – 6.

[22] 王道远, 崔光耀, 袁金秀, 等. 强震区隧道施工塌方段震害机理及处治技术研究 [J]. 岩土工程学报, 2018 (2).

[23] Xu H, Li T, Xia L, et al. Shaking table tests on seismic measures of a model mountain tunnel [J]. Tunnelling and Underground Space Technology, 2016, 60: 14797 – 209.

[24] 陶连金, 许淇, 李书龙, 等. 不同埋深的山岭隧道洞身段强震动力响应振动台试验研究 [J]. 工程抗震与加固改造, 2015, 37 (6): 1 – 7.

[25] 何川, 李林, 张景, 等. 隧道穿越断层破碎带震害机理研究 [J]. 岩土工程学报, 2014, 36 (3): 427 – 434.

[26] 王道远, 袁金秀, 朱永全, 等. 高烈度区软硬岩交界段隧道震害机制及减震缝减震技术模型试验研究 [J]. 岩石力学与工程学报, 2017 (a02): 4113 – 4121.

[27] 王峥峥, 李斌, 高波, 等. 跨断层隧道振动台模型试验研究 Ⅱ: 试验成果分析 [J]. 现代隧道技术, 2014, 51 (3): 105 – 109.

[28] 申玉生, 高波, 王峥峥. 强震区山岭隧道振动台模型试验破坏形态分析 [J]. 工程力学, 2009 (a01): 62 – 66.

[29] 孙铁成, 高波, 王峥峥. 双洞隧道洞口段抗减震模型试验研究 [J]. 岩土力学, 2009, 30 (7): 2021 – 2026.

[30] 申玉生, 高波, 王峥峥, 等. 高烈度强震区山岭隧道模型试验研究 [J]. 现代隧道技术, 2008, 45 (5): 38 – 43.

[31] 李林,何川,耿萍,等. 浅埋偏压洞口段隧道强震响应振动台模型试验研究 [J]. 岩石力学与工程学报,2011,30 (12):2540 – 2548.

[32] 耿萍,唐金良,权乾龙,等. 穿越断层破碎带隧道设置减震层的振动台模型试验 [J]. 中南大学学报（自然科学版）,2013,44 (6):2520 – 2526.

[33] 方林,蒋树屏,林志,等. 穿越断层隧道振动台模型试验研究 [J]. 岩土力学, 2011,32 (9):2709 – 2713.

[34] 李育枢,李天斌,王栋,等. 黄草坪 2# 隧道洞口段减震措施的大型振动台模型 试验研究 [J]. 岩石力学与工程学报,2009,28 (6):1128 – 1136.

[35] Ding J H, Jin X L, Guo Y Z, et al. Numerical simulation for large – scale seismic response analysis of immersed tunnel [J]. Engineering structures, 2006, 28 (10): 1367 – 1377.

[36] Yu H, Yuan Y, Qiao Z, et al. Seismic analysis of a long tunnel based on multi – scale method [J]. Engineering Structures, 2013, 49: 572 – 587.

[37] Wu D, Gao B, Shen Y, et al. Damage evolution of tunnel portal during the longitudinal propagation of Rayleigh waves [J]. Natural Hazards, 2015, 75 (3): 2519 – 2543.

[38] Yu H, Chen J, Bobet A, et al. Damage observation and assessment of the Longxi tunnel during the Wenchuan earthquake [J]. Tunnelling and Underground Space Technology, 2016, 54: 102 – 116.

[39] Chen C H, Wang T T, Jeng F S, et al. Mechanisms causing seismic damage of tunnels at different depths [J]. Tunnelling and Underground Space Technology Incorporating Trenchless Technology Research, 2012, 28 (1): 31 – 40.

[40] 赵宝友,马震岳,丁秀丽. 不同强震动输入方向下的大型地下岩体洞室群强震反 应分析 [J]. 岩石力学与工程学报,2010,29 (s1):3395 – 3402.

[41] 孙文,梁庆国,安亚芳,等. 深埋公路隧道在双向强震动作用下的最大动力反应 分析 [J]. 西北强震学报,2013,34 (4):369 – 374.

[42] 蒋树屏,方林,林志. 不同埋置深度的山岭隧道强震响应分析 [J]. 岩土力学, 2014,35 (1):211 – 225.

[43] Chen Z, Wei J. Correlation between ground motion parameters and lining damage indices for mountain tunnels [J]. Natural hazards, 2013, 65 (3): 1683 – 1702.

[44] 于媛媛. 山岭隧道衬砌结构震害机理研究 [J]. 国际强震动态,2014 (4):48 – 48.

[45] 廖振鹏. 工程波动理论导论 [M]. 北京:科学出版社,2002.

[46] Beskos D E. Boundary element methods in dynamic analysis [J]. Applied Mechanics Reviews, 1987, 40 (1): 1 – 23.

[47] Alielahi H, Kamalian M, Adampira M. Seismic ground amplification by unlined tunnels subjected to vertically propagating SV and P waves using BEM [J]. Soil Dynam-

ics and Earthquake Engineering, 2015, 71: 63 – 79.

[48] Alielahi H, Kamalian M, Adampira M. A BEM investigation on the influence of underground cavities on the seismic response of canyons [J]. Acta Geotechnica, 2016, 11 (2): 391 – 413.

[49] Kausel E, Roesset J M. Dynamic stiffness of circular foundations [J]. Journal of the Engineering Mechanics Division, 1975, 101 (6): 771 – 785.

[50] Kausel E, Ro sset J M, Waas G. Dynamic analysis of footings on layered media [J]. Journal of Engineering Mechanics, 1975, 101 (ASCE# 11652 Proceeding).

[51] Lee V W, Trifunac M D. Response of tunnels to incident SH – waves [J]. Journal of the Engineering Mechanics Division, 1979, 105 (4): 643 – 659.

[52] Lee V W, Karl J. Diffraction of SV waves by underground, circular, cylindrical cavities [J]. Soil Dynamics and Earthquake Engineering, 1992, 11 (8): 445 – 456.

[53] 赵密. 近场波动有限元模拟的应力型时域人工边界条件及其应用 [D]. 北京: 北京工业大学, 2009.

[54] Alterman Z, Karal F C. Propagation of elastic waves in layered media by finite difference methods [J]. Bulletin of the Seismological Society of America, 1968, 58 (1): 367 – 398.

[55] Engquist B, Majda A. Absorbing boundary conditions for numerical simulation of waves [J]. Proceedings of the National Academy of Sciences, 1977, 74 (5): 1765 – 1766.

[56] Bayliss A, Gunzburger M, Turkel E. Boundary conditions for the numerical solution of elliptic equations in exterior regions [J]. SIAM Journal on Applied Mathematics, 1982, 42 (2): 430 – 451.

[57] Lysmer J. Finite Dynamic Model for Infinite Media [J]. Journal of the Engineering Mechanics Division, 1969, 95 (4): 859 – 878.

[58] Deeks A J, Randolph M F. Axisymmetric time – domain transmitting boundaries [J]. Journal of Engineering Mechanics, 1994, 120 (1): 25 – 42.

[59] 刘晶波, 吕彦东. 结构—地基动力相互作用问题分析的一种直接方法[J]. 土木工程学报, 1998, 31 (3): 55 – 64.

[60] 刘晶波, 王振宇, 杜修力, 等. 波动问题中的三维时域黏弹性人工边界[J]. 工程力学, 2005, 22 (6): 46 – 51.

[61] Liu J, Li B. A unified viscous – spring artificial boundary for 3 – D static and dynamic applications [J]. Science in China Series E Engineering and Materials Science, 2005, 48 (5): 570 – 584.

[62] 刘晶波, 谷音, 杜义欣. 一致黏弹性人工边界及黏弹性边界单元[J]. 岩土工程

学报, 2006, 28 (9): 1070 – 1075.

[63] Nielsen A H. Absorbing boundary conditions for seismic analysis in ABAQUS [C] // ABAQUS Users' Conference. 2006: 359 – 376.

[64] Fu X, Sheng Q, Zhang Y, et al. Boundary setting method for the seismic dynamic response analysis of engineering rock mass structures using the discontinuous deformation analysis method [J]. International Journal for Numerical and Analytical Methods in Geomechanics, 2015, 39 (15): 1693 – 1712.

[65] Lu C C, Hwang J H. Damage analysis of the new Sanyi railway tunnel in the 1999 Chi – Chi earthquake: Necessity of second lining reinforcement [J]. Tunnelling and Underground Space Technology, 2018, 73: 48 – 59.

[66] Lu C C, Hwang J H. Implementation of the modified cross – section racking deformation method using explicit FDM program: A critical assessment [J]. Tunnelling and Underground Space Technology, 2017, 68: 58 – 73.

[67] John C M S, Zahrah T F. Aseismic design of underground structures [J]. Tunnelling and Underground Space Technology Incorporating Trenchless Technology Research, 1987, 2 (2): 165 – 197.

[68] Hashash Y M A, Hook J J, Schmidt B, et al. Seismic design and analysis of underground structures [J]. Tunnelling and Underground Space Technology Incorporating Trenchless Technology Research, 2001, 16 (4): 247 – 293.

[69] Hashash Y M A, Park D, Yao I C. Ovaling deformations of circular tunnels under seismic loading, an update on seismic design and analysis of underground structures [J]. Tunnelling and Underground Space Technology, 2005, 20 (5): 435 – 441.

[70] Wang J N, 1993. Seismic Design of Tunnels: A State – of – the – art approach, Monograph, monograph 7. Parsons, Brinckerhoff. Quade and Douglas Inc., New York.

[71] Nishioka T, Unjoh S. A simplified seismic design method for underground structures based on the shear strain transmitting characteristics [J]. In: SEWC2002 Structural Engineers World Congress.

[72] Gil L M, Hernández E, Fuente P D L. Simplified transverse seismic analysis of buried structures [J]. Soil Dynamics and Earthquake Engineering, 2001, 21 (8): 735 – 740.

[73] Hwang J H, Lu C C. Seismic capacity assessment of old Sanyi railway tunnels [J]. Tunnelling and Underground Space Technology Incorporating Trenchless Technology Research, 2007, 22 (4): 433 – 449.

[74] Lu C C, Hwang J H. Damage of New Sanyi Railway Tunnel During the 1999 Chi – Chi Earthquake [C]. Geotechnical Earthquake Engineering and Soil Dynamics IV. ASCE, 2008.

［75］ Kontoe S K, Zdravkovic L Z, Potts D M P M, et al. Case study on seismic tunnel response ［J］. Canadian Geotechnical Journal, 2008, 45 (12)：1743 – 1764.

［76］ Do N A, Dias D, Oreste P, et al. 2D numerical investigation of segmental tunnel lining under seismic loading ［J］. Soil Dynamics and Earthquake Engineering, 2015, 72：66 – 76.

［77］ Sedarat H, Kozak A, Hashash Y M A, et al. Contact interface in seismic analysis of circular tunnels ［J］. Tunnelling and Underground Space Technology Incorporating Trenchless Technology Research, 2009, 24 (4)：482 – 490.

［78］ Reddy, J. N. Penalty – finite element methods in mechanics ［M］. ASME, 1982.

［79］ Bathe K J, Chaudhary A. A solution method for planar and axisymmetric contact problems ［J］. International Journal for Numerical Methods in Engineering, 1985, 21 (1)：65 – 88.

［80］ Chaudhary A B, Bathe K J. A solution method for static and dynamic analysis of three – dimensional contact problems with friction ［J］. Computers and Structures, 1986, 24 (6)：855 – 873.

［81］ 刘书, 刘晶波. 动接触问题及其数值模拟的研究进展［J］. 工程力学, 1999, 16 (6)：14 – 28.

［82］ Simo J C, Wriggers P, Taylor R L. A perturbed Lagrangian formulation for the finite element solution of contact problems ［J］. Computer Methods in Applied Mechanics and Engineering, 1992, 50 (2)：163 – 180.

［83］ Jiang L, Rogers R J. Combined Lagrangian multiplier and penalty function finite element technique for elastic impact analysis ［J］. Computers and Structures, 1988, 30 (6)：1219 – 1229.

［84］ Simo J C, Laursen T A. An augmented lagrangian treatment of contact problems involving friction ［J］. Computers and Structures, 1992, 42 (1)：97 – 116.

［85］ 周墨臻, 钱晓翔, 张丙印. 地下工程中的非线性接触算法研究及数值实现［J］. 岩石力学与工程学报, 2014 (12)：2390 – 2395.

［86］ 庄海洋, 吴滨, 陈国兴. 土－大型地铁地下车站结构动力接触效应研究［J］. 防灾减灾工程学报, 2014, 34 (6)：678 – 686.

［87］ 庄海洋, 王雪剑, 王瑞, 等. 土－地铁动力相互作用体系侧向变形特征研究［J］. 岩土工程学报, 2017, 39 (10)：1761 – 1769.

［88］ 罗磊. 土与结构接触特性对地下结构强震反应的影响研究 ［D］. 北京：北京工业大学, 2016.

［89］ Goodman R E. A model for the Mechanics of Jointed Rock ［J］. Journal of Soil Mechanics and Foundations Div, 1968, 94：637 – 660.

［90］Day R A, Potts D M. Zero thickness interface elements – numerical stability and application［J］. International Journal for Numerical and Analytical Methods in Geomechanics, 2010, 18（10）: 689 – 708.

［91］Desai C S, Zaman M M, Lightner J G, et al. Thin – layer element for interfaces and joints［J］.

International Journal of Rock Mechanics and Mining Sciences and Geomechanics Abstracts, 1984, 21（3）: A87.

［92］Sharma K G, Desai C S. Analysis and Implementation of Thin – Layer Element for Interfaces and Joints［J］. Journal of Engineering Mechanics, 1992, 118（12）: 2442 – 2462.

［93］王满生, 周锡元, 胡聿贤. 桩土动力分析中接触模型的研究［J］. 岩土工程学报, 2005, 27（6）: 616 – 620.

［94］苗雨, 李威, 郑俊杰, 等. 改进的薄层单元在桩–土动力相互作用中的应用［J］. 岩土力学, 2015（11）: 3223 – 3228.

［95］Goodman, RichardE. Methods of geological engineering in discontinuous rocks［M］. West Pub. Co, 1976.

［96］Bandis S C, Lumsden A C, Barton N R. Fundamentals of rock joint deformation［J］. International Journal of Rock Mechanics and Mining Sciences and Geomechanics Abstracts, 1983, 20（6）: 249 – 268.

［97］Malama B, Kulatilake P H S W. Models for normal fracture deformation under compressive loading［J］. International Journal of Rock Mechanics and Mining Sciences, 2003, 40（6）: 893 – 901.

［98］Barton N. Review of a new shear – strength criterion for rock joints［J］. Engineering Geology, 1973, 7（4）: 287 – 332.

［99］Barton N. Modelling rock joint behavior from in situ block tests: implications for nuclear waste repository design［J］. Technical Report 81 – 83, Terra Tek, Salt Lake City, 1981.

［100］Bandis S C, Barton N R, Christianson M. Application of a new numerical model of joint behavior to rock mechanics problems［J］. Publikasjon – Norges Geotekniske Institutt, 1986: 1 – 11.

［101］Souley M, Homand F, Amadei B. An extension to the Saeb and Amadei constitutive model for rock joints to include cyclic loading paths［J］. International Journal of Rock Mechanics and Mining Sciences and Geomechanics Abstracts, 1995, 32（2）: 101 – 109.

［102］Jing L, Stephansson O, Nordlund E. Study of rock joints under cyclic loading conditions [J] . Rock Mechanics and Rock Engineering, 1993, 26 (3): 215 – 232.

[103] Lee V W, Trifunac M D. Response of tunnels to incident SH – waves [J] . Journal of the Engineering Mechanics Division, 1979, 105 (4): 643 – 659.

[104] Lee V W, Karl J. Diffraction of SV waves by underground, circular, cylindrical cavities [J] . Soil Dynamics and Earthquake Engineering, 1992, 11 (8): 445 – 456.

[105] Liang J, Liu Z. Diffraction of plane SV waves by a cavity in poroelastic half – space [J] . Earthquake engineering and engineering vibration, 2009, 8 (1): 29 – 46.

[106] Alielahi H, Kamalian M, Adampira M. Seismic ground amplification by unlined tunnels subjected to vertically propagating SV and P waves using BEM [J] . Soil Dynamics and Earthquake Engineering, 2015, 71: 63 – 79.

[107] Alielahi H, Kamalian M, Adampira M. A BEM investigation on the influence of underground cavities on the seismic response of canyons [J] . Acta Geotechnica, 2016, 11 (2): 391 – 413.

[108] Liu Q, Zhang C, Todorovska M I. Scattering of SH waves by a shallow rectangular cavity in an elastic half space [J] . Soil Dynamics and Earthquake Engineering, 2016, 90: 147 – 157.

[109] 梁建文, 纪晓东, Lee V W. 地下圆形衬砌隧道对沿线强震动的影响（II）: 数值结果 [J] . 岩土力学, 2005, 26 (5): 687 – 692.

[110] 梁建文, 纪晓东. 地下衬砌洞室对 Rayleigh 波的放大作用 [J] . 强震工程與工程振動, 2006, 26 (4): 24 – 31.

[111] 纪晓东, 梁建文. 地下圆形衬砌洞室对 SV 及 Rayleigh 波的动应力集中（I）: 3-D 级数解 [J] . 辽宁工程技术大学学报: 自然科学版, 2011, 29 (6): 1078 – 1081.

[112] 纪晓东, 郭伟. 地下圆形衬砌洞室对 SH 波的散射（I）: 3 – D 级数解 [J] . 辽宁工程技术大学学报: 自然科学版, 2013 (10): 1381 – 1384.

[113] 刘中宪, 梁建文, 张贺. 弹性半空间中衬砌隧道对瑞利波的散射 [J] . 岩石力学与工程学报, 2011, 30 (8): 1627 – 1637.

[114] 梁建文, 陈健琦, 巴振宁. 弹性层状半空间中无限长洞室对斜入射平面 SH 波的三维散射（I）–方法及验证 [J] . 强震学报, 2012, 34 (6): 785 – 792.

[115] 梁建文, 韩冰, 巴振宁. 层状饱和半空间中无限长洞室群对斜入射 P1 波的三维散射 [C] . 全国防震减灾工程学术研讨会暨纪念汶川强震五周年学术研讨会. 2013.

[116] 梁建文, 丁美, 杜金金. 柱面 SH 波在地下圆形衬砌洞室周围散射解析解 [J] . 强震工程与工程振动, 2013 (1): 1 – 7.

[117] 侯森, 陶连金, 赵旭, 等. SH 波作用下山岭隧道洞口段结构动力响应研究 [J] . 岩石力学与工程学报, 2015, 34 (2): 340 – 348.

[118] 高波，王帅帅，申玉生，等．平面 SV 波垂直入射下浅埋双圆隧道复合衬砌解析解及减震力学机理分析[J]．岩土工程学报，2018，40（2）：321－328.

[119] 王帅帅，高波，范凯祥，等．平面 P 波入射下浅埋平行双洞隧道注浆加固减震机制[J]．岩土力学，2018，39（2）：684－690.

[120] Volterra, V., 1907, Sur leqilibre des corps elastiques multiplement connexes, Ann. Sci. Ecole Norm. Supri., Paris, Sr. 3（24）：401－517.

[121] Steketee J A. On Volterrás dislocations in a semi－infinite elastic medium［J］. Canadian Journal of Physics, 1958, 36（2）：192－205.

[122] Steketee J A. Some geophysical applications of the elasticity theory of dislocations ［J］. Canadian Journal of Physics, 1958, 36（9）：1168－1198.

[123] Mansinha L. The velocity of shear fracture［J］. Bulletin of the Seismological Society of America, 1964, 54（1）：369－376.

[124] Haskell N A. Total energy and energy spectral density of elastic wave radiation from propagating faults［J］. Bulletin of the Seismological Society of America, 1964, 54（6A）：1811－1841.

[125] Brune J N. Tectonic stress and the spectra of seismic shear waves from earthquakes ［J］. Journal of geophysical research, 1970, 75（26）：4997－5009.

[126] Rosenman M, singh S J. Quasi－static strains and tilts due to faulting in a viscoelastic half－space［J］. Bulletin of the Seismological Society of America, 1973, 63（5）：1737－1752.

[127] 赵国光，黄佩玉．唐山强震前的断层运动及应力积累［C］．国际交流地质学术论文集，1：构造地质和地质力学．北京：地质出版社，1980，293－304.

[128] Burridge R. The numerical solution of certain integral equations with non－integrable kernels arising in the theory of crack propagation and elastic wave diffraction［J］. Philosophical Transactions of the Royal Society of London A：Mathematical, Physical and Engineering Sciences, 1969, 265（1163）：353－381.

[129] Starr A T. Slip in a crystal and rupture in a solid due to shear［J］. Mathematical Proceedings of the Cambridge Philosophical Society, 1928, 24（4）：489－500.

[130] Knopoff L. Energy Release in Earthquakes［J］. Geophysical Journal of the Royal Astronomical Society, 1958, 1（1）：44－52.

[131] Burridge P B, Scott R F, Hall J F. Centrifuge study of faulting effects on tunnel ［J］. Journal of geotechnical engineering, 1989, 115（7）：949－967.

[132] 冯启民，赵林．跨越断层埋地管道屈曲分析[J]．强震工程与工程振动，2001，21（4）：80－87.

[133] Jeon S, Kim J, Seo Y, et al. Effect of a fault and weak plane on the stability of a

tunnel in rock—a scaled model test and numerical analysis［J］. International Journal of Rock Mechanics and Mining Sciences, 2004, 41: 658 – 663.

［134］李杰. 生命线工程抗震: 基础理论与应用［M］. 科学出版社, 2005.

［135］Anastasopoulos I, Gerolymos N, Drosos V, et al. Behaviour of deep immersed tunnel under combined normal fault rupture deformation and subsequent seismic shaking ［J］. Bulletin of Earthquake Engineering, 2008, 6 (2): 213 – 239.

［136］Kontoe S, Zdravkovic L, Potts D M, et al. Case study on seismic tunnel response ［J］. Canadian Geotechnical Journal, 2008, 45 (12): 1743 – 1764.

［137］熊炜, 范文, 彭建兵, 等. 正断层活动对公路山岭隧道工程影响的数值分析 ［J］. 岩石力学与工程学报, 2010, 29 (s1): 2845 – 2852.

［138］张志超, 王进廷, 徐艳杰. 跨断层地下管线振动台模型试验研究 (I) —试验方案设计［J］. 土木工程学报, 2011, 44 (11): 93 – 98.

［139］张志超, 王进廷, 徐艳杰. 跨断层地下管线振动台模型试验研究Ⅱ: 试验成果分析［J］. 土木工程学报, 2011, 44 (12): 116 – 125.

［140］刘学增, 林亮伦, 桑运龙. 逆断层黏滑错动对公路隧道的影响［J］. 同济大学学报: 自然科学版, 2012, 40 (7): 1008 – 1014.

［141］刘学增, 林亮伦, 王煦霖, 等. 柔性连接隧道在正断层黏滑错动下的变形特征 ［J］. 岩石力学与工程学报, 2013, 2.

［142］李立民. 秦岭输水隧洞主要断层带对工程的影响［J］. 现代隧道技术, 2015, 52 (2): 22 – 29.

［143］邵润萌. 断层错动作用下隧道工程损伤及岩土失效扩展机理研究［D］. 北京交通大学, 2011.

［144］林克昌, 陈新民, 左娟花, 等. 断层宽度对跨断层隧道错动反应特性影响的数值模拟［J］. 南京工业大学学报 (自然科学版), 2013, 35 (3): 61 – 65.

［145］刘学增, 谷雪影, 代志萍, 等. 活断层错动位移下衬砌断面型式对隧道结构的影响［J］. 现代隧道技术, 2014, 51 (5): 71 – 77.

［146］Kieffer D S, Caulfield R J, Cain B. Seismic Upgrades of the Claremont Tunnel ［C］. 2001.

［147］梁文灏, 李国良. 乌鞘岭特长隧道方案设计［J］. 现代隧道技术, 2004, 41 (2): 1 – 7.

［148］Shahidi A R, Vafaeian M. Analysis of longitudinal profile of the tunnels in the active faulted zone and designing the flexible lining (for Koohrang – III tunnel) ［J］. Tunnelling and underground space technology, 2005, 20 (3): 213 – 221.

［149］RUSSO M, GERMANI G, AMBERG W. Design and construction of large tunnel through active faults: a recent application ［C］//International Conference of Tunneling and Underground Space Use. Istanbul，Turkey：2002.

[150] Kiani M，Akhlaghi T，Ghalandarzadeh A. Experimental modeling of segmental shallow tunnels in alluvial affected by normal faults［J］. Tunnelling and Underground Space Technology，2016，51：108 – 119.

[151] Lin M L，Chung C F，Jeng F S，et al. The deformation of overburden soil induced by thrust faulting and its impact on underground tunnels［J］. Engineering Geology，2007，92（3）：110 – 132.

[152] 刘学增，刘金栋，李学锋，等. 逆断层铰接式隧道衬砌的抗错断效果试验研究［J］. 岩石力学与工程学报，2015，34（10）.

[153] Huang J，Zhao M，Du X. Non – linear seismic responses of tunnels within normal fault ground under obliquely incident P waves［J］. Tunnelling and Underground Space Technology，2017，61：26 – 39.

[154] 刘晶波，李彬. 三维黏弹性静 – 动力统一人工边界［J］. 中国科学：工程科学 材料科学，2005，35（9）：966 – 980.

[155] 孙广忠. 论"岩体结构控制论"［J］. 工程地质学报，1993，1（1）：14 – 18.

[156] 田振农，李世海，刘晓宇，等. 三维块体离散元可变形计算方法研究［J］. 岩石力学与工程学报，2008，27（s1）：2832 – 2840.

[157] Cundall P A，Strack O D L. A discrete numerical model for granular assemblies［J］. geotechnique，1979，29（1）：47 – 65.

[158] Jiang M，Yin Z Y. Analysis of stress redistribution in soil and earth pressure on tunnel lining using the discrete element method［J］. Tunnelling and Underground Space Technology，2012，32：251 – 259.

[159] Holmen J K，Olovsson L，Brvik T. Discrete modeling of low – velocity penetration in sand［J］. Computers and Geotechnics，2017，86：21 – 32.

[160] Wang C，Tannant D D，Lilly P A. Numerical analysis of the stability of heavily jointed rock slopes using PFC2D［J］. International Journal of Rock Mechanics and Mining Sciences，2003，40（3）：415 – 424.

[161] Potyondy D O，Cundall P A. A bonded – particle model for rock［J］. International journal of rock mechanics and mining sciences，2004，41（8）：1329 – 1364.

[162] Scholtès L U C，Donzé F V. Modelling progressive failure in fractured rock masses using a 3D discrete element method［J］. International Journal of Rock Mechanics and Mining Sciences，2012，52：18 – 30.

[163] Yang S Q，Huang Y H，Jing H W，et al. Discrete element modeling on fracture coalescence behavior of red sandstone containing two unparallel fissures under uniaxial compression［J］. Engineering Geology，2014，178：28 – 48.

［164］余华中，阮怀宁，褚卫江．弱化节理剪切力学特征的颗粒流模拟研究［J］．岩土力学，2016，37（9）：2712－2720.

［165］Itasca Consulting Group Inc. PFC^{2D}（particle flow code in 2D）theory and background［R］．Minnesota：Itasca Consulting Group Inc.，2008.

［166］赵宝友，马震岳，梁冰，等．基于损伤塑性模型的地下洞室结构强震作用分析［J］．岩土力学，2009，30（5）：1515－1521.

［167］张志国，肖明，陈俊涛．大型地下洞室强震灾变过程三维动力有限元模拟［J］．岩石力学与工程学报，2011，30（3）：509－523.

［168］李海波，马行东，李俊如，等．强震荷载作用下地下岩体洞室位移特征的影响因素分析［J］．岩土工程学报，2006，28（3）：358－362

［169］王如宾，徐卫亚，石崇，等．高强震烈度区岩体地下洞室动力响应分析［J］．岩石力学与工程学报，2009，28（3）：568－575.

［170］隋斌，朱维申，李晓静．强震荷载作用下大型地下洞室群的动态响应模拟［J］．岩土工程学报，2008，30（12）：1877－1882.

［171］马莎，曹连海，肖明，等．深埋地下洞室群动力时程分析中人工边界的设置［J］．四川大学学报（工程科学版），2012，4：006.

［172］张雨霆，肖明，张志国．大型地下洞室群强震响应分析的动力子模型法［J］．岩石力学与工程学报，2011（S2）：3392－3400.

［173］张奇．应力波在节理处的传递过程［J］．岩土工程学报，1986，8（6）：99－105.

［174］Li J C，Liu T T，Li H B，et al. Shear Wave Propagation Across Filled Joints with the Effect of Interfacial Shear Strength［J］．Rock Mechanics and Rock Engineering，2015，48（4）：1－11.

［175］Li H，Liu T，Liu Y，et al. Numerical Modeling of Wave Transmission Across Rock Masses with Nonlinear Joints［J］．Rock Mechanics and Rock Engineering，2016，49（3）：1－7.

［176］Chai S B，Li J C，Zhang Q B，et al. Stress Wave Propagation Across a Rock Mass with Two Non－parallel Joints［J］．Rock Mechanics and Rock Engineering，2016：1－10.

［177］刘婷婷，李建春，李海波，等．非线性节理模型对应力波传播影响的数值分析［J］．岩石力学与工程学报，2015，34（5）：953－959.

［178］李宁，郭双枫，姚显春．边坡潜在滑动面模拟方法研究［J］．岩石力学与工程学报，2016（12）：2377－2387.

［179］Itasca Consulting Group Inc. Fast Lagrangian Analysis of Continua in 3 Dimensions（FLAC3D）user´manual［R］．Minneapolis：Itasca Consulting Group Inc.，2005.

［180］Wriggers－Ing P. Computational contact mechanics［M］．Springer Berlin Heidelberg, 2006.

[181] Berman, Abraham, Rothblum, et al. Analytical solution for deep rectangular structures subjected to far – field shear stresses [J]. Tunnelling and Underground Space Technology incorporating Trenchless Technology Research, 2006, 21 (6): 613 – 625.

[182] 张治国，杨峰，赵其华. 远场剪切波作用下深埋矩形隧洞强震响应解析解 [J]. 岩石力学与工程学报，2017, 36 (8): 1951 – 1965.

[183] 徐颖，梁建文，刘中宪. Rayleigh 波在饱和半空间中圆形洞室周围的散射[J]. 岩土力学，2017, 38 (8): 2411 – 2424.

[184] Kung C L, Wang T T, Chen C H, et al. Response of a Circular Tunnel Through Rock to a Harmonic Rayleigh Wave [J]. Rock Mechanics and Rock Engineering, 2017 (1): 1 – 13.

[185] Sedarat H, Kozak A, Hashash Y M A, et al. Contact interface in seismic analysis of circular tunnels [J]. Tunnelling and Underground Space Technology Incorporating Trenchless Technology Research, 2009, 24 (4): 482 – 490.

[186] 中华人民共和国国家标准编写组. 工程岩体分级标准（GB/T 50218—2014）[S]. 北京：中国计划出版社，2014.

[187] 李奎，李斌，高波. 深埋与浅埋隧道分界理论分析方法的研究[J]. 铁道建筑，2013 (12): 27 – 31.

[188] Carranza-Torres C, Fairhurst C. The elasto – plastic response of underground excavations in rock masses that satisfy the Hoek – Brown failure criterion [J]. International Journal of Rock Mechanics and Mining Sciences, 1999, 36 (6): 777 – 809.

[189] Carranza-Torres C, Fairhurst C. Application of the Convergence – Confinement method of tunnel design to rock masses that satisfy the Hoek-Brown failure criterion [J]. Tunnelling and Underground Space Technology incorporating Trenchless Technology Research, 2000, 15 (2): 187 – 213.

[190] Carranza-Torres C. Elasto – plastic solution of tunnel problems using the generalized form of the Hoek-Brown failure criterion [J]. International Journal of Rock Mechanics and Mining Sciences, 2004, 41 (41): 629 – 639.

[191] 王峥峥. 跨断层隧道结构非线性强震损伤反应分析 [D]. 成都：西南交通大学，2009.

[192] 信春雷. 穿越断层隧道结构强震动破坏机理与抗减震措施研究 [D]. 成都：西南交通大学，2015.

[193] 曲宏略，罗浩，刘辉，等. 跨断层隧道震害特性的能量分析方法[J]. 铁道工程学报，2017, 34 (3): 58 – 62.

［194］By ABAQUS Inc. Analysis User's Manual. Abaqus Theory Guide.

［195］Lubliner J, Oliver J, Oller S, et al. A plastic – damage model for concrete ［J］. International Journal of Solids and Structures, 1989, 25 (3)：299 – 326.

［196］Lee J, Fenves G L. Plastic – Damage Model for Cyclic Loading of Concrete Structures ［J］. Journal of Engineering Mechanics, 1998, 124 (8)：892 – 900.

［197］秦浩, 赵宪忠. ABAQUS 混凝土损伤因子取值方法研究［J］. 结构工程师, 2013, 29 (6)：27 – 32.

［198］中华人民共和国住房和城乡建设部. 混凝土结构设计规范 ［M］. 北京：中国建筑工业出版社, 2011.

［199］王中强, 余志武. 基于能量损失的混凝土损伤模型［J］. 建筑材料学报, 2004, 7 (4)：365 – 369.

［200］赵武胜, 陈卫忠, 谭贤君, 等. 高性能泡沫混凝土隧道隔震材料研究［J］. 岩土工程学报, 2013, 35 (8)：1544 – 1552.